- 国家自然科学基金项目“新疆资源型产业污染集聚、损益偏离与包容性绿色增长”（项目编号：71963030）
- 2024年度江苏省高校哲学社会科学研究一般项目“绿色金融赋能美丽江苏建设的影响机制与对策研究”（项目编号：2024SJYB0667）
- 2023年度江苏省社科应用研究精品工程立项项目“数字经济对江苏降碳减污扩绿增长协同的影响机制研究”（项目编号：23SYC-044）
- 无锡学院引进人才科研启动项目“数字经济驱动城市绿色低碳发展的影响机理与路径研究”（项目编号：2023r055）

环境规制、污染集聚与经济高质量发展

原伟鹏 著

Environmental Regulation, Pollution Agglomeration and High-quality Economic Development

经济管理出版社
ECONOMY & MANAGEMENT PUBLISHING HOUSE

图书在版编目（CIP）数据

环境规制、污染集聚与经济高质量发展 / 原伟鹏著.
北京 ：经济管理出版社，2024. -- ISBN 978-7-5096
-9768-9

Ⅰ. X5；F127

中国国家版本馆 CIP 数据核字第 20248LE497 号

组稿编辑：郭　飞
责任编辑：郭　飞
责任印制：张莉琼
责任校对：王淑卿

出版发行：经济管理出版社
（北京市海淀区北蜂窝 8 号中雅大厦 A 座 11 层　100038）
网　　址：www. E-mp. com. cn
电　　话：(010) 51915602
印　　刷：唐山玺诚印务有限公司
经　　销：新华书店
开　　本：720mm×1000mm/16
印　　张：21. 25
字　　数：327 千字
版　　次：2024 年 9 月第 1 版　　2024 年 9 月第 1 次印刷
书　　号：ISBN 978-7-5096-9768-9
定　　价：88. 00 元

联系地址：北京市海淀区北蜂窝 8 号中雅大厦 11 层
电话：(010) 68022974　　邮编：100038

前　言

面对世界百年未有之大变局，中国为如期实现第二个百年奋斗目标，必须转变以往单纯追求经济增长速度和要素投资驱动的经济发展模式，要提高资源利用效率和配置效率，逐渐从追求经济的“高规模快增长”转变为“稳发展高质量”的生态绿色发展模式。面对当下诸多城市出现的各种环境污染问题，污染物向个别城市集聚的趋势逐渐加剧，产生了一定的不良影响，严重制约了城市生态保护和经济高质量发展。我国经济已转向高质量发展阶段，立足新时代、贯彻新发展理念和构建发展新格局，如何有效整合各类环境规制政策工具，协同治理环境污染，推动实现经济高质量绿色发展，已经成为当下不可回避的时代课题。因此，厘清环境规制、污染集聚与经济高质量发展的关系机理，探究不同类型环境规制实现“减污提质”双赢目标的政策组合方案和多元化实现路径，具有重要的理论意义和实践意义。

本书将环境规制、污染集聚和经济高质量发展纳入同一研究框架，遵循“发现问题—思考问题—剖析问题—解决问题”的研究思路，聚焦城市污染集聚和经济高质量发展的现实问题和研究主题，基于规制经济学理论、污染避难所假说、环境库兹涅茨曲线与协同理论，将规范和实证相结合，采用 2009~2019 年中国 284 个地级市的面板数据，运用固定效应模型、空间计量模型、中介模型和门槛模型等多种计量模型，实证检验环境规制、污染集聚与经济高质量发展的关系机理与作用机制。从污染集聚和经济高质量发展的协同治理视角出发，立足各类环境规制政策组合匹配、合适力度、恰当时机、适宜次序和差异精准的解决方案，以及绿色技术创新、外商投资和产业结构升级的多元化传导路径，提出实现污染集聚治理与经济高质量发展双赢的研究启示。本书的主要成果如下：

第一，构建了环境规制、污染集聚与经济高质量发展的理论分析框架。

基于现有国内外文献，梳理了环境规制、污染集聚和经济高质量发展的内涵、测度和评价的研究进展与相关内容，界定了三者的核心概念和研究尺度。基于规制经济学理论、污染避难所假说、环境库兹涅茨曲线与协同理论，从单一视角和协同视角，针对命令控制型、市场调节型和公众引导型环境规制与污染集聚、经济高质量发展之间的非线性关系、时滞性和异质性影响机制进行了系统且全面的理论阐释。立足环境规制的政策治理效应和污染集聚的倒逼激励效应，搭建环境规制、污染集聚与经济高质量发展的理论分析框架，并提出相应的研究假设，为本书奠定了坚实的理论基础。

第二，采用大数据文本词频挖掘技术，开发了不同类型环境规制政策的测度工具。

利用大数据文本词频量化方法，提取了3090份地级市政府工作报告中关于命令控制型、市场调节型和公众引导型环境规制的关联核心词频，结合成熟的污染成效数据进行校正，综合测算不同环境规制指标。研究发现，从时序、四大板块和城市群视角考察期内我国城市环境规制强度整体呈现波动提高态势，并表现出“东部地区>中部地区>西部地区>东北地区”的空间分布格局。城市群环境规制强度整体高于非城市群，表现为“国家级城市群>区域性城市群>地方性城市群”的空间特征，但差距逐渐缩小。

第三，刻画了城市污染集聚、经济高质量发展水平的空间演化特征。

以工业二氧化硫、工业废水、工业烟尘排放和PM2.5浓度的四类典型污染物为研究对象，通过主成分、地理集中度方法测度城市污染集聚水平。基于生态、经济和社会三维视角，结合五大新发展理念，采用 DPSIR 框架构建城市经济高质量发展评价体系。运用 Kernel 密度、莫兰指数、空间核密度、热点分析、标准差椭圆等方法，从时序变化、四大板块、城市群、空间分类等视角，分析城市污染集聚与经济高质量发展的时空演进特征与格局演化规律。研究发现，城市环境污染呈现局部污染集聚特征和"东高西低、北高南低"的分化发展，总体改善治理率为 10.35%，存在显著的地理梯度差异和两极分化趋势，深化了对城市污染集聚中心"整体西移"和"人文—自然"复杂成因机理的理解。

基于城市经济高质量发展评价体系构建与测度，完善了城市层面经济高质量发展指标评价体系构建。研究发现，经济高质量发展年均水平逐年提升，区域空间差异与不均衡性明显，具有"强者恒强、弱者恒弱"的马太效应，赶超效应较弱。四大板块区域视角下，城市经济高质量发展呈现"东高西低、南高北低"和"沿海优于内陆"的空间特征。城市群经济发展质量优于非城市群，分布中心"一路南移"。从空间分类来看，城市经济高质量发展类别呈现"金字塔"结构，塔尖的引领型城市主要为直辖市、省会城市、副省级城市和计划单列市，塔座底端的滞后型城市大多数位于西部、东北地区，属于资源枯竭型城市和收缩型城市。

第四，探究了不同类型环境规制对污染集聚、经济高质量发展影响机制，实证检验了三者在同一研究框架下的关系机理。

从四大板块、城市群视角对比考察命令控制型、市场调节型和公众引导型环境规制对污染集聚、经济高质量发展在异质空间、滞后时效、协同交互和门槛调节的异质性影响效果。研究发现，不同类型环境规制政策与经济高质量发展、污染集聚之间均呈现非线性关系。异质性环境规制对污染集聚、经济高质量发展存在一定的空间溢出效应、区域异质性效应、时滞性效应、交互效应和门槛调节效应。从三者关系来看，命令控制型、市场调节型和公众引导型环境规制可以通过污染集聚的部分中介效应影响经济高质量发展水平，污染集聚可以调节命令控制型、公众引导型环境规制对经济高质量发展的影响作用，即污染集聚在环境规制影响经济高质量发展中起部分中介传导和一定调节作用，体现了政策生态治理效应和污染集聚的倒逼激励效应。

第五，提出了实现“减污提质”双赢目标的政策组合方案和多元化实现路径。

基于协同治理理论，设计探究了不同类型环境规制政策科学组合方式、适宜时效、合适强度、恰当次序和差异化施策对于协同促进污染集聚治理与经济高质量发展的影响效果，并提出有针对性的解决方案和抉择机制。研究发现，在单一和协同作用下，环境规制政策对污染集聚、经济高质量发展存在适宜实施强度，在不同区域应当施行差异化、适宜化和精准化的环境规制工具。不同类型环境规制政策在实现经济高质量发展和污染集聚治理的协同政策目标上，存在“协同互补”和“摩擦替代”的双重效应，命令控制型和市场调节型环境规制协同交互能够实现污染集聚治理和经济高质量发展的双赢目标。从直接和间接视角利用结构方程模型（SEM）分析对比不同类型环境规制促进经济高质量发展的多元化路径。研究发现，通过环境规制政策间接鼓励绿色技术创新和推动产业结构升级，是减缓污染集聚和促进经济高质量发展的优选方案和适宜路径，外商直接投资（FDI）传导路径则具有加剧污染集聚与促进经济高质量发展的两面性。

本书利用大数据文本挖掘技术，扩展和丰富了不同类型环境规制的测度工具，构建了环境规制、污染集聚和经济高质量发展的理论框架，深化了对城市污染集聚、经济高质量发展时空演变特征和格局分布的规律认识，设计探究了不同环境规制政策的科学组合方式、适宜时效、合适强度、恰当次序和差异化施策的解决方案，明确了绿色技术创新、外商投资带动和产业升级的多元化传导机制，为推动污染集聚治理与经济高质量发展提供了新的研究视角和政策选择机制，相关研究结论为当前“减污降排”和“协同增效”的一体推进贡献了新的研究视角和决策参考。

目　录

第1章　绪论

1.1　研究背景与研究意义

1.1.1　研究背景

1.1.1.1　经济高质量发展是当今发展经济学研究领域的热点问题

2017年，习近平总书记在党的十九大报告中首次正式提出我国经济已转向高质量发展阶段。改革开放40多年来，中国国内生产总值（GDP）由1978年的3679亿元增长到2021年的1143670亿元，增长了311倍；人均国内生产总值由1978年的385元增长到2021年的80976元，增长了210倍，经济增速超过主要经济体，经济发展迈上新台阶。2021年，中国经济总量规模稳居世界第二，占世界经济比重预计超过18%，对全球经济的增长贡献超过1/3。与此同时，快速工业化和土地城镇化等粗放的经济发展模式也带来了空气污染、雾霾问题、水体污染、温度变化、垃圾围城等一系列问题（陈诗一和陈登科，2018；宋弘等，2019；沈坤荣和周力，2020；秦大河等，2014；陈诗一和林伯强，2019）。

进入新时代以来，我国经济社会主要矛盾发生转变，即由人民日益增长的物质文化需求与落后的社会生产力之间的矛盾，转变为人民日益增长的美好生活需要和不平衡不充分的发展之间的矛盾。中国经济发展开始从单纯依靠“要素投资驱动”的高速增长方式，逐渐转向“以人民为中心”和“技术创新驱动”的中高速的经济发展方式，由主要依靠投资、消费、出口的“三驾马车”增长模式，转向追求效率、创新、协调、绿色、开放、共享发展的可持续发展模式。立足新时代、新阶段和新格局，经济高质量发展以“创新、协调、绿色、开放、共享”的发展新理念为导向，主要通过供给侧结构性改革和需求侧管理，调整优化产业链供给结构，推动技术创新水平，优化经济结构，提高产品质量与竞争力，从而更好地不断满足人民日益增长的美好生活需要。这是当今时代极为重要的现实课题之一，也是学者们普遍关注的热点问题，同时也是本书选题的重要依据。

1.1.1.2 城市环境污染集聚现象较为凸显

改革开放以来，粗放的工业发展模式和快速的土地城镇化在发展初期造就了中国经济高速发展的奇迹，促进了我国工业跨越式的快速发展，但在大量煤炭、石油等化石能源的消耗与使用后，污染物总量逐渐超过生态系统净化阈值，带来了严重的生态污染问题。在空气污染方面，2011 年 PM2.5 浓度被政府纳入空气质量标准。2013 年冬天，我国中东部地区出现严重的雾霾事件，对河北、天津、山东、安徽、河南等省份造成了大规模的社会影响，引起了中央及地方政府的高度重视及人民、媒体的极大关注。空气污染主要以煤烟尘为主，2013 年，“雾霾”入选年度最热关键词之一。2017 年，党的十九大报告将打赢“蓝天保卫战”和“污染防控阻击战”上升到国家战略高度。2021 年，全国地级及以上城市优良天数比率为 87.5%，PM2.5 浓度为 30 微克/立方米，空气质量明显好转。在水体污染方面，我国水资源较为短缺，人均水资源拥有量约为世界水平的 1/4。与此同时，我国每年大量的生活污水和超过 1/3 的工业废水未经处理直接排入水域，导致河流和地下水的污染，造成太湖蓝藻污染事件、山东淄博市金岭镇水污染致癌事件等严重问题。2021 年，全国地表水优良水质断面比例为 84.9%，水质略有好转。在固体废弃物污染方面，在千万人口级别的北京、上海、广州、杭州等特大城市，日产垃圾超过 2 万吨，这些固体垃圾主要通过填埋、焚烧等方式处理。随着 2019 年垃圾分类新政策出台，“垃圾分类”也成为当年的网络流行语之一。我国作为世界上最大的发展中国家，也存在噪声、土壤、生物等方面的污染问题，环境污染问题依旧不容忽视。

在供给侧结构性改革背景下，面对需求收缩、供给冲击和预期转弱的经济发展的三重压力，高消耗、高排放和高污染的“三高”产业的转型升级，以及“以人为中心”的城镇化必将成为我国经济高质量发展的重要课题。近年来，城市人口、产业和资本等要素空间流动和集聚，通过市场机制的资源优化与竞争配置，虽然在一定程度促进了经济集聚的规模效应和辐射带动效应，但是也引发了城市局部地区空气、水源和土壤的面源污染和集聚污染。如何实现区域资源与要素的有效配置，提高其全要素生产率，兼顾经济发展和生态保护，实现污染系统精准治理与经济高质量发展的目标协同，是亟须重视和解决的现实难题。

1.1.1.3　协同推进生态保护与经济高质量发展上升为国家重大战略

随着人民生活水平和质量的持续提高，公众对天蓝、地绿、水净、风清等生态文明建设的诉求日趋迫切。2005 年，国务院首次提出“宜居城市”的概念。2007 年，正式将环保考核与地方官员晋升挂钩。2013～2016 年，国家陆续出台了大气十条、水十条和土十条等政策。2014 年是环境经济政策的元年，实施资源税从价计征等绿色税收制度，调整排污收费标准制度，出台环保电价政策、绿色信贷政策、环境保险制度、生态补偿制度和环保综合名录等。2015 年，国务院发布推进生态文明建设和国家主体功能区的环境政策，当年 1 月 1 日新环境保护法正式施行。2016 年，全国人大表决通过《中华人民共和国环境保护税法》，同年，国务院印发《关于全面推行河长制的意见》。2017 年，环保部发布《国家环境保护标准“十三五”发展规划》《京津冀周边地区 2017 年大气污染防治工作方案》，并出台了生活垃圾分类制度。习近平总书记在 2021 年 4 月中央政治局会议上提出，“十四五”时期中国生态文明建设要推动“减污降碳”协同增效的全面绿色低碳转型，实现由量变到质变的生态环境质量改善。

2020年，我国提出碳达峰碳中和目标，说明我国政府对“减污降排”的重视，但是对于不同类型环境政策工具的协同组合、交互共轭的治理效果的相关研究较少，不同政策之间是“乘数效应”的协同互补作用（李振洋和白雪洁，2020），或者“搭便车”的政策摩擦的替代效应，在学界还没有统一定论（钟玉英等，2020；李荣杰等，2022）。关于这些问题的探究将有助于加强不同类型政策的协同作用，降低政策的运行成本，提高政策相互匹配的响应作用，以此构建区域环境协同治理和多方联动的现代化治理能力体系。

城市污染集聚与经济高质量发展的现实矛盾已刻不容缓，以往“先污染后治理”和“边污染边治理”的发展模式值得重新审视与反思。环境规制政策作为污染治理、推动技术创新和经济发展等主要手段之一，鲜有学者从不同类型环境政策组合方案、协同治理效果视角进行深入研究，即环境规制对污染集聚、经济高质量发展存在“一举多得”和“多管齐下”的影响效应，前者强调单一环境规制的多维影响，后者强调不同类型环境规制的协同配合作用。以研究问题为导向，遵循“现象剖析—影响分析—解决路径”的逻辑，聚焦城市污染集聚与经济高质量发展主题，分析环境规制、污染集聚与经济高质量发展的时空演变特征和空间格局，探究不同类型环境规制对经济高质量发展、污染集聚的影响机制，厘清环境规制、污染集聚与经济高质量发展三者之间的关系机理。

本书立足政府视角，尝试利用大数据文本词频分析，手动提取并整理3090份政府工作报告中的关键词，将环境政策分为命令控制型、市场调节型和公众引导型环境规制，将环境规制、污染集聚和经济高质量发展置于同一框架内，运用ArcGIS技术、空间计量、中介与门槛模型，深入剖析环境规制、污染集聚与经济高质量发展三者之间的内在关系与影响机理，旨在探究不同类型环境规制协同推进环境保护与经济高质量发展的治理路径与组合方案，从而为“减污降排”和“协同增效”提供新的研究视角和决策参考。

1.1.2 研究意义

基于研究背景与关注问题，本书在经济高质量发展背景下，探究城市层面环境规制、污染集聚与经济高质量发展的关系机理，涉及经济、管理、环境科学等多个交叉学科，一方面可以扩展和丰富三者的研究尺度与分析框架，另一方面有助于识别环境规制对污染集聚、经济高质量发展影响的一般性与特殊性，丰富规制经济学的相关理论，进而在新形势与新背景下协同促进减污减排和经济高质量发展。

1.1.2.1 理论意义

第一，扩展了不同类型环境规制的测度指标，揭示了环境规制对污染集聚、经济高质量发展的影响作用。从政府视角通过大数据文本分析提取11年来3090份地级市政府工作报告中命令控制型、市场调节型和公众引导型的关键词汇，结合成熟指标校正，合成不同类型环境规制指标，丰富了地级市不同类型环境规制的测度工具。基于规制经济学理论、污染避难所假说、环境库兹涅茨曲线、协同治理等理论，拓展和丰富了环境规制、污染集聚和经济高质量发展的分析框架。揭示两两变量间的关系问题，增强了环境规制对区域污染集聚以及经济高质量发展的直接或者间接影响效应的解释力，弥补了因数据缺失而导致研究深度不够的缺陷。

第二，深化了污染集聚、经济高质量发展在“全国—区域—城市群—城市”时空尺度的演变特征与规律的认识。通过相关领域学者丰富的文献梳理，分别构建了城市污染集聚与经济高质量发展的指标体系，扩展污染集聚和经济高质量发展的相关研究内涵。污染集聚以PM2.5、工业二氧化硫、工业烟尘和工业废水为主要污染物，经济高质量发展以DP-SIR框架构建生态、社会和经济层面的指标体系。按照“全国—区域—城市群—城市”时空尺度，利用多种ArcGIS技术刻画污染集聚与经济高质量发展的时空演变特征与规律，深化了在地级市层面对污染集聚、经济高质量发展的空间演变规律的理解，有助于揭示城市污染集聚问题的特殊性与普遍性，提升对城市污染集聚演化和成因机理的理解，对全方位推进城市高质量发展具有一定的理论意义。

第三，探索了实现污染集聚治理与经济高质量发展双赢的环境规制组合方案与多元化路径。以往污染治理路径的研究以定性研究、治理模式与政策启示为主，本书在实证检验的基础上，建立环境规制、污染集聚与经济高质量发展三者于一体的理论框架，探究检验三者的关系机理与作用机制。通过采用空间计量、滞后、中介和门槛回归模型，立足不同类型环境规制的组合方案、空间效应、时效性和适宜强度等视角，探究不同类型环境规制协同治理污染集聚与经济高质量发展的多元化路径，丰富了经济高质量发展和现代化治理转型下环境规制的特色化理论，为规制经济学、环境库兹涅茨曲线关系、协同治理等理论检验提供城市研究案例，拓展了环境规制的组合优化方案和多元化路径。

1.1.2.2 实践意义

粗放型的经济发展模式在带来社会经济和人民财富飞跃增长的同时，以过度开采自然资源和环境退化为代价，导致出现了很多环境问题，产生了严重的环境污染“后遗症”，给国家和人民带来了不可估量的经济损失和健康负担，引起了世界各国和广大公众的高度关注。在新时代背景下，厘清环境规制、污染集聚与经济高质量发展的关系机理，如何通过不同类型环境规制的协同匹配作用，协同促进污染治理和经济高质量发展是现阶段亟待解决的现实问题。

第一，本书立足新时代、新格局、新阶段和新发展理念，通过合理强度、适当方式和差异化的环境规制政策组合工具，推动实现污染集聚治理和经济高质量发展。本书有助于不同类型环境规制政策的科学制定与差异化施策，为各地精准化施策提供决策参考。各个地级市要依据本地污染集聚成因、经济发展基础和产业结构特点等差异，进行审慎推进和科学统筹谋划，才能发挥不同类型环境规制工具的协同促进作用，规避“搭便车”式的政策摩擦抵消与替代作用。通过多种环境规制的合理匹配和差异化精准施策，从优化组合、时效匹配、最适强度和差异化施策视角，基于政策、技术、产业、外资等传导路径与措施，为城市污染集聚治理和经济高质量发展“双赢”提供科学指导。

第二，立足污染集聚治理和经济高质量发展的协同双赢视角，基于实证检验分析，综合评估不同类型环境规制在单一和交互维度下的治理效果。本书有利于发挥环境规制政策在促进经济高质量发展与污染治理的监督、管理和引导作用，从行政政策、市场调节和舆论引导三方面视角发挥“一举多得”和“多管齐下”的复合强化的积极影响。污染治理与经济高质量发展涉及多主体、多部门、多地区的协同参与。单一维度环境政策工具的影响范围、强度有限，只有积极调动、团结和协调多方利益相关者的行动，才能达到明显的促进与改善作用。基于波特假说、污染光环假说和资源配置理论，分别从绿色技术创新、外商直接投资和产业结构升级传导方式，探究环境规制协同治理污染集聚与经济高质量发展的多元化路径，体现了创新、协调、绿色、开放和共享的新发展理念，为协同推进城市环境改善与经济发展质量提升提供决策参考。

1.2 国内外研究综述

1.2.1 文献计量可视化分析

截至2022年3月15日，在Elsevier Science Direct全文电子期刊库中，以“Environmental Regulation”为标题、关键词或摘要检索出相关文献22640篇，以“Environmental Regulation”为篇名检索出相关文献1116篇；以“Pollution Agglomeration”为标题、关键词或摘要检索出相关文献614篇，以篇名进行检索有33篇；以“High Quality Economic Development”或“Economic Development Quality”为标题、关键词或摘要检索出

相关文献 7226 篇；以“Environmental Regulation”和“Pollution Agglomeration”为标题、摘要或关键词进行检索，检索出相关文献 33 篇；以“Environmental Regulation”和“High Quality Economic Development”为关键词检索出相关文献 62 篇；以“Pollution Agglomeration”和“High Quality Economic Development”为关键词检索出相关文献 9 篇。从国外期刊的文献检索结果来看，单一环境规制、污染集聚或经济高质量发展是国外学术界的研究热点与关注问题，但关于两两或者三者变量间关系机理的研究较少。

1.2.1.1 国外相关研究

通过对 1999~2021 年所检索的文献进行筛选剔除，选择 Research Articles 类型，得到与“环境规制”高度相关的外文文献 1248 篇、污染集聚高度相关文献 273 篇、“经济发展质量或高质量发展”高度相关文献 4344 篇。本书采用 CiteSpace5. 8. R3（2021-11-03）版本对所检索的文章进行计量分析，时间切片为 1 年，运用最小生成树算法，使用 Cosine 联系中的寻径功能。CiteSpace 是由美国德雷塞尔大学陈超美教授团队研发，主要用于识别并可视化相关文献某一领域的研究热点解释、趋势和动态预测（陈悦等，2015）。本书围绕发文量、关键词共现网络知识图谱、被引论文关键词聚类时间线图谱等内容进行研究。根据对相关文献进行整理，为进一步的理论分析和实证研究工作做好铺垫。

（1）国外环境规制的相关研究。

1）发文量趋势。

从发文量趋势来看，国外环境规制相关研究文献以 2017 年为时点，经历了平稳发展和爆发上升两个阶段，国外学者对环境规制的相关研究热度持续升温（见图 1-1）。

2）研究热点。

将节点类型设置为 Keyword，阈值设置为 25，其余默认，得到节点数为 939，连线数为 1837，网络整体密度为 0. 0042 的关键词共现网络知识图谱。从环境规制关键词共现网络图来看，以波特假说理论为基础，主题

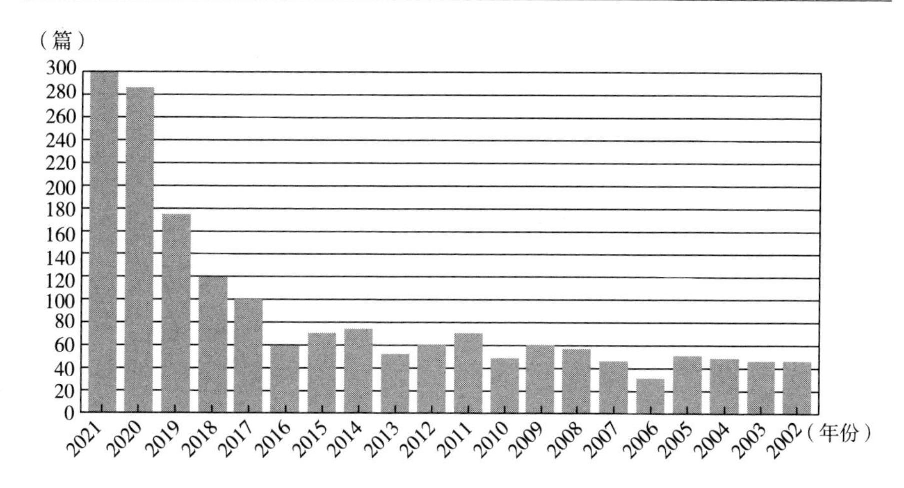

图 1-1　国外环境规制发文量趋势

词主要集中于波特假说、空气污染、环境政策、环境管理、可持续发展、经济发展、技术创新、气候变化等方面内容（见图 1-2）。

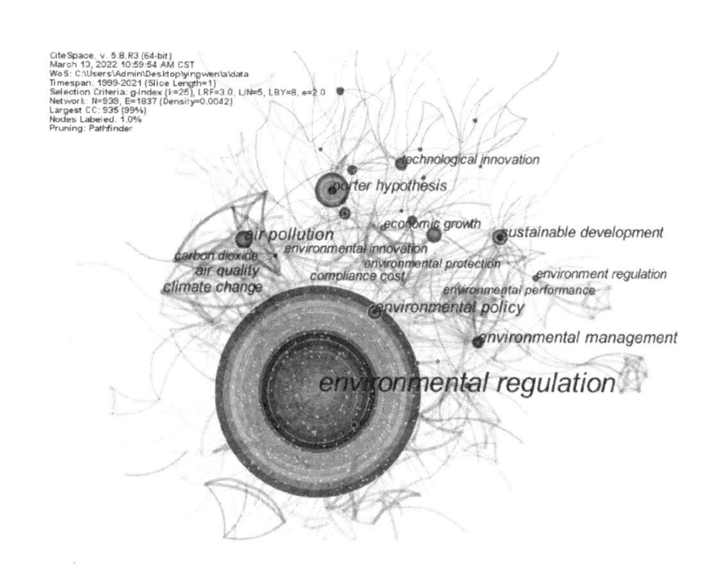

图 1-2　国外环境规制的关键词共现网络知识图谱

利用 LLR 对数似然率算法进行环境规制关键词的聚类，自动识别形成关键词 9 个聚类，分别为环境规制、气候变化、波特假说、技术创新、可持续发展、环境政策、遵循成本、环境绩效、数据包络分析。结果显示，研究主题越来越多元化和具体化，逐渐从关注区域、国家的气候变化政策，延展到中观的产业规制、可再生能源，再到环保税引起微观企业合规成本、环境绩效的变化（见图 1-3）。

#0 environmental regulation
#1 climate change
#2 porter hypothesis
#3 technological innovation
#4 sustainable development
#5 environmental policy
#6 environment regulation
#7 compliance costs
#8 environmental performance
#9 data envelopment analysis

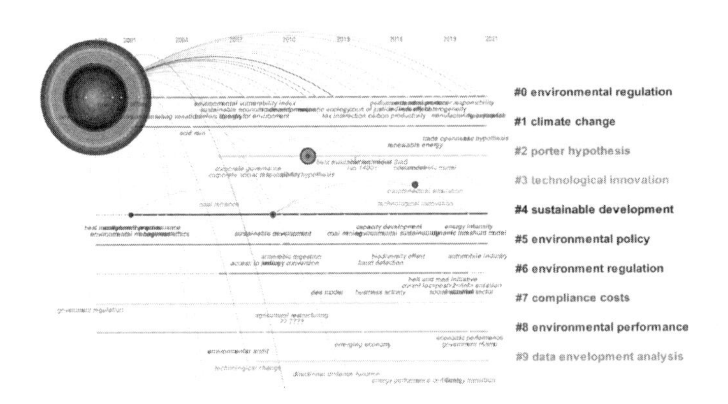

图 1-3　国外环境规制关键词聚类时间线图谱

从突变关键词来看，环境规制已和经济、能源、效率、技术等热词结合，环境管理、可持续发展、节能、波特假说、DEA、能源效率、技术创新和门槛效应是主要的代表性主题词（见图 1-4）。

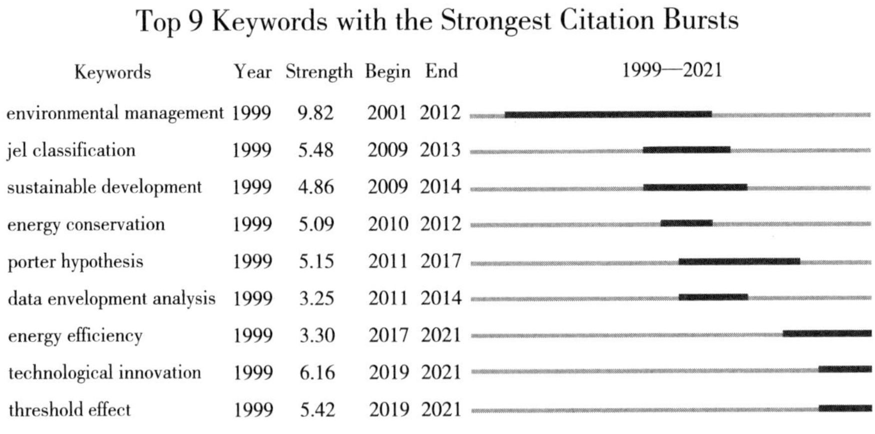

Top 9 Keywords with the Strongest Citation Bursts
Keywords
Year
Strength
Begin
End
1999—2021
environmental management 1999 9.82 2001 2012
jel classification 1999 5.48 2009 2013
sustainable development 1999 4.86 2009 2014
energy conservation 1999 5.09 2010 2012
porter hypothesis 1999 5.15 2011 2017
data envelopment analysis 1999 3.25 2011 2014
energy efficiency 1999 3.30 2017 2021
technological innovation 1999 6.16 2019 2021
threshold effect 1999 5.42 2019 2021

图 1-4　国外环境规制突变关键词

（2）国外污染集聚的相关研究。

1）发文量趋势。

从发文量趋势来看，研究期关于污染集聚的研究文献呈现逐年递增态势，其中2019~2021年的增长量最多，国外学者对污染集聚相关问题的研究逐渐重视（见图1-5）。

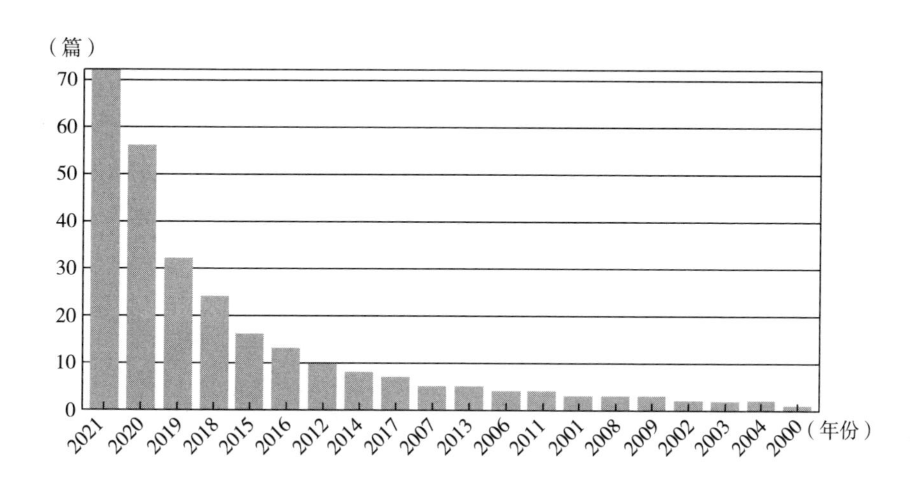

图1-5 国外污染集聚发文量趋势

2）研究热点。

由于与污染集聚高度相关的外文文献较少，利用Citespace和VOS-viewer软件（Visualizing Scientific Landscapes）对相关文献的研究热点进行分析。从污染集聚关键词共现网络图来看，主题词主要集中在环境污染、城市集聚、重金属、边界污染、工业集聚、废水、废物、环境规制、空气污染等方面（见图1-6）。

从VOSviewer所生成的密度图可以得出，按照蓝色的冷色调到红色的暖色调的先后时序变化发现，工业集聚、城市集聚、污染、中国等是污染集聚研究的热点领域，城市化进程中污染集聚现象逐渐引发诸多学者的关注和热议（见图1-7）。

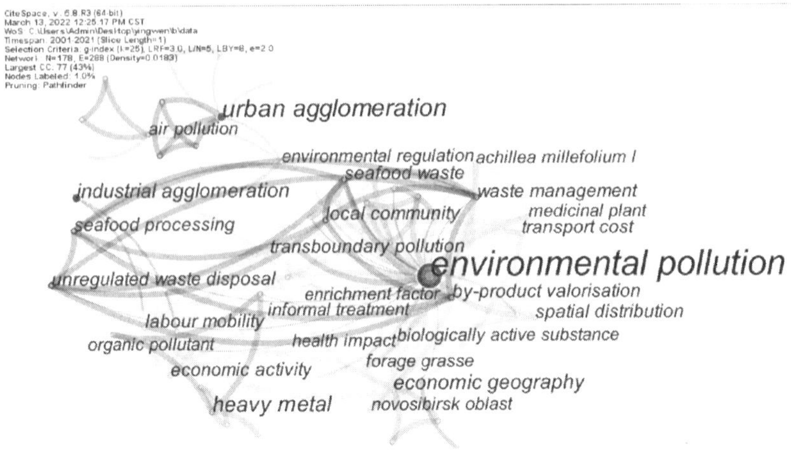

图 1-6　国外污染集聚的关键词共现网络知识图谱

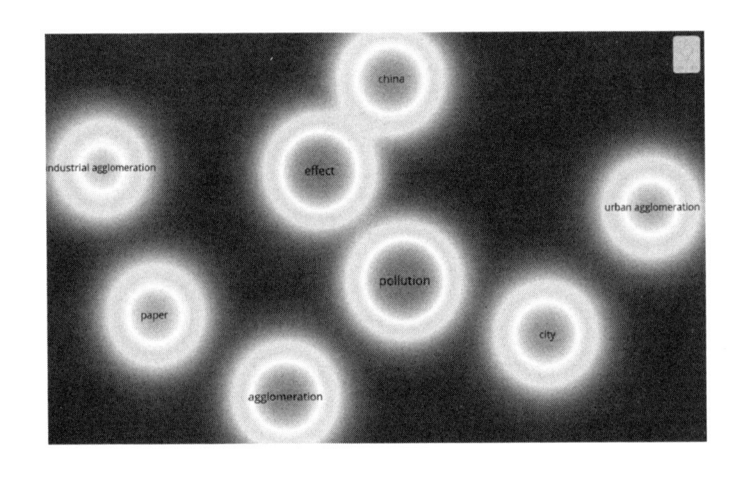

图 1-7　国外污染集聚的密度图

（3）国外经济高质量发展的相关研究。

1）发文量。

从发文量趋势来看，国外经济发展质量或高质量发展的相关研究文献呈现逐年递增态势，经济增长或发展一直是经济学界研究的永恒核心主题之一（见图 1-8）。

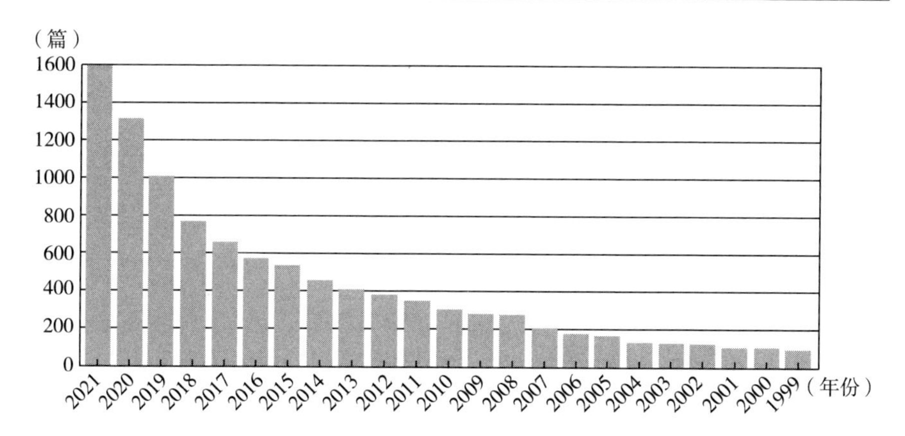

图 1-8　国外经济高质量发展发文量趋势

2）研究热点。

从关键词共现网络知识图谱来看，经济发展质量相关主题词主要集中于经济增长、可持续发展、生活质量、环境质量、金融发展、制度质量、发展中国家、环境保护、碳排放等方面。研究理论以库兹涅茨曲线、古典经济增长理论为基础进行扩展，研究单元为国家、区域、城市、农村，研究内容不仅局限于经济数量的规模增长，还包括民生改善、制度建设、生态质量、农村发展等多重维度（见图 1-9）。

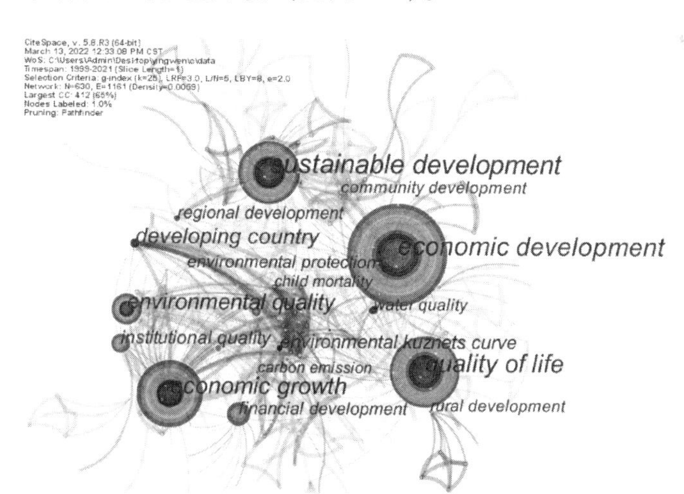

图 1-9　国外经济高质量发展关键词共现网络知识图谱

结合关键词聚类时间线图谱，自动识别出 10 个聚类，分别为经济发展、可持续发展、金融发展、生活质量、经济增长、城市发展、区域经济、制度质量、发展中国家和农村发展。结果说明经济高质量发展的研究内涵、主体、区域等不断丰富，围绕人的全面发展为中心，促进经济高质量发展（见图 1-10）。

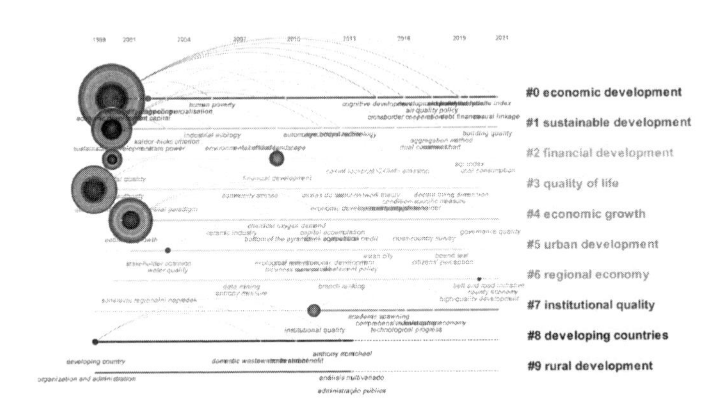

图 1-10　国外经济高质量发展关键词聚类时间线图谱

从突变关键词来看，环境库兹涅茨曲线、发展中国家、生活质量、金融发展、制度质量和外商直接投资是主要代表性关键词。结果表明经济高质量发展离不开高水平的对外开放，坚持双循环新发展格局，才能更好地推动和提升经济发展的高效率、新动能、新变革和新模式（见图 1-11）。

Top 6 Keywords with the Strongest Citation Bursts

Keywords	Year	Strength	Begin	End	1999—2021
environmental kuznets curve	1999	4.94	2004	2010	
developing country	1999	3.58	2008	2013	
quality of life	1999	5.90	2014	2017	
financial development	1999	7.61	2018	2021	
institutional quality	1999	6.40	2018	2021	
foreign direct investment	1999	3.74	2018	2021	

图 1-11　国外经济高质量发展突变关键词

1.2.1.2　国内相关研究

截至2022年3月15日，在CNKI中国知网电子期刊库中，以“环境规制”为关键词检索出相关文献2280篇，以“环境规制”为篇名检索出相关文献1976篇；以“污染集聚”为主题词检索出相关文献165篇，以“污染集聚”为关键词检索出相关文献10篇，以篇名进行检索出相关文献13篇；以“经济高质量发展”为关键词检索出相关文献1065篇，以“经济发展质量”为关键词检索出相关文献190篇，以“经济增长质量”为关键词检索出相关文献741篇。以“经济高质量发展”为标题检索出相关文献848篇，以“经济发展质量”为标题检索出相关文献106篇；以“经济增长质量”为标题检索出相关文献455篇。以“环境规制”和“高质量发展”为关键词检索出相关文献31篇，以“环境规制”和“经济发展质量”为关键词检索出相关文献10篇；以“环境规制”和“经济增长质量”为关键词检索出相关文献18篇；以“环境规制”和“污染集聚”为关键词检索出相关文献3篇。从国内期刊的文献检索结果来看，环境规制、经济发展质量研究领域是学术界的研究热点，但统一框架内环境规制、污染集聚和经济高质量发展三者关系间的研究较少。

通过对1999~2021年所检索的文献进行筛选剔除，选择EI来源、核心、CSSCI和CSCD来源期刊，得到国内与“环境规制”高度相关的国内文献2202篇、污染集聚高度相关文献165篇、“经济增长质量、经济发展质量或高质量发展”高度相关文献977篇。与前文一样，本部分采用CiteSpace5.8.R3（2021-11-03）版本对所检索的文章进行计量分析。

（1）国内环境规制的相关研究。

1）发文量。

从发文量趋势来看，1999~2021年环境规制的相关研究呈现逐年递增态势，特别是从2012年开始，环境政策的研究文献接近线性增长。究其原因，2012年我国局部地区出现大范围的雾霾现象，政府密集出台了多项环境保护政策，引起了学术界和社会各界的广泛关注和热议（见图1-12）。

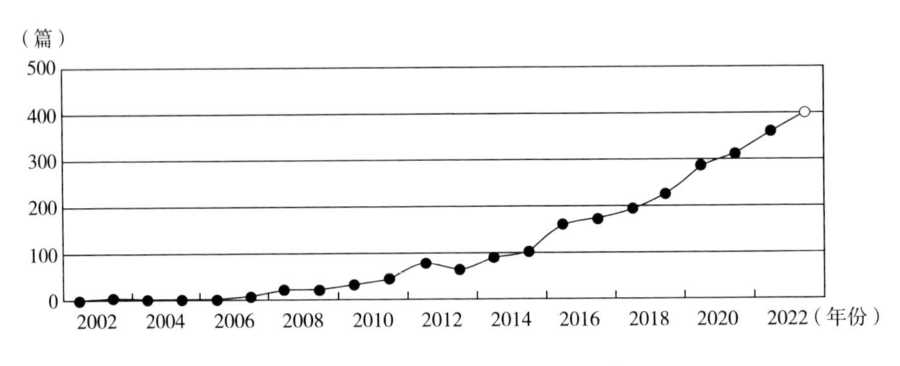

图 1-12 国内环境规制发文量趋势

2）研究热点。

从关键词共现网络图来看，国内环境规制主题词主要集中于波特假说、技术创新、环境污染、门槛效应、中介效应、外商直接投资（FDI）、产业结构、经济增长、演化博弈等方面，研究理论依旧以波特假说为基础进行扩展，研究内容逐渐向经济增长、环境污染、技术创新、产业结构等领域延伸，涉及环境规制的直接、间接、中介和门槛影响效应（见图 1-13）。

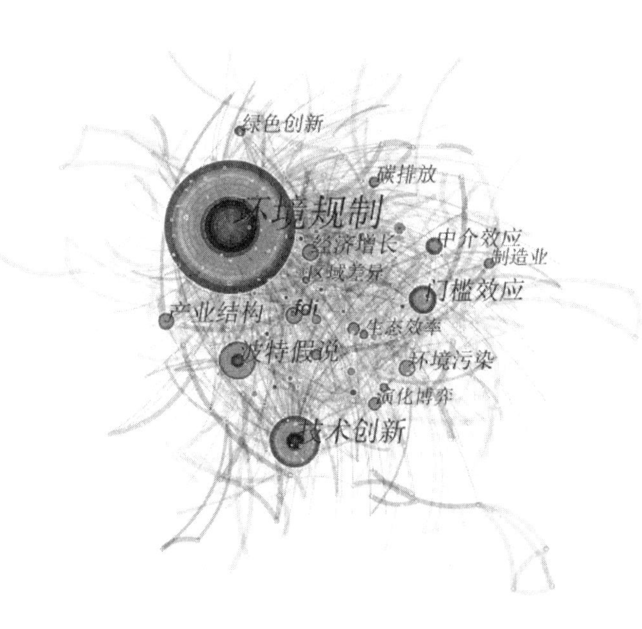

图 1-13 国内环境规制关键词共现网络知识图谱

结合环境规制高被引文献的关键词聚类时间线图谱，自动识别出10个聚类，分别为环境规制、财政分权、波特假说、技术创新、环境税、FDI、环保投资、演化博弈、碳排放和经济增长。结果说明围绕环境规制的研究主题越来越多元化、特色化和具体化。具体而言，主要包括中央和地方政府的财政分权、演化博弈问题，环保税、环保投资等具体政策，以及环境规制与FDI（外国直接投资）、碳排放和经济增长的关系（见图1-14）。

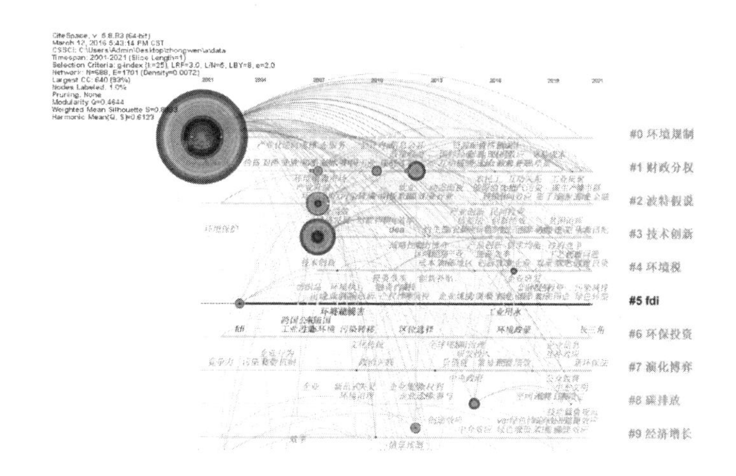

图1-14　国内环境规制关键词聚类时间线图谱

从突变关键词来看，出口贸易、FDI、跨国公司、波特假说、东道国、产业绩效、低碳经济、碳排放、地方政府、就业、门槛效应、空间计量、雾霾污染、中介效应、绿色发展和绿色创新是主要的关键词。表明涉及环境规制的研究内容、方法、主体不断丰富，近些年主要关注环境规制的绿色发展和绿色创新效应（见图1-15）。

（2）国内污染集聚的相关研究。

1）发文量。

从发文量趋势来看，1999~2021年污染集聚的相关文献呈现逐年递增态势，特别是从2013年开始，污染集聚的相关文献发文、参考文献和引证文献也逐年递增（见图1-16）。

Top 17 Keywords with the Strongest Citation Bursts

Keywords	Year	Strength	Begin	End	2001—2021
出口贸易	2001	5.37	2001	2015	
FDI	2001	4.33	2003	2011	
跨国公司	2001	3.20	2006	2009	
波特假说	2001	4.37	2007	2014	
东道国	2001	3.23	2007	2009	
双赢	2001	3.41	2008	2012	
产业绩效	2001	3.17	2008	2013	
低碳经济	2001	3.63	2010	2011	
碳排放	2001	3.21	2014	2018	
地方政府	2001	4.21	2015	2016	
就业	2001	3.12	2016	2017	
门槛效应	2001	4.67	2018	2019	
空间计量	2001	3.89	2018	2021	
雾霾污染	2001	3.47	2018	2019	
中介效应	2001	9.22	2019	2021	
绿色发展	2001	5.14	2019	2021	
绿色创新	2001	4.51	2019	2021	

图 1-15　国内环境规制突变关键词

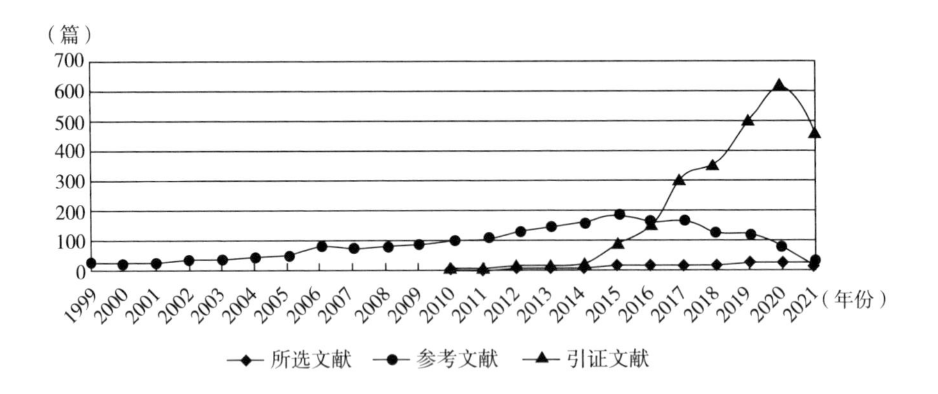

图 1-16　国内污染集聚发文量趋势

2）研究热点。

从 VOSviewer 软件所生成的密度图可以得出，相关关键词和主题的频次和热度越来越高，环境污染、产业集聚、空间集聚、经济集聚、产业协同集聚、工业集聚、雾霾污染、制造业集聚等是污染集聚研究的热点主题（见图 1-17）。

图 1-17　国内污染集聚的密度图

从 VOSviewer 所生成的时序图可以得出，按照颜色由冷色调到暖色调，污染集聚的发展次序为单纯的污染或集聚→经济集聚→外部性→产业集聚或环境污染→工业污染或制造业集聚→技术创新、工业集聚、雾霾污染和空间溢出→专业化集聚、多样化集聚→人口集聚、产业协同集聚→生产性服务业。说明污染集聚的相关研究逐渐深入，延伸到污染集聚的成因机理、影响因素和关系机理方面（见图 1-18）。

（3）国内经济高质量发展的相关研究。

1）发文量。

从发文量趋势来看，1999~2021 年经济高质量发展的相关研究呈现逐年递增态势（见图 1-19）。

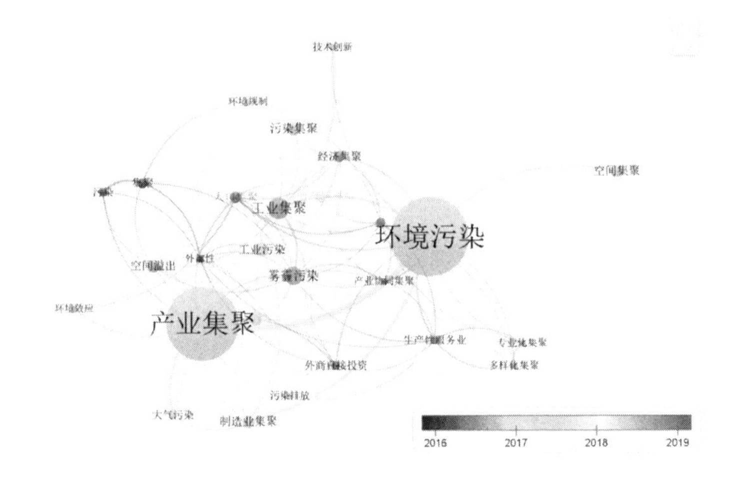

图 1-18 国内污染集聚的时序图

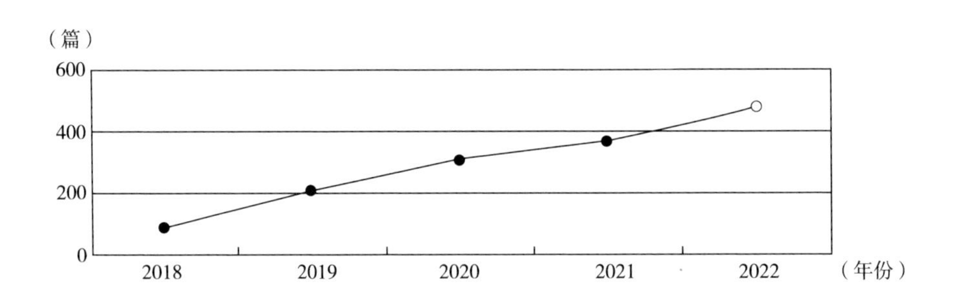

图 1-19 国内经济高质量发展发文量趋势

2）研究热点。

从关键词共现网络图来看，经济高质量发展的主题词主要集中于数字经济、科技创新、环境规制、实体经济、数字金融、技术创新、指标体系、经济增长、双循环、产业结构、熵权法、区块链、人工智能等方面。表明立足新时代，经济高质量发展不仅要依靠土地、资本、劳动力、消费、人口、进出口贸易，更要结合大数据、平台经济、区块链、人工智能、数字经济等新技术、新业态和新模式。经济高质量评价方法主要以熵权法为主，扩展到黄河、长江等流域经济（见图 1-20）。

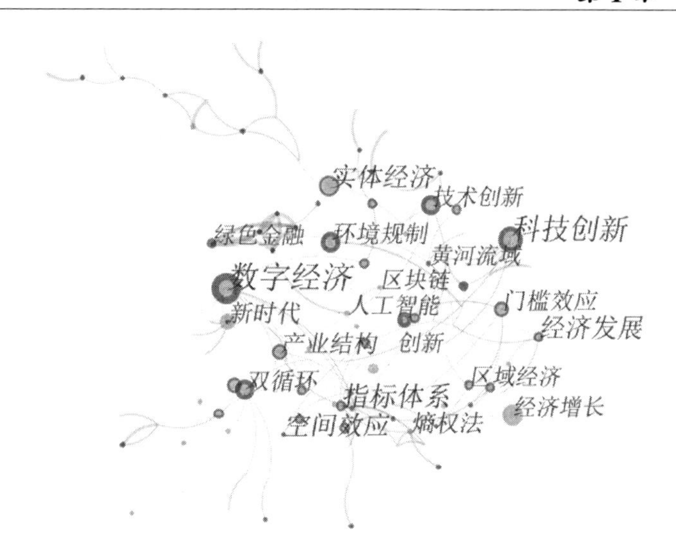

图 1-20 国内经济高质量发展高被引关键词聚类知识时间图谱

结合经济高质量发展的关键词聚类时间线图谱，自动识别形成 11 个聚类，主题词主要为环境规制、产业链、数字经济、实体经济、指标体系、攻坚战、中介效应、科技创新、驱动因素等方面（见图 1-21）。

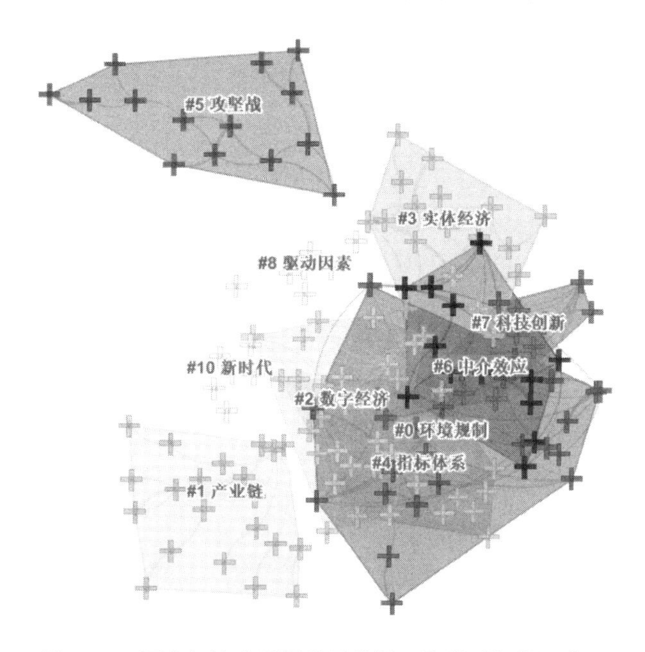

图 1-21 国内经济高质量发展关键词聚类时间线图谱

1.2.2 环境规制的相关研究

关于环境规制的国内外文献研究，将从国内外环境规制演进、内涵、分类、测度、作用展开论述。从时间来看，国外环境规制早于国内环境规制发展，国外环境规制经历了命令控制型、基于市场型和信息披露型环境规制，民众对环境保护的参与贯穿其中，不同类型环境规制的模式、适用性和范围不同。自 1949 年以来，我国环境规制根据我国发展现实需要，在不断引进和学习国外环境规制理论的基础上，吸取成功经验和失败教训，发挥后发优势，经历了萌芽期、奠基期、发展期、完善期和转型期的发展阶段。通过全面总结梳理该研究领域的现状，以期进一步深化和丰富环境规制的研究内容，为下文的理论与实证研究奠定基础。

1.2.2.1 环境规制国外发展

自 20 世纪 30 年代以来，伴随工业“三废”的不断排放，“先污染、后治理”的经济发展模式导致了国际上令人震惊的“八大公害事件”，以西方为代表的发达国家开始逐渐关注环境污染与治理，从而相继建立环境规制的治理体系。国外环境规制发展演进主要分为命令控制型、市场型和信息披露型三个阶段（见图 1-22）。

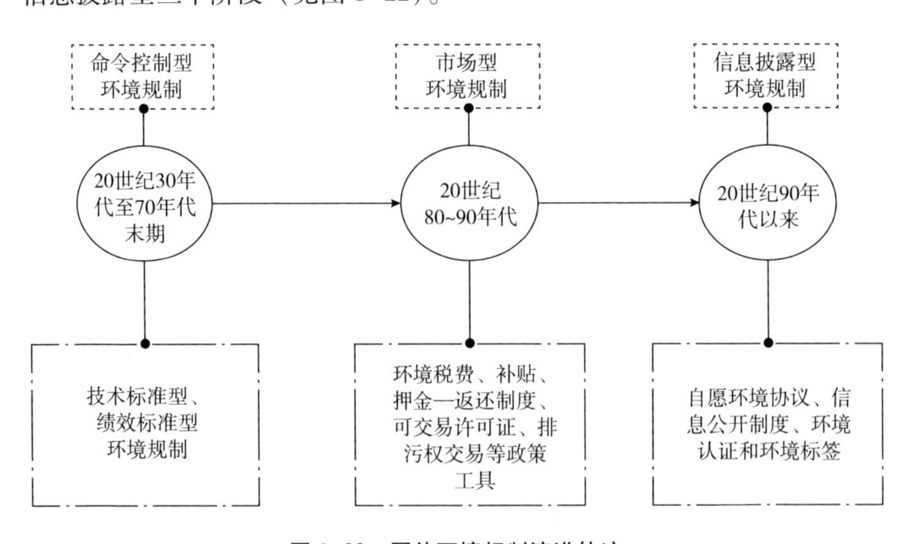

图 1-22 国外环境规制演进轨迹

第一个阶段，命令控制型环境规制。20世纪30年代至70年代末期，提高污染型企业生产成本的命令控制型环境规制被广泛应用，虽然在短期内产生了“立竿见影”的效果，但也出现了“高成本、低效率、政府腐败”等一系列问题。命令控制型环境规制一般指各级政府通过行政制度、立法、规章、条例、标准、约束目标、计划等确定环境规制目标，以行政、法律等方式强制要求企业或产业遵守，并对违反主体进行处置，主要涉及空气污染、水污染、土壤污染、噪声污染等方面，如《水污染控制法案》(1948年)、《清洁空气法案》(1963年)、《国家环境政策法》(1969年)、《固体废弃物处置法》(1980年)、《噪声控制法》(1972年)等环境法律与保护条例。

依据环境规制标准不同可以分为技术标准和绩效标准的环境规制。前者主要通过强制被规制企业在生产或治污技术上执行规定的技术标准，比如最适用或最可行技术等标准；后者则通过限制被规制企业的产品产量、排污量和排污强度等具体指标，以减污边际成本与边际收益为依据，制定相应的行业绩效标准。美国的主体机构为环境保护局（EPA或USEPA），该机构于1970年12月成立并运行，具体职责为颁布与制定各类法律法规，从事或赞助环保研究与项目，加强环保宣传与教育，提高公众环保意识，树立环保责任感。

第二个阶段，市场型环境规制。20世纪80~90年代，命令控制型环境规制缺乏成本有效性逐渐达成社会共识。基于市场激励或调控的环境规制受到重视，通过监督、处罚和补贴的“大棒胡萝卜”政策，完善了对污染企业的激励与监督处罚机制，但存在信息不对称等弊端，实际效果与国家的市场机制、政治体制、技术创新、经济发展水平等因素有关。市场型环境规制以“污染者付费”为原则，通过市场信号引导或激励企业在追求自身利润的同时，实现环保目标。这类政策具有经济上的激励性和补偿性（也称经济激励型政策）。市场型环境规制是命令控制型环境规制的重要补充，在经济合作与发展组织（OECD）国家中广泛运用，主要以环境税和补贴工具为主。依据庇古理论和科斯产权理论，市场型环境规制分为价格型和数量型两大类，主要包括环境税费、补贴、押金—返还制度、可交易许可证、排污权交易等政策工具。

第一，环境税费按照征收对象的差异，主要分为排污税费、使用者税费和产品税费。排污税费是针对污染者排污行为按照税率进行收费；使用者税费是污染者治理污染所支付的费用；产品税费是对使用污染品的主体征收，污染品包括生产、消费或处置过程中的生产品和消费品。环境税费在不同的污染者之间并不是均等分配，具有“随量递增”特征。在静态效率视角下，按照税率水平，企业只有减少排污量、降低纳税成本、提高资源配置效率才能有利可图。在动态激励视角下，当环境税成本高于技术创新成本时，企业会致力于技术研发与创新。如防控水污染和空气污染的排污税、碳税、汽车税等。

第二，补贴是直接对减污成本的偿还或补偿支付，与税收“取之于民、用之于民”原则相类似。补贴作为环境规制的一种手段，学术界存在“补贴是把双刃剑”的利弊讨论。一方面，补贴会直接对治污行为产生激励，通过价格机制降低投资成本，引导企业进行有利于污染控制或降低的技术研发，刺激产业的快速发展与扩张，提高企业发展信心和期望，治污效果显著；另一方面，补贴存在以下几个方面的缺陷：①企业在初始阶段通过污染超排行为，诱骗更多补贴额度。②加重了税收的负担；无法准确监管补贴费用的用途。③扭曲市场相关的原材料价格，造成资源的浪费，引发严重污染。④鼓励企业进入，阻碍企业退出，刺激行业的超排效应。

第三，押金—返还制度指先对购买可能造成环境污染的使用者收取一定押金，待商品被交到回收点循环利用时再返还押金给交付方。该政策降低了监管成本，激励了被规制一方的自觉服从行为，推动企业进行技术替代或原材料替代，从而降低押金成本。与此同时，押金—返还制度也可能存在与回收相关的成本支出，押金的数额具有不确定性。国外主要在含汞电池、蓄电池、塑料制品和废旧汽车等产品方面实行该项制度。

第四，排污权最早由加拿大学者 Dales（1968）提出，他认为排污权作为一种产权，可以像“出售股票”一样交易给价高者，通过市场分配企业的污染需求和减污成本，实现减污产权的市场优化配置，这种做法一般被认为以科斯的产权理论为基础。交易许可证的有效应用或施行，离不开许可证数量或配额、初始分配方式、市场交易规则和监督处罚机制的有效性，任何一个环节的疏漏都可能让此项制度无效或失效。如美国新能源企业特斯拉在 2020 年通过出售碳排放交易额度获利 14 亿美元。

第三个阶段，信息披露型环境规制。自 20 世纪 90 年代以来，随着公众环保意识的觉醒，民间各类环保组织的相继建立，企业也主动进行信息公开披露。经济社会发展到一定程度，为进一步提高环境规制效率、减轻规制成本，通过公开产品或企业的相关信息，以这样一种非传统的方式激励或倒逼被规制企业减污降排，主要包括资本市场、产品消费市场、劳动市场、立法执法体系等渠道。比如，通过信息披露影响投资人的投资意向、消费者购买决策、劳动力吸引力以及环境立法，从而达到环境规制的目的。信息披露型环境规制的影响范围较大，在实践中，环境规制的效果取决于公开信息的数量、质量和传递方式。根据信号传递理论，信息公开披露的目的在于激励相关利益团体采取偏环保的友好行动，参与到环境规制政策的制定、执行与监督中来，进而降低规制成本，提高整个行业的规制效率。

信息披露型环境规制可以分为自愿环境协议、信息公开制度、环境认证和环境标签。①自愿环境协议指企业承诺实行比相关环境政策水平或标准更高的环境绩效。企业通过自愿环境协议能够采取清洁技术，树立良好形象和口碑，换取宽松的规制，减轻政府的环保监督压力。另外，通过降低政府与企业的信息不对称性，提高规制效率。②信息公开计划指政府在对相关企业进行搜集和调查后，以信息公开的形式对企业进行评级，并对社会予以公开，以此向污染企业施加压力，促进企业采取环保措施。比如美国的有毒物质排放清单（TRI）、印度尼西亚的污染控制评估定级计划（PRORER）。③环境认证是指对企业的管理程序或结构进行认证，比如 ISO14000 和 EMAS 等认证。环境标签指由独立的第三方机构对产品进行环境标签技术认定，一般由企业自行申请。除此之外，还有产业协会或社区的认定等。环境认证或环境标签作为一种柔性规制制度，对最终消费者影响较大，一般认为在收入水平或受教育程度较高的地区效果比较明显，以较高规制标准作为前提的环境认证或标签也会发挥良好作用；反之，如果企业利益集团利用其市场垄断的影响力，制定较低的规制标准时，可能导致较高的社会成本，反而不利于减污降排。

1.2.2.2 环境规制国内发展

国内环境规制演进主要分为萌芽期、奠基期、发展期、完善期和转型期五个阶段（见图 1-23）。

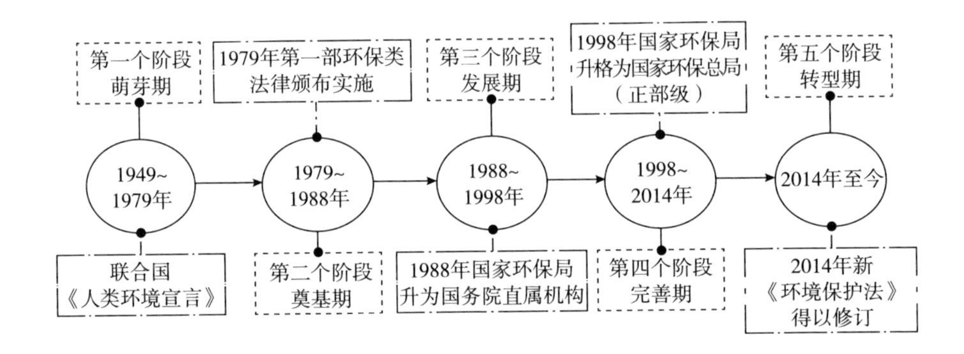

图 1-23 国内环境规制演进轨迹

第一个阶段萌芽期（1949~1979 年）。改革开放之前，政府实行高度集中的计划经济体制，虽然有关环境保护方面的机构、制度、规章和条例已经出现萌芽状态，但并没有建立起完善的环境规制体系，主要表现为环境规制机构、法律法规和政策的缺乏。1972 年，联合国在斯德哥尔摩通过《人类环境宣言》，拉开了全球环境保护的序幕，也引起我国政府对环境污染的重视。1973 年，我国成立了国务院环保领导小组和各省份环保机构，并拟定了《关于保护和完善环境的若干规定》，中国环保事业正式起步。此后，政府也陆续发布了关于沿海水域污染、治理工业“三废”等一系列政策规定和法律法规。

第二个阶段奠基期（1979~1988 年）。我国环境规制政策主要以命令控制型环境政策为主导，构建相应的政策体系。1979 年，我国第一部环保类法律《中华人民共和国环境保护法（试行）》颁布实施，标志着环保体系初步建立；1982 年，《宪法》对生态资源与环境保护作出明确规定；1983 年，国务院将环境保护作为基本国策；1984 年，城乡建设环境保护部环境保护局正式更名为国家环境保护局。在此期间，国家出台了关于水污染、大气污染、海洋污染、森林、草原、土地资源等自然资源法，制定了排污费、环境影响评价制度、“三同时”、“三废”排放标准等环境政策。

第三个阶段发展期（1988~1998 年）。环境规制政策快速发展，实现了环境污染的末端治理逐渐向源头治理、全过程控制、浓度与总量双重控制和集中—分散结合治理的转变。随着市场经济不断发展和人民生活水平不断提高，公众对环保较为关注。1988 年，国家环保局（现生态环境部）升级为国务院直属机构；1992 年，国家实施可持续发展战略；1993 年，人大设立了环境保护委员会；1994 年，全球第一部国家级《21 世纪议程》得到批准。

第四个阶段完善期（1998~2014 年）。我国已在立法、行政、规章制度等各方面形成较为完善的环境规制政策体系，提升了环境监管权威力度和执行强度。1998 年，国家环保局升格为国家环保总局（正部级），进一步强化了行政管制力度。除进一步修订原先环保法律法规外，“十一五”规划对单位 GDP 能耗、污染物排放量等具体指标作出强制约束目标规定，并进一步扩大了排污收费制度的试点范围。1999 年，中央开始推行官员环保考核，但未与晋升挂钩。2007 年，中央正式将环保考核与官员晋升挂钩。2011 年，环保约束目标实行“问责制”和“一票否决制”。2012 年，党的十八大将生态文明建设列入“五位一体”总体布局。

第五个阶段转型期（2014 年至今）。在已有环境规制政策体系的基础上，2014 年，实施 20 多年的《环境保护法》得以修订并通过，主要强化了企业防治责任，加大违法制裁强度，还对信息公开、公众参与监督等作出系统规定。此后，排污费标准大幅提高，环保执法力度逐渐加大。

2016年，“十三五”规划提高了大气污染治理目标。2017年，各地纷纷出台燃煤电厂的排放标准，VOCs成为大气污染防治的重点领域。2017年，党的十九大的胜利召开，吹响了“蓝天保卫战”和“污染防治攻坚战”的号角。2018年，“大气十条”提高了颗粒物、二氧化硫和氮氧化物等排放限值，国务院印发了“蓝天保卫战”的相应计划。2019年，生态环境部等五部门出台了钢铁行业的超低排放意见。2020年，污染防治攻坚战虽取得阶段性胜利，但政策力度继续保持定力。在2030年前实现碳达峰、2060年前实现碳中和的目标下，2021年，生态环境部提出“减污降碳”协同增效。

我国现行的环境规制实行统一规制指标下的各级政府落实负责制，中央政府统一领导，地方政府整体负责（温宗国，2010）。比如以环保目标责任制为例，中央政府通过充分调研制定长期、中期和短期目标，对各省级政府下达预期约束的考核目标和工作计划，省级政府再层层分解下发到市区县级政府，中央政府再对各类目标的完成情况进行考核。中央政府和地方政府分别为目标的制定者和执行者，存在“发包—承包”的中国式分权关系（原毅军，2017）。

1.2.2.3 环境规制的内涵

规制在英文文献中常用“Regulation”或“Regulatory Constraint”表示，意为用制度、法律、规章等政策加以制约和控制，主要是国家或政府行为。规制的概念最早由美国学者卡恩于1970年在其著作《规制经济学：原则与制度》中提出（Kahn，1971），首次正式提出规制是一种政府命令的制度安排，通过替代市场竞争起维持经济绩效的作用。按照《新帕尔格雷夫经济学大辞典》的解释，规制是指政府或规制机构依据法律授权，为实现经济效率、社会公平或社会福利最大化目的的政府行为（杨洋和金懋，2016）。Posner（1974）将其定义为“对市场价格、准入等实行控制、立法、税收、补贴等行为”。美国学者Boulding（1976）认为规制是一种国家或政府机构的强制管制制度，不一定聚焦公共利益目标，也可能无法实现预期效果，他也被弗里德曼称为管制经济学的开山鼻祖。环境是一个兼具稀缺性和公共性的复合性资源，环境问题具有一定的负外部性，为了将环境成本内部化，众多学者也从不同视角界定了环境规制的内涵。日本学者植草益（1992）也提出规制是对特定组织或个人施加的约束或限制。托马斯·思德纳（1994）认为环境规制是一种公共政策或法律法规，从而实现一定环境目标。

由于国内粗放型发展模式造成了资源浪费与生态污染，20世纪80年代以后，规制经济学引起国内学者的关注。国内学者主要关注环境规制的环境治理功能，比如1973年《工业“三废”排放试行标准》环境政策工具的正式应用，代表性学者有傅京燕和李丽莎（2010）、李玲和陶锋（2012）、张成等（2011）、李斌等（2013）、张平等（2016）。赵玉民等（2009）提出，环境规制以环境保护为目的，是政府对企业、产业和消费者等微观主体采取的有形制度或无形意识的约束性力量。对不同污染强度行业影响具有差异性（傅京燕和李丽莎，2010）。原毅军和谢荣辉（2014）认为环境规制是政府以直接或间接的方式解决环境问题的公共政策，通过约束、诱导和协调等方式调控规制对象的观念与行为，从而实现可持续发展目标。张红凤等（2012）认为环境规制属于公共社会型规制的研究范畴，是对由于外部性、信息不对称等问题而导致的市场失灵现象进行干预。张涛（2017）、赵敏（2013）、黄德春和刘志彪（2006）也认为，环境规制作为一种社会性规则，是政府通过制定行政命令、市场激励或公众自发等形式的各类法律法规与政策措施，以约束和内化企业环境成本，调节企业的经济行为，实现环境保护与经济的协调，整体提高社会福利。

综上所述，从内涵来看，主流观点认为环境规制起源于对环境污染外部性或市场失灵的治理，是社会规制的重要内容和组成部分，指政府通过制定各类行政、法律、规章等各类政策、制度与措施，调节行业、产业、企业、家庭和个人主体的微观经济活动，通过提高资源配置效率，实现生态保护和经济发展协调的目标（邓宏兵和张毅，2005）。

表 1-1 环境规制内涵

学者或组织	概念与定义
Kahn（1970）	首次正式提出规制是一种政府命令的制度安排，替代市场竞争起维持经济绩效的作用
Posner（1974）	对价格、准入、经济行为的立法、税收、补贴及行政控制行为
Boulding（1976）	一种国家或政府机构的强制管制制度
植草益（1992）	对特定经济社会组织或个人采取的约束与限制
托马斯·思德纳（1994）	环境规制是一般公共政策的组成部分，与环境相关的法律法规
赵玉民等（2009）	以环境保护为目的，政府对企业、产业和消费者等微观主体采取的有形制度或无形意识的约束性力量
傅京燕和李丽莎（2010）	环境规制对不同污染强度行业影响具有差异性
原毅军和谢荣辉（2014）	政府以直接或间接的方式解决环境问题的公共政策，通过约束、诱导和协调等方式调控规制对象的观念与行为
张红凤等（2012）	对存在外部性、信息不对称等问题而导致的市场失灵现象进行干预

资料来源：根据相关文献整理。

1.2.2.4 环境规制的分类

国外学者基于规制主体、客体、成本及效率等不同研究视角对环境规制进行分类，一般有一分法、二分法、三分法、四分法和五分法，如表1-2所示。单一的环境规制以单一指数和综合指数法进行测度。环境规制二分法按照设计范围分为广义与狭义环境规制（杜龙政等，2019）；按照表现形式分为显性与隐性环境规制（贯君和苏蕾，2021）；按照权威性分为正式与非正式环境规制（高志刚和李明蕊，2020）；依据政府与市场的作用分为命令规制和市场规制（Weitxman，1974）。在三分法中，一些学者依据政策工具性质将其分为命令控制型、市场激励型和自愿参与型环境规制（赵立祥等，2020），经合组织（OECD）将环境规制分为行政型、经济型和劝说型（Oecd，1996）。在四分法中，王晓岭等（2021）将环境规制分类为行政命令、市场激励、公众参与和自愿意识类型；世界银行将其分为政府管制、创建市场、利用市场和公众参与（哈密尔顿，1998）。

在五分法中，环境规制分为命令控制型、市场型、自愿型、信息披露型和公众参与型（Gunningham 等，1999）。

表 1-2　国外环境规制工具分类

<table>
<tr><th>分类</th><th colspan="6">具体类型</th><th>学者</th></tr>
<tr><td rowspan="2">两分法</td><td colspan="3">命令控制型</td><td colspan="3">经济激励型</td><td>Weitxman（1974）</td></tr>
<tr><td colspan="3">正式环境规制</td><td colspan="3">非正式环境规制</td><td>Pargal 和 Wheeler（1996）</td></tr>
<tr><td rowspan="2">三分法</td><td>命令控制型</td><td colspan="2">经济调节型</td><td colspan="3">劝说式工具</td><td>Oecd（1996）</td></tr>
<tr><td>命令控制型</td><td colspan="2">市场型</td><td colspan="3">自愿型</td><td>Tietenberg（1998）</td></tr>
<tr><td rowspan="2">四分法</td><td>政府直接规制</td><td>创建市场</td><td>利用市场</td><td colspan="3">公共参与</td><td>哈密尔顿（1998）</td></tr>
<tr><td>管制型</td><td colspan="2">市场型</td><td>网络信息型</td><td colspan="2">道德规劝型</td><td>—</td></tr>
<tr><td>五分法</td><td>命令控制型</td><td colspan="2">市场调节型</td><td>自愿型</td><td>信息披露</td><td>公众参与</td><td>Gunningham 等（1999）</td></tr>
</table>

资料来源：根据相关文献整理。

国内环境规制工具的研究与应用也逐渐完善与成熟（见表 1-3）。大多数学者借鉴 Tietenberg（1998）的分类标准，将环境规制政策工具分为命令控制型、市场型和自愿型三类（包健和郭宝棋，2022）。彭海珍（2006）从政府行为出发，分为命令控制、经济激励、政商合作的类别。张弛和任剑婷（2005）根据适用范围将环境规制分为出口国、进口国和多边环境规制。甘黎黎（2014）以政府的干预程度将环境规制划分为政府规制型、市场型、自愿型政策工具。原毅军和谢荣辉（2016）则将市场调节型环境规制依照政策手段细分为费用型环境规制和投资型环境规制。高红贵和肖甜（2022）将环境规制分为命令型、市场型和自主型；吉利等（2022）从企业出发将环境规制分为环境法规和环境规章；原伟鹏等（2021）从我国中央—地方分权式制度治理视角将环境规制分为中央垂直型和地方平行型环境规制。此外，也有学者将环境规制工具分为行政命令—绩效考核—市场型、成本型与补偿型、科技型环境规制等（余泽泳和尹立平，2022；郑晓舟等，2021；郑飞鸿和李静，2022）。

表 1-3 国内环境规制工具分类

相关学者	分类标准	具体类型
彭海珍（2006）	政府行为的角度	命令—控制、经济激励、商业—政府合作
张弛和任剑婷（2005）	适用范围的不同	出口国环境规制、进口国环境规制、多边环境规制
高红贵和肖甜（2022）	规制的特点	命令型、市场型、自主型
甘黎黎（2014）	干预程度为划分标准	规制型、市场型、自愿型
原毅军和谢荣辉（2016）	政策手段的不同	将市场调节型分为费用型、投资型环境规制
原伟鹏等（2021）	中央—地方分权式制度	中央垂直型、地方平行型环境规制
余泽泳和尹立平（2022）	中国式宏、中、微观视角	行政命令—绩效考核—市场型、成本型与补偿型
郑飞鸿和李静（2022）	作用客体	科技创新与技术进步驱动环境规制变革

资料来源：根据相关文献整理。

环境规制的作用领域和工具不断多元化、丰富化和具体化。我国环境规制政策工具主要分为命令控制型、市场激励型、自愿协议和国际环境协议。依据政策领域和调节机制可以将环境规制分为经济、社会、技术、产业、政治、国际等环境政策，也可以分为市场经济、技术规制、社会舆论、国际环保条约、国际政策宣言章程等环境政策工具（李威，2012）。

命令控制型环境规制主要通过行政、法律等手段，制定并强制执行各种标准，从而减少污染和改善生态环境，主要包括环境影响评价制度、“三同时”制度、污染总量控制制度、限期治理、集中污染控制、关停并转和定量考核等。市场激励型环境规制主要通过市场信号激励被规制主体的行为，实现环境与经济目标的共赢，主要有排污收费、排污权交易、排污许可证制度、补贴政策、绿色信贷、生态补偿、城市排水设施使用费、矿产资源税、补偿费、低碳城市试点、环境权益融资等。自愿型环境规制指企业或个人在没有任何法律法规等义务要求前提下，自愿做出“减污降排”承诺、活动或行为，主要包括信息公开、信息披露、公众参与监督、舆论监督、宣传教育、环境标志、环境管理系统认证、道义劝告、非正式社团压力等（吴磊等，2020）。

国家环境协议指在全球环境污染日趋严重，且存在跨国界转移、流动和溢出背景下，世界各国以人类命运共同体意识为价值观，国家间签订的多边或双边的国家环境协议。比如我国在1992年成立中国环境与发展国际合作委员会，先后签订了《联合国人类环境宣言》（1972年）、《关于环境与发展的里约宣言》（1992年）、《关于保护野生生物资源的合作协议》（1979年）、《防止倾倒废物及其他物质污染海洋公约》（1985年）、《保护臭氧层维也纳公约》（1990年）、《控制危险废物的巴塞尔公约》（1990年）、《联合国气候变化框架公约》（1992年）、《生物多样性公约》（1992年）、《荒漠化公约》（1994年）、《核安全公约》（1996年）、《京都议定书》（1998年）、《关于持久性有机污染物的斯德哥尔摩公约》（2001年）等。

1.2.2.5　环境规制的测度

环境规制指标测度方式主要分为单一指数法和合成指数法。单一环境规制指标主要以各类环境政策、试点政策、法律法规、排污标准、环保税、资源税、环境治理投资、污染物排放强度、污染水平、政府补贴、公众环境信访数等绝对或相对数量指标作为替代变量（赵玉明等，2009）；综合型指标主要运用DEA模型测算全要素生产率、节能减排绩效、以熵权法计算工业三废排放量等综合指数作为复合衡量指标（倪娟等，2020）。一般采用数据包络分析方法（DEA模型）或DEA-Malmquist测算环境规制效率（程钰等，2016；徐维祥等，2021；任梅等，2019）。朱欢等（2020）基于新结构经济学视角，从要素禀赋结构入手，结合SBM-DDF方法测度了偏离最优环境规制政策。汪明月等（2022）用工业排污费表示环境规制强度。陈志刚和姚娟（2022）以工业废水、工业废气和工业烟粉尘综合评价环境规制强度。陶峰等（2021）用环保目标责任制是否施行作为环境规制表征指标。

在信息不完全或不对称前提下，环境规制具有一定的不确定性。于连超等（2020）基于环境政策不确定视角考虑考察地方环保官员变更对企业环境信息披露的影响。杨海生等（2006）探讨了不同时机下环境政策的选择产生的环境危害和机会成本。王素凤和杨善林（2015）认为碳减排具有政策、技术和价格方面的不确定性，存在一定的交叉影响。程中华等（2021）发现环境税促进非清洁生产企业的技术进步，而研发补贴偏向于清洁生产技术。立足国际层面，在自由化贸易下，国家关税的削减会使东道国的环境标准严格，具有改善国家福利的作用，在南北国家可能存在环境政策的不确定性，这是由技术差距引起的（洪丽明和吕小峰，2017）。

1.2.2.6 环境规制的作用

环境规制的作用效应是学界热议的话题之一，不同学者立足不同视角对环境规制的作用效应进行了研究，但没有达成一致共识。环境规制的作用效应主要包括成本约束、减污降排、技术创新、产业升级优化、能源结构调整、提高投资、效率提升、就业效应和经济红利等方面影响（杨冕等，2022；陈诗一，2010；尹礼汇等，2022；肖新志和李少林，2013；肖雁飞和廖双红，2017；陈德敏和张瑞，2012；邵帅等，2019）。

环境规制政策的技术补偿效应。政府通过征税或补贴的方式能够有效纠正企业大量排污的违法行为（Pigou，1920）。与庇古的观点基本一致，Holzman 和 Hurvitz（1958）也认为政府强行施加某种措施可以更好地满足消费者的选择。探究其影响机理，Michael（1990）认为适宜的环境规制可以倒逼与激发企业技术创新，抵消治污的遵循成本，提高生产效率，促进产业结构升级，降低污染排放，提高企业竞争实力（李振等，2020）。从国际贸易角度来讲，实施严格环境规制的国家相对而言更具创新动力，环境规制对本国企业也产生了技术模仿和“干中学”的溢出影响。环境规制因政策类型、强度和实施区域的不同，其有效性也各有差异。屈凯（2021）利用双重差分的准自然实验检验了新环保法的出台对企业绿色技术创新的影响，研究结果显示该政策对中西部地区和非国有企业效果明显，验证了弱波特假说。

环境规制政策的调节效应。环境规制可以调节工业产业集聚对经济高质量发展的影响（孙慧和邓又一，2022）；调节企业投资偏好对雾霾脱钩的影响（王书斌和徐盈之，2015）。环境规制还能够调节企业对绿色技术

创新的投入与研发（王锋正和陈方圆，2018）；正向调节外商直接投资对绿色全要素生产率的影响（傅京燕等，2018）。李月娥等（2022）指出环境规制不仅在土地资源错配影响环境污染的过程中起正面的调节作用，且对于不同污染水平的地区具有一定异质性。因此，环境规制的调节作用可能受到其类型、强度、区域、产业等影响从而存在一定的差异性。

环境规制对资源配置的影响。环境规制主要通过界定明晰产权、调节定价和内化成本等方式，进而纠正市场失灵，促进资源的高效利用（王锋正和郭晓川，2015）。Coase（1960）运用制度经济学对外部性理论进行了拓展，从外部性视角解释经济发展面临的生态治理难题，强调在产权清晰界定的前提下进行市场交易机制，促进资源的优化配置。Joseph（1974）从可持续发展视角研究资源型产业的发展问题，认为资源耗竭无法得到有效补偿，严重影响区域产业和经济的可持续发展。

环境规制对就业的影响。孙玉阳和唐嘉懿（2022）提出碳排放规制通过产业结构升级和技术创新的传导路径有利于促进就业，且存在收入水平的差异性，这与闫文娟等（2012）的研究结论保持一致。另外，传导路径还包括工业集聚、企业研发（王柱焱和潘超，2021）。环境规制与就业之间也存在一定的非线性关系和空间溢出效应（周五七和陶靓，2021），呈现出非线性的倒 U 型、U 型等关系（乔彬，2021；李珊珊，2015）。环境规制对就业的影响也存在工业行业的异质性，在不同产业部门两者之间的非线性关系也有所差异（秦楠等，2018）。立足准自然实验，闫文娟和郭树龙（2018）发现“两控区”政策对高排硫企业的就业显著为负，但对工资没有影响，但李斌等（2019）认为环境规制不仅可以实现治污与就业的双赢，且存在一定的时空和行业异质性。

1.2.3 污染集聚的相关研究

污染集聚相关研究集中在“污染集聚”的存在验证、“污染集聚”的方法测度、“污染集聚”在大气中污染累积的浓度变化、“污染集聚”的影响因素、污染密集型产业或资源型产业集聚和转移与“污染集聚”的关系、“污染集聚”的形成机理、“污染集聚”转移方向与转移路径、经济集聚、人口集聚与“污染集聚”的关系等方面。本节主要从污染集聚的概念、测度和成因机理展开论述。

1.2.3.1 污染集聚的内涵

污染集聚是一种污染现象和环境问题。环境问题通常指由于人类活动和自然原因而引起的环境破坏，并给人类社会经济发展带来不利的影响（邓宏兵和张毅，2015）。环境污染的相关研究主要以 AQI、PM2.5、PM10、CO、NO_2、固体废弃物、废水、COD 等主要污染物为主（Benchrif 等，2021；Liu X 等，2021），各类来源于工业、交通、农业、生活等污染物的大量排放与累积，促使环境系统结构、功能或状态发生改变，进而导致环境质量的恶化或破坏，产生严重的污染问题。从动态视角看，污染损害分为流量型和存量型污染，污染物排放量的不断积累是污染集聚形成的直接原因，区域自然条件、地形、季风、温度等间接的促使因素。污染集聚属于存量型的污染类型，从源头和过程预防控制污染物排放是减缓污染集聚的适宜手段之一。

从古典区位理论到新古典区位理论，再发展至新经济地理学和新新经济地理学，集聚性的研究逐渐走向成熟，取得了诸多成果。集聚性的相关研究始于德国经济学家杜能（1986），他首先从区位视角分析德国农业生产遵循中心集约、外围粗放的空间分布。德国克里斯塔勒和廖什分别于1933 年、1940 年提出中心地理理论（Brian，1967）。随后的研究不再仅仅局限于描述与发现集聚现象本身，而是深入研究集聚的深层次原因。Thoams 等（1994）将空间因素应用到一般均衡理论中，表明了专业化和规模经济是集聚的向心力，运费和范围经济是集聚的离心力。Tahvonen和 Kuuluvainen（1993）、Lopez（1994）通过“环境生产要素理论”验证了污染集聚效应。原因在于环境作为一种生产要素，在不断消耗、利用到超过自身承载力以后必然会形成集聚。Jessie 等（2006）研究也发现环境污染存在较强的空间相关性。

国内学者龚健健和沈可挺（2011）认为，我国区域高耗能产业集聚

带来区域环境污染的聚集性，具有明显的外溢效应。张乐才（2011）利用污染要素的替代效应与成本效应对污染集聚的形成机理进行了分析，得出污染红利会带来污染集聚。国内污染集聚的概念表述得以首次出现。余昀霞和王英（2012）、杜雯翠和宋炳妮（2012）研究了我国制造业集聚对环境污染、大气污染的影响，认为制造业集聚与大气污染之间呈现 N 型关系。刘满凤和谢晗进（2014）对经济集聚与污染集聚之间的关系进行深入研究，分别从劳动力数量、FDI、技术创新、能源消费总量、产业机构、城市化率、绿化面积等因素挖掘污染集聚的成因机理。甘泸暘（2017）提出污染集聚具有外溢性，比如某区域的空气污染也会影响到周边地区污染趋于集聚。

表 1-4　国内外学者对污染集聚的相关定义

相关学者	概念	定义
杜能（1986）	集聚	德国农业生产遵循中心集约、外围粗放的空间分布
Thoams 等（1944）	集聚成因	专业化和规模经济是集聚的向心力，运费和范围经济是集聚的离心力
Tahvonen 和 Kuuluvainen（1993）、Lopez（1994）	污染集聚	污染存在集聚效应，提出了“环境生产要素理论”
Jessie 等（2006）	环境污染	环境污染产生较强的空间相关性
邓宏兵和张毅（2005）	环境问题	由于人类活动和自然原因而引起的环境破坏，并给社会经济发展带来不利影响
龚健健和沈可挺（2011）	环境污染	区域高耗能产业集聚引发区域环境污染
刘满凤和谢晗进（2014）	污染集聚	污染物排放量的不断增加和积累
甘泸暘（2017）	污染集聚	地区污染趋于集聚的空间效应，影响周边污染趋于集聚

资料来源：根据相关文献整理。

1.2.3.2　污染集聚的测算

国外对污染集聚性的研究不断丰富，已有部分文献从理论上和经验证据上认可污染集聚性的存在。Leeuw 等（2001）和 Duc 等（2007）认为工业产业在地理空间的集聚会加剧大气污染和水污染等生态环境损害。

Cheng 等（2018）等研究了 2015 年冬季中国东部主要城市的空气污染空间分布。其中，山东东部是污染中心，研究发现较弱的季风、风向与区域空气污染集聚事件的发生有关。Walter 和 Ugelow（1979）最早提出“污染避难所”假说，认为环境规制在发达地区的标准、管控和监察较为严苛，在欠发达地区较为宽松，污染密集型产业为降低治污成本向欠发达地区进行转移，欠发达地区忽视环境问题，采取经济增长优先策略，使得欠发达地区成为污染避难所。

围绕污染集聚的影响因素，一些学者从进出口贸易、外商投资、产业集聚、产业转移、环境规制等方面进行探究。一般学者认为国际进出口贸易、FDI 对污染集聚有重要影响（Dean，2000；Levinson，2002；Antweiler 等，2001；He，2005），原因在于贸易、投资和产业转移中直接或间接的隐性和显性污染转移。Zuo 和 Tian（2018）应用向量自回归（VAR）模型，研究发现污染密集型产品当地生产出口的增加恶化了环境，而污染密集型产品进口能改善当地环境；Simone 等（2019）使用异构代理的两部门模型的数值模拟发现，外国直接投资对当地环境污染影响存在差异。Baek 和 Jungho（2016）认为外商直接投资加剧了环境质量的恶化。Vadiee 等（2014）构建了产业集聚对环境污染影响的阈值模型，发现产业集聚与环境污染之间呈倒“U”型关系，当市场水平较低时，产业集聚导致环境污染；反之，市场化水平较高则改善环境质量。Liu 等（2017）提出外国直接投资和环境规制可以通过产业集聚的方式间接减少工业污染物的排放。董琨和白彬（2015）通过分析中国区域间产业转移，验证了“污染天堂”假说。谢晗进等（2019）运用系统动力学构建“两化”协调效应机制，论证了城镇化和“两化”耦合协调度对污染集聚治理具有正向溢出作用。刘玉凤和高良谋（2019）利用空间计量模型（SEM，SLM）验证了 FDI 集聚与污染集聚均具有正相关关系和空间溢出效应，FDI 在地理上的集聚对当地或邻近省域环境污染具有负面影响。马黎和梁伟（2107）以空气质量指数 AQI 以及 PM2.5、PM10、二氧化硫、二氧化氮和一氧化碳等污染物作为研究对象，也验证了中国空气污染存在较为显著的空间集聚与溢出效应。

部分研究采用 ArcGIS 等空间可视化分析技术，刻画了污染集聚显著的空间依赖、集群趋势、集聚效应、溢出效应、路径依赖与空间锁定等特征（吴玉鸣和田斌，2012；甘泸瞐，2017；苏梽芳等，2009；周侃，2016；白璐等，2020）。从区域间产业转移描绘污染集聚演进态势，发现随着污染密集型产业由经济发达地区梯次转移到欠发达地区（沈静等，2012；仇方道等，2013；夏友富，1995），方向由中国东南沿海地区向中部、东北和西北地区转移（何龙斌，2013；贺灿飞等，2014）；污染中心在东经 113°~115°，北纬 32°~34.5°的区域内移动（陈祖海和雷朱家华，2015）。污染集聚转移方向与转移路径成为近些年的研究重点，华北地区等重点区域污染集聚及其成因机理与治理研究将成为今后研究的热点。

1.2.3.3　污染集聚的成因

围绕环境污染的成因、危害、时空演变、影响因素和治理模式等方面的研究较多（Yang 等，2020；Jin 等，2020；Li 等，2019；Yan 等，2021；Ron 等，2021），其中成因包括自然和人文的综合因素（Ren 和 Matsumoto，2020）。数据主要来源于统计年鉴、卫星遥感反演估计、监测站数据、新闻媒体报道等（Huang 等；2020），根据大数据可以从小时、星期、季度、年度、微观空间等视角对空气污染的演化规律进行探究（Luo 等，2021）。在研究方法上多采用贝叶斯、空间计量模型、广义差分法、地理探测器、GTWR、MGWR 等模型（Li 等，2018；Jiang 等，2021；Yu 等，2021；Gu 等，2021；Yuan 等，2021）。研究区域包括城市、城市群和流域的典型地区（Liu 等，2021；Zhou 等，2021），主要为上海、广州、京津冀、黄河流域和长江流域等，以上研究为“蓝天保卫战”和污染防控阻击战的治理措施提供了现实依据。

根据资源禀赋理论，资源型产业或“三高”企业为降低交通、治污等投入成本，向资源富集地区集聚与转移，使得污染分布呈现集聚态势（李稚等，2019）；同时，由于区域间相对环境规制差异，根据“污染避难所”假说，污染密集型产业向环境规制相对较弱的欠发达地区转移也会形成污染集聚现象（傅京燕和李丽莎，2010）；姚从容（2016）、豆建民和沈艳兵（2014）从产业转移、环境规制与污染集聚的关系角度分析了污染密集型产业的空间变动；刘宁宁等（2019）从空间溢出视角探讨污染密集型产业集聚的环境效应，发现污染密集型产业集聚和环境污染之间存在显著的倒U型曲线关系。现有研究普遍认为，经济集聚（杨仁发，2015）、产业集聚（徐瑞，2019）、人口集聚（刘永旺等，2019）、FDI等对污染集聚有重要影响（许和连和邓玉萍，2012；盛斌和吕越，2012）。

社会经济的发展通过消耗大量的物质资源，在促进经济发展的同时，产生一定的污染物是不可避免的。根据外部性理论，污染集聚具有一定的负外部性效应，会严重影响人类生存环境和危害人类健康。例如，一些学者讨论了城市环境污染对家庭经济成本、居民健康水平、城市犯罪率、电力消耗等具有一定的外部性影响（Ain等，2021；Han等，2021；Kuo和Putra，2021；Sarkodie等，2021）。另外，经济发展、城市建设以及科技进步也会以环保投资、废弃物处理和循环利用等方式影响环境污染。一些学者讨论了新冠疫情、城市化、国外直接投资、气候变化、碳排放交易、气象条件、旅游业发展等对环境污染的影响机制（Li等，2021；Jia等，2021；Zhou和Li，2021；Liang等，2021；Liu等，2021；Liu等，2020；Hemmati等，2020）。

1.2.4 经济高质量发展的相关研究

为实现经济高质量由“高增长低发展”到“稳增长高发展”的状态转变，国内外学者对经济增长的效率、绩效、内涵、测度评价、指标体系、实现路径等方面进行了探讨。

1.2.4.1 经济高质量发展的内涵

古典经济学学派主要关注经济增长的规模、速度或数量，重视推动经济高质量发展的技术进步生产率。从古典经济学派的亚当·斯密、马尔克斯、李嘉图、马歇尔、李斯特，再到近代经济学派的凯恩斯、萨缪尔森、弗里德曼、熊彼特、罗伯特·索洛等，都对经济增长的理论体系进行了解释。由 Solow（1956）、Jorgenson 和 Griliches（1967）构建的理论模型可得，一些学者使用全要素生产率衡量经济增长水平，从投入—产出视角进行测度与评价经济增长质量（Zhang 和 Kong，2010）。全要素生产率一般代表社会技术水平和进步程度，单一维度的评价难免忽视对社会公平、就业、制度、生态、福利、开放等方面的研究（原伟鹏和孙慧，2021；Mei 和 Chen，2016），这些层面的全面发展关系到普通民众的切身利益和民生福祉。

“质量”在《辞海》中包含“多少或大小”（自然属性）和“优劣”（社会属性）两重含义（倪文杰等，1994）。基于经济学视角，应取社会属性的优劣性含义（即“好不好”）。在充分理解经济增长与经济发展、整体与结构、数量与质量、增速与效率、波动与平衡、动能与动力的基础上，才能准确把握经济高质量发展的概念和内涵（任保平）。2017 年，党的十九大成功召开，习近平（2017）总书记首次正式提出新时代我国经济已转向高质量发展阶段，高质量发展上升到国家战略高度，之后又提出长江经济带高质量发展、黄河流域生态保护和高质量发展以及中部地区高质量发展等重大区域战略。新时代中国经济出现了三种变化：第一，对 GDP 的绝对增长率或规模的重视减弱；第二，技术创新和现代化产业体系的构建与发展；第三，更加注重经济发展的质量水平，包括就业、环保、教育、住房、医疗、养老等社会进步的多个层面。

在中国特色社会进入新时代的背景下，我国经济由“要素投入驱动”的高速增长阶段转变为“以人民为中心”的高质量发展新阶段，坚持“创新、协调、绿色、开放、共享”五大发展新理念，构建“以国内循环为主体、国内国外双循环相互促进”的新发展格局（师博，2018）。因此，面对世界百年未有之大变局，在我国经济社会进入新时代、新阶段、新理念和新发展格局背景下，针对人民群众日益增长的美好生活需要和不平衡不充分发展之间的社会主要矛盾，经济高质量发展是一种更高层次、更广范围、更加健康、更有效率、更有质量、更持续、更稳定、更具韧性的发展状态和模式。同时，基于供给侧结构性改革和需求侧管理（高志刚和李明蕊，2021），发挥市场规模和产业链优势，不断增强我国经济创新力和竞争力（孙久文，2011），经济高质量发展也是迈向建设社会主义现代化强国的必经阶段（金碚，2018）。

从广义与狭义的价值判断来看，一些学者对质量概念的外延进一步拓展。何兴邦（2018）认为狭义的经济高质量发展指经济增长效率与效益的提升；广义的经济高质量发展包括“五位一体”总体布局的多维层面。全国政协委员、中国人民大学校长刘伟（2006）认为，经济高质量发展可以分为微观、中观和宏观三个维度，在微观层面从企业的主体活力和效率出发，在中观层面以有效市场和产业结构为主，宏观层面立足区域协调和适度的经济结构。此外，对于不同的研究对象，高质量发展也存在差异化的定义与概念，比如企业、产业、技术、金融、教育、城市、区域、国家等方面的高质量发展（黄速建等，2018；赵涛等，2020；迟福林，2017；王一鸣，2020；刘志彪，2018）。

1.2.4.2 经济高质量发展的测度评价

国外关于经济高质量发展的相关研究较少，一些学者从经济增长的数量规模、技术效率、经济效率等角度对经济发展水平进行分析，另一些学者立足联合国发展指数、阿德尔曼—莫里斯指标、经济福利尺度等方面进行测度（王成岐和车建华，1991）。前者从狭义的经济高质量发展视角，认为投入产出的经济增长效率可以代表经济发展质量（康梅，2006）。后者则从广义视角定义经济发展质量包含经济收入增长、人口素质发展、人力资本、金融发展、信息通信技术等多个方面（Alesina 和 Barro，2002；Ghosh 和 Amit，2017；Niebel 和 Thomas，2018；Frolov 和 Kremen，2015）。比如联合国或区域性国际组织主要从经济稳定、发展动力、区域平衡、效率和生态等方面构建经济发展的评价指标体系。

借鉴国内外相关理论、经验和案例研究，我国学者基于经济高质量发展的内涵、理论逻辑、体系建设和实践机制，立足中国现实国情和经济发展阶段，构建了较为丰富的经济高质量发展评价体系。经济高质量发展评价主要以省际等较大区域尺度为主，主要的代表性学者有金碚（2018）、任保平和李禹墨（2018，2019）、钞小静和薛志欣（2018）、师博和任保平（2018）、高培勇等（2019）、马茹等（2019）、杨耀武和李平（2021）、贺晓宁和沈坤荣（2018）；在针对城市或更微观的评价单元或尺度时，主要代表性的学者有赵涛等（2020）、上官绪明和葛斌华（2020）、余泳泽等（2019）、张震和刘雪梦（2019）、师博和张冰瑶（2019）、毛艳（2020）。赵涛等（2020）从产业结构、包容性 TFP、技术创新、生态环境和居民生活水平五个维度构建了指标评价体系。上官绪明和葛斌华（2020）、余泳泽等（2019）从效率视角采用绿色全要素生产率的指标衡量高质量发展水平。张震和刘雪梦（2019）从经济发展动力、新型产业结构、交通信息基础设施、经济发展开放性、经济发展协调性、绿色发展、经济发展共享性七个维度涉及 38 个具体指标构建评价指标体系。师博和张冰瑶（2019）基于新发展理念构建了发展基本面、社会成果和生态成果三个维度九个方面的经济高质量评价指标体系。毛艳（2020）从经济增长结构、福利分配、稳定性、民生质量、生态质量和国民经济素质六个维度涉及 25 项指标构建评价指标体系。张俊山（2109）从马克思主义政治经济学视角阐释经济高质量发展的理论内涵。陈贵富和蒋娟（2021）从经济发展基本面、社会成果、资源与环境三个维度构建了经济发展指数。胡忠和张效莉（2022）立足新发展理念评价了沿海省份经济发展质量，发现“南北低、中间高”的橄榄形格局。

关于经济高质量发展的评价方法与模型，主要有熵权法、因子分析、模糊分析、主成分、神经网络、TOPSIS 等，对常用方法进行了梳理与对比（见表 1-5）。另外，结合不同评价方法的优劣性，也存在不同方法的综合评价。魏敏和李书昊（2018）采用熵权 TOPSIS 方法测度评价省际经济高质量发展水平、特征与分类。孟祥兰和邢茂源（2019）运用加权因子分析法从新发展理念的五大维度分析区域不平衡不充分的问题。黄顺春和何永保（2018）基于生态系统构建区域经济高质量发展评价系统。方大春和马为彪（2019）结合 ArcGIS 技术和探索性空间数据分析（ESDA）方法刻画经济高质量发展的时空演变格局。

表 1-5 经济高质量发展的测算方法

序号	方法	衡量标准	代表学者	优点	缺点
1	层次分析法 AHP	专家对指标重要性排序的两两比较，构建判断矩阵	虞晓芬和傅玳（2004）	复杂问题简单化，过程清晰，计算简单；定性问题定量化	统一维度指标不超过9个；具有一定主观性
2	德尔菲法	依据多轮专家的经验与看法进行打分，直到意见一致	徐蔼婷（2006）	简单易操作，考虑现实情况	主观性较强
3	熵权法	借鉴物理学的熵值函数，离散度越大，指标的影响度越大	张挺等（2018）	排除主观性，客观赋值，综合反映评价对象情况	无法降维，指标权重有时与预期较远
4	主成分法/因子分析法	对变量进行降维，线性组合；提取重要公因子；根据方差贡献度确定权重；因子分析在主成分基础上凝练主因子	王文博和陈秀芝（2006）	不丢失主要信息；主成分不相关；规避多重共线性；简化数据	损失一部分信息；因子内涵不明确；相对排序
5	TOPSIS 法	有限评价对象与理想目标值的接近程度，相对优劣性的排序	胡永宏（2002）	充分利用样本信息，适合多个维度、多个对象和方案对比	优劣的相对排序，无法评级
6	数据包络分析 DEA	多指标投入与产出的复杂系统的效率评价	彭张琳等（2015）	数据利用率高，对指标没有明确要求	表征相对运行效率，易受到极端值影响
7	神经网络等大数据方法	利用智能算法，进行反复学习与智能挖掘，总结规律，进行客观评价	陈衍泰等（2004）	自适应能力强，容错率低，可处理复杂非线性映射关系	样本需求大，需要初始权重设置，可能出现训练过度

资料来源：根据相关文献整理。

1.2.4.3 经济高质量发展的实现路径

实现经济高质量发展的路径主要包括自主创新能力、经济结构升级、新经济、传统产业转型、市场消费、服务型制造发展、对外开放、民生改善、要素配置、共享发展、数字化、财税、区域协调战略等方面。任保平和何苗（2020）认为经济高质量发展离不开自主创新能力培育、战略性新兴产业发展和激励机制；师博和张冰瑶（2018）认为新时代背景下发展新经济需要以完善现代化市场体系为基础，走供给侧结构性改革与高质量发展相协调、深化改革与全面开放相统一、工业化和信息化相融合的发展道路。余泳泽和胡山（2018）从产业、创新、对外开放和人民生活四个维度对中国经济高质量发展的现实与困境进行总结。朱子云（2019）提出政策顶层设计、产业领域转型、要素质量提升等促进经济高质量发展的政策建议。刘思明等（2019）、刘淑春（2019）基于国家创新体系和数字经济视角分析经济高质量发展的实现路径。付文飙和鲍曙光（2108）从财政金融支持政策视角阐述探析实现经济高质量发展的路径。陈喜强和邓丽（2019）立足政府主导区域一体化战略，从产业结构优化的视角提出经济高质量发展的对策。此外，一些学者也认为数字经济、区块链、人工智能、大数据和云平台等新兴产业能够促进经济高质量发展（师博，2019；荆文君和孙宝文，2019；孙慧和原伟鹏，2020；张明斗和吴庆帮，2020）。

1.2.5 环境规制、污染集聚与经济高质量发展的关系研究

1.2.5.1 环境规制与经济高质量发展的相关研究

关于环境规制与经济高质量发展的关系存在多种观点：抑制、促进、U型、倒U型、N型与倒N型等，整体分为单调线性与非线性影响。“遵循成本说”观点认为，短期内环境规制增加了企业的污染治理成本和生产成本，压缩了利润空间和企业绩效，对经济高质量发展起抑制作用。从中长期来看，“创新补偿说”的观点认为适当的环境规制政策激发企业技术创新，提升了企业竞争力，对经济发展“增加成本”的不利影响会逐步抵消，实现生态保护和经济高质量发展的协调发展。此外，也有学者认为环境规制的差异会导致企业通过产业转移规避治理成本，形成的“污染避难所”削弱了波特假说的“倒逼创新”，从而不利于经济的长期可持续发展。由于环境规制的类型、强度、实施区域等差异，加之环境规制对贸易方式、污染治理、产业转移、技术创新、配置效率、公司治理、环保投资等在宏观、中观和微观层面的广泛影响，从而导致环境规制与经济高质量发展之间呈非线性关系。

环境规制与经济高质量发展的单调线性关系。Brunnermeier 和 Cohen（2003）发现环境治理能够促进制造业企业技术进步，从而促进区域经济

发展。Gollop 和 Roberts（1983）认为环境规制政策提高了电力产业的生产成本，每年降低全要素生产率 0.59%。Jorgenson 和 Wilcoxen（1990）认为环境规制导致化工等耗能产业 GNP 下降 2.59%。高志刚等（2022）发现环境规制促进了资源型产业的经济高质量发展。周清香和何爱平（2021）也提出环境规制通过技术创新、全要素生产率等路径助推了长江经济带高质量发展，并且对黄河流域经济高质量发展产生积极作用，但存在一定异质性（陈冲和刘达，2022）。

环境规制与经济高质量发展存在非线性关系。“波特假说”认为适当的环境规制会通过技术创新补偿遵循成本，对经济增长具有促进作用。但囿于行业、产业、时空等异质性因素，学术界对于环境规制与经济增长之间究竟是“两难”还是“双赢”关系进行了深入探讨。一些学者认为环境规制强度与制造业企业出口规模之间呈倒 U 型关系，适当的环境规制政策能实现提高环境质量和出口增长的“双赢”（康志勇等，2018），提升产能利用效率（邵帅，2019）。此外，环境规制的减排效应虽然明显增强，但也增加了企业的合规环境成本（张卫东和汪海，2007），尚未形成同步创新联动效应（董直庆和王辉，2019）。叶娟惠（2021）提出环境规制与经济高质量发展之间存在 M 型的非线性关系。因此，制定和实施符合地区实际情况的环境规制方式与强度，能够实现经济效益与环保效益“双丰收”局面。

一些学者也从环境规制异质性的角度测试了波特假设是否成立。从理论来看，与传统的命令控制型政策工具相比，市场调节型政策工具增加了企业绿色投资，具有“成本低效益高”的明显优势（谢宜章和邹丹，2021）。但是，由于市场型政策工具要求良好的制度生态，而且在一定程度上还受到市场有效性、污染物特征、空间因素和监测能力等限制，因此命令控制型环境规制政策工具通常是不可替代的（张悦和罗鄂湘，2019）。孙英杰和林春（2018）验证了环境规制与经济增长质量间的倒 U 型曲线和区域空间异质性影响。孔海涛（2018）得出不同环境规制类型对区域经济发展存在区域异质性影响，命令控制型环境规制优于经济激励型环境规制

（王群勇和陆凤芝，2018），对中西部地区的影响相比东部地区更为显著。

1.2.5.2 环境规制与污染集聚的相关研究

关于环境规制与污染集聚的关系存在抑制说、促进说、不确定说、异质性说、间接性说等观点。虽然国内关于环境规制对环境污染的影响研究较为丰富，但涉及污染集聚的研究较少，本部分主要围绕环境规制与产业转移、产业集聚与污染集聚等内容展开研究。

第一，抑制说，即环境规制可以有效降低或缓解环境污染，存在一定的生态效应。Langpap 和 Shimshack（2010）认为公众通过环境污染诉讼与监督的非正式性环境规制形式，对美国水污染治理发挥了显著的作用。Berman 和 Bui（2001）认为有效的环境规制能够降低污染水平，提高环境质量。嵇正龙和宋宁（2021）发现环境规制可以调节产业转移对污染集聚的影响，具有一定的减缓作用和空间溢出作用，这与刘素霞等（2021）的研究结论保持一致。张明等（2021）提出环境规制对降低雾霾污染具有“以邻为伴”的空间溢出性。值得关注的是，李强和王仓安（2021）实证检验了单一和组合的环境规制政策对污染治理的影响，探寻了最优政策组合，结果显示环保立法、生态补偿与环保约谈协同的效果最好，对长江流域上游、中游、下游区域具有一定的异质性影响。

第二，促进说，即一些学者认为环境规制不能有效减少环境污染，存在一定的绿色悖论。原因在于差异化环境政策施行的条件并不具备，设备改造等规制成本高昂挤占了企业的研发支出，企业可以通过厂址转移等方式逃避惩罚，产生“劣币驱除良币”和“污染避难所”的现象，最终导致实施政策的失效。Sinn（2008）提出“绿色悖论”理论，他认为命令控制型环境规制并不一定如预想的那样减少污染物排放。Eichner 和 Pethig（2011）的研究也验证了严格的环境法规有可能发生“绿色悖论”。因此，环境规制的“绿色悖论”不仅取决于环境规制实施的时机、强度和类型，也受制于不同企业的应对策略。此外，环境规制的执行效果也受到治理效率、行政成本、市场机制、经济发展、产业依赖等因素的影响，大多数地区“三高”产业的转型升级存在现实困境和阻力。

第三，不确定说，即认为环境规制与污染集聚两者之间的关系不确定，两者之间可能存在U型、倒U型和门槛效应。Ouyang等（2019）也认为国家环境管制对经济增长和污染环境治理存在一定的非线性影响。基于我国分权制财政体制，财政压力较大的地区环境规制约束较弱，倾向于“污染避难所”，不利于污染集聚的治理（龚旻等，2021）。在一定的技术、产业、外商投资的门槛作用下，环境规制的减污降排作用也存在倒V型和V型特点，空间上表现为“一荣俱荣、一损俱损”的共生形态（吴伟平和何乔，2017）。

第四，异质性说，差异化的环境规制工具对不同产业、不同地区污染集聚的治理具有异质性影响。周力（2011）基于比较优势，认为区域间的差异化环境规制水平对不同畜禽养殖半点源污染的影响存在异质性。李欣等（2022）利用百度环境搜索数据，从公众诉求视角检验了公众参与型环境规制对企业减污具有规模、产权、区域和行业的异质性。王伊攀和何圆（2021）发现环境规制促进重污染企业通过异地设立子公司进行空间转移污染行为，对民企的影响程度高于国企。对于不同的污染源，环境规制的减排作用也具有一定的差异性，对空气、水污染的效果较为明显（班斓和刘晓惠，2021）。刘满凤等（2021）探究了环境规制对工业污染的空间溢出效应，发现存在倒U型关系的空间梯度效应，即在150千米范围内存在抑制的溢出影响，在150~450千米范围内对污染企业存在挤出效应，超出450千米范围的影响则不显著。陈诗一等（2021）的研究发现，提高排污费的冲击虽然可以有效降低污染排放，但对不同规模的企业影响不同，中小型企业采取降低生产规模的方式，大型企业采取降低污染强度的方式。

第五，间接性说，即环境规制对污染集聚的影响不仅存在直接作用，还可能通过城镇化（王华星和石大千，2019）、产业转移（冉启英和徐丽娜，2019）、经济发展（钟娟和魏彦杰，2019）、FDI（杨仁发，2015）、公众参与（初钊鹏等，2109）、财政压力（高正斌和倪志良，2019）、产业结构（黄磊和吴传清，2022；范庆泉等，2020）、技术创新等间接传导途径影响区域污染集聚水平。

1.2.5.3 污染集聚与经济高质量发展的相关研究

空间污染集聚现象主要由经济集聚、产业集聚、人口集聚、金融等引起（张可和汪东芳，2014；万丽娟等，2020；肖周燕和沈左次，2018；郑万腾等，2022），空间要素的集聚具有一定的规模、关联和辐射效应，集聚水平越高的地区更易获得经济高质量发展的人才、资本、产业和市场优势。因此，污染集聚能够产生一定的污染红利，短期内促进经济的快速发展。比如在工业化进程中产业集聚与集群化发展，虽同时加剧了区域环境污染，但也引起经济增长（彭水军和包群，2006）。国内外文献中直接关于污染集聚与经济高质量发展的研究还较少，主要聚焦在污染集聚对经济增长、生态环境的影响方面。

美国经济学家 Grossman 和 Krueger（1992）研究发现环境污染物排放总量与经济增长之间存在倒 U 型曲线，后续学者称为环境库兹涅茨曲线（以下简称环境 EKC 曲线）。Chevé（2000）、El Ouardighi 等（2016）构建最优内生增长模型分析污染集聚和减排政策问题，提出污染集聚对可持续增长路径存在不可逆性的影响。王红梅等（2021）从空间关联和自回归视角，探究了京津冀地区空气污染集聚的演化，发现社会经济类因素起促排作用，而生态类因素起减排影响，且前者的力量高于后者。孙慧和刘媛媛（2016）、向仙虹和孙慧（2020）揭示了资源型产业发展存在“经济收益在外，生态损害留存”的“损益偏离”现象。该研究主要从单一因素（碳排放）展开，虽然关注到资源型产业对经济收益与环境影响问题，但仅局限于资源型产业碳排放的角度。针对资源型产业污染集聚会产生“相对经济收益低、生态环境损害大”的“损益偏离”现象，尚需进一步研究探讨。关于环境规制、污染集聚与经济高质量发展的作用机制在统一框架下的相关研究还有待丰富。

1.2.6 国内外文献述评

通过对国内外相关文献的可视化分析与系统综合梳理，可知目前学术界关于环境规制、污染集聚与经济高质量发展的单一维度研究已经取得较多的成果，这些丰富的研究成果为本书的进一步理论机理与实证检验的探讨奠定了基础。与此同时，现有文献也存在一些不足与可改进之处。

第一，国内外文献对环境规制的测度评价没有形成统一、科学共识。现有研究关于环境规制的测算主要从实际成效和工具手段方面出发，前者选取地区废气、废水、废渣等污染物的浓度或者治理率，并通过熵权法合成综合强度；后者选择各类政策文件数量或试点、环境治理投资、排污费、环境举报案件等表征命令控制型、市场激励型和公众参与型环境规制。由于城市数据获取难度较大、缺失严重，受技术采集手段等限制，城市环境规制的分类工具测度较为缺乏。为进一步丰富扩展相关研究，本书通过对 284 个地级市 3090 份政府工作报告进行大数据文本分析，结合比较成熟的成效数据进行校正，利用新技术与手段丰富城市层面命令控制型、市场调节性和公众引导型环境规制的测度工具，用更加微观的数据和先进方法，使该指标更加客观、科学与精准。

第二，关于环境规制、污染集聚与经济高质量发展的理论分析框架较为匮乏。现有研究多集中于环境规制与污染集聚或经济高质量发展的两者间关系的实证检验，由于政策、省域、流域、行业、产业或企业的差异性，缺乏理论模型的推演与构建，导致相互矛盾的回归结果。鉴于环境规制、污染集聚与经济高质量三者的作用机理还是个“黑箱”，根据规制经济学理论、污染避难所、环境 EKC 曲线和协同治理理论，将三者置于同一框架，明确三者间的逻辑关系和作用机理需要深层次探索。以往的研究多从环境规制的遵循成本和创新补偿视角进行分析，较少有学者立足规制经济学视角，探讨环境规制对污染集聚的绿色治理效应和转移分散效应，从而促进城市经济高质量发展。

第三，不同类型环境规制协同促进污染集聚治理与经济高质量发展的组合方案与多元化路径的实证检验存在一定的研究空白。以往研究多从单一类型环境规制或单维影响效果进行研究，即环境规制对污染治理、经济发展的影响，是“一举多得”还是“多管齐下”。鲜有学者考虑不同政策间的协同互补或摩擦替代效应，即不同类型环境规制的复合强化作用或

“搭便车”的抵消作用。如何才能设计和更好地发挥不同类型环境规制的适配作用，这些问题都需要进一步探究。本书立足城市和城市群样本，将环境规制、污染集聚和经济高质量发展放入统一框架，设计了不同环境规制政策组合方式、最佳时效、最适强度和差异化区域施策的政策分析框架，寻求协同促进污染集聚治理与经济高质量发展实现双赢的决策方案，并采用门槛模型和中介模型探讨不同类型环境规制直接或间接促进经济高质量发展的多元化路径。

1.3 研究思路与结构安排

1.3.1 研究思路

本书将环境规制、污染集聚与经济高质量发展置于同一框架内，以实现环境“减污降排”和经济“提质增效”为目标，识别出城市污染形成了区域集聚的典型事实与特征，刻画了环境规制与经济高质量发展的时空演变特征，探究了环境规制、污染集聚与经济高质量发展的关系机理。以规制经济学理论、污染避难所假说、环境 EKC 曲线、协同治理等为理论基础，采用理论和实证相结合的分析方法，运用大数据文本分析、主成分、组合熵权、门槛回归、空间计量、中介模型等研究方法，剖析不同类型环境规制协同促进“污染集聚治理”与“经济高质量发展”的组合方案与多元化路径。

研究时空范围：本书将以中国 284 个地级市为研究单元（因数据缺失及撤市并区原因，不包括莱芜、拉萨、日喀则、昌都、林芝、山南、儋州、吐鲁番、哈密、巢湖、三沙等），搜集 2009~2019 年的数据进行分析研究。研究数据主要来源于《中国城市统计年鉴》、《中国区域经济统计年鉴》、《中国环境统计年鉴》、《中国城市建设统计年鉴》、考察期内国家统计局、各地级市统年鉴、国民经济与社会统计公报以及统计网站等，部分数据来源于中经网数据库、Wind 数据库，历年缺失数据根据线性插值法和 ARIMA 运算予以补齐。主要数据处理软件有 STATA、ArcGIS、GeoDa 等。

1.3.2 结构安排

本书结构安排具体如下：

第 1 章绪论。首先，介绍了本书的研究背景、研究问题和研究意义。其次，采用 Citespce 与 VOSviewer 文献计量可视化分析国内外文献的演变趋势，梳理"环境规制""污染集聚""经济高质量发展"的相关研究进展。最后，在前人的研究基础上，进一步明确本书的研究思路、结构、方法和技术路线图，凝练总结出本书的创新之处与贡献。

第 2 章概念界定、理论回顾与分析框架构建。结合现有文献，分别对"环境规制""污染集聚""经济高质量发展"进行概念界定，明确了本书的研究对象，回顾了"规制经济学理论""污染避难所假说""环境库兹涅茨曲线""两山理论""协同治理理论"等理论的起源、观点、内容与发展。运用上述理论，结合研究问题、思路与内容，构建"环境规制""污染集聚""经济高质量发展"的理论分析框架，并提出相应的研究假设，为后续实证分析奠定基础。

第 3 章环境规制、污染集聚与经济高质量发展的时空演变特征。关于环境规制的测度，通过对 2009~2019 年 284 个地级市共计 3090 份政府工作报告进行手动整理和微词云大数据文本词频分析，结合环境规制的成效指标，测度命令控制型、市场调节型和公众引导型环境规制强度，重点探讨了环境规制强度的时空演化特征、规律和分布格局。

在污染集聚方面，利用主成分和地理集中度方法测度城市整体污染集聚度。运用空间 Moran's I 指数、核密度、热点分析、标准差椭圆等多种 ArcGIS 技术和方法，对考察期内中国 284 个地级市的多种污染物的集聚特征事实、时空演变规律进行刻画。

在经济高质量发展方面，充分参考有关机构和代表学者的研究，遵循

系统性、全面性、统一性、科学性、代表性和可得性原则，分别从经济、社会和生态三大子系统结合 DPSIR 分析框架构建经济高质量发展评价指标体系，运用组合权重熵权法测算了我国 284 个地级市的经济高质量发展指数。通过 Kernel 密度、ArcGIS 技术、标准差椭圆等方法，从时序变化、四大板块、城市群等视角分析了城市经济高质量发展的时空演进特征与分布格局。通过上述丰富的时空探索性分析，为进一步探讨三者间的关系机理和路径选择奠定数据基础。

第 4 章环境规制对经济高质量发展的影响分析。基于前文理论分析、研究假设和具体数据，基于 2009~2019 年 284 个地级市数据，利用固定效应模型、空间计量模型、滞后模型、交互模型和门槛模型，就不同类型环境规制对经济高质量发展的空间异质性、溢出效应、政策滞后性、交互作用以及门槛效应进行了充分讨论，并且进行了稳健性探讨。

第 5 章环境规制对污染集聚的影响分析。与第 4 章的研究思路相似，重点探讨不同类型环境规制对城市污染集聚影响的空间异质性、空间效应、时效性、协同性以及门槛效应，空间异质效应包括四大板块、城市群、污染物类别、资源禀赋视角，内容更加丰富，并进行了稳健性检验。

第 6 章环境规制、污染集聚与经济高质量发展的机理检验。通过将“环境规制”“污染集聚”“经济高质量发展”三者纳入统一分析框架，从环境规制的绿色生态效应和转移分散效应出发，主要探讨污染集聚在环境规制影响经济高质量发展中的角色与作用，并进行了稳健性检验。

第 7 章“减污提质”双赢目标的组合方案与路径选择。结合前文环境规制对经济高质量发展、污染集聚的影响，系统梳理不同类型环境政策协同促进污染集聚治理与经济高质量发展的组合效果、最佳时效、最适强度和差异化区域施策，并从绿色技术创新、外商投资和产业结构的传导方式方面，分析不同类型环境规制治理环境污染集聚与促进经济高质量发展的直接或间接的多元化提升路径与政策选择。

第 8 章研究结论、政策启示与研究展望。本章归纳、总结全书的主要结论，并在此基础上，针对性地提出优化环境规制治理体系和协同推进污染集聚治理与经济高质量发展的政策启示，并对本书的不足之处进行展望。

按照“发现问题—思考问题—剖析问题—解决问题”的逻辑思路绘制本书的逻辑框架，如图 1-24 所示。

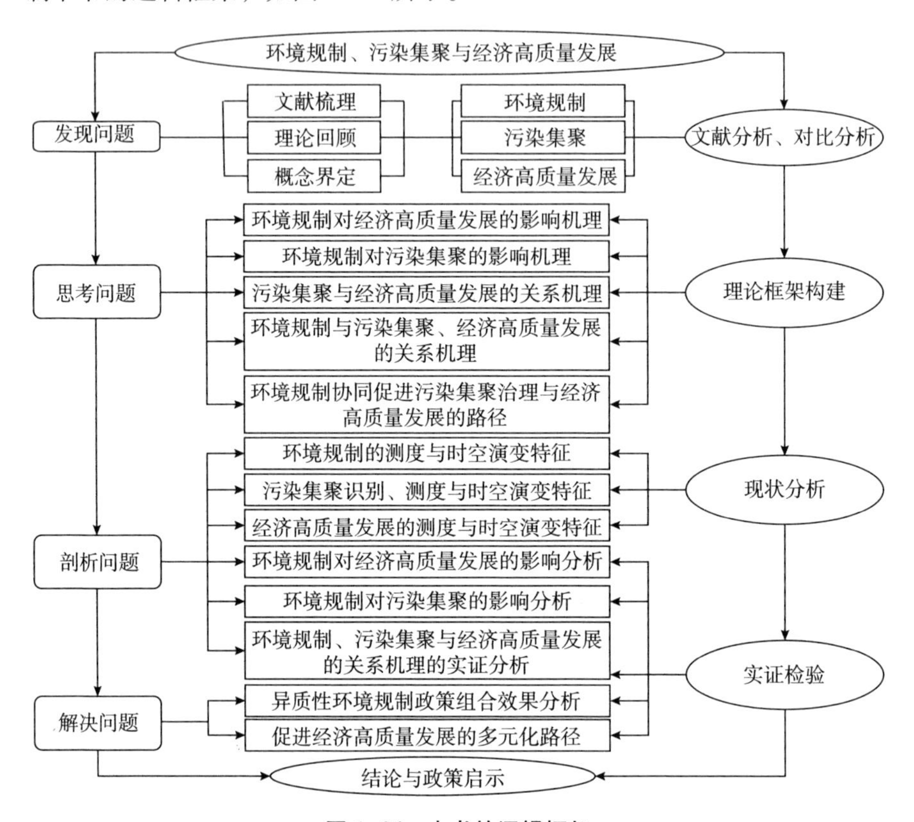

图 1-24　本书的逻辑框架

1.4　研究方法与技术路线

1.4.1　研究方法

1.4.1.1　文献研究法

对现有国内外相关文献进行系统梳理、归纳、分析和总结，明确本书

的研究对象、思路、逻辑框架与技术路线，为下文实证分析奠定了基础。

1.4.1.2 图形可视化表达

采用描述性统计图形、核密度估计和 ArcGIS 技术，对环境规制、污染集聚、经济高质量发展的时序现状特征、空间演变态势以及三者间相互关系机理进行经济学的理论解释、构建与分析。

1.4.1.3 探索性空间分析

运用空间核密度、热点分析、标准差椭圆、Moran' I 指数等方法探究污染集聚、经济高质量发展的时空演变特征与规律。

1.4.1.4 综合指标评价方法

参考国家、机构及代表学者的研究成果，构建科学合理的中国特色化的城市经济高质量发展评价指标体系，分别利用组合熵权综合评价模型、全局主成分、地理集中度等方法测度评价污染集聚与经济高质量发展水平，分析四大板块、城市群空间分布特征、演化规律与格局演变。

1.4.1.5 实证方法

采用固定效应模型、空间计量模型、中介效应、调节效应、门槛效应等模型分析环境规制、污染集聚与经济高质量发展的关系机理、影响效应与传导路径，揭示其作用机制与逻辑关系，并检验回归结果的稳健性。

1.4.1.6 大数据文本词频分析

利用大数据的 MiniTagCloud（微词云）① 文本词频统计方法，结合较为成熟的环境规制成效指标进行校正，合成命令控制型、市场调节型和公众引导型环境规制指标。

1.4.2 技术路线

根据本书的研究思路、内容和方法，从文献总结、理论回顾、框架构建、现状分析、关系机理和实证检验六个方面构建技术路线，如图 1-25 所示。

---

① 微词云最早于 2017 年发布，网站为 https：//www. weiciyun. com/fenci/。该团队具有文本分析的超级算法和科学的分词词库，包括对中英文大文本统计、建立行业词典、数据深度挖掘和词频可视化等功能。

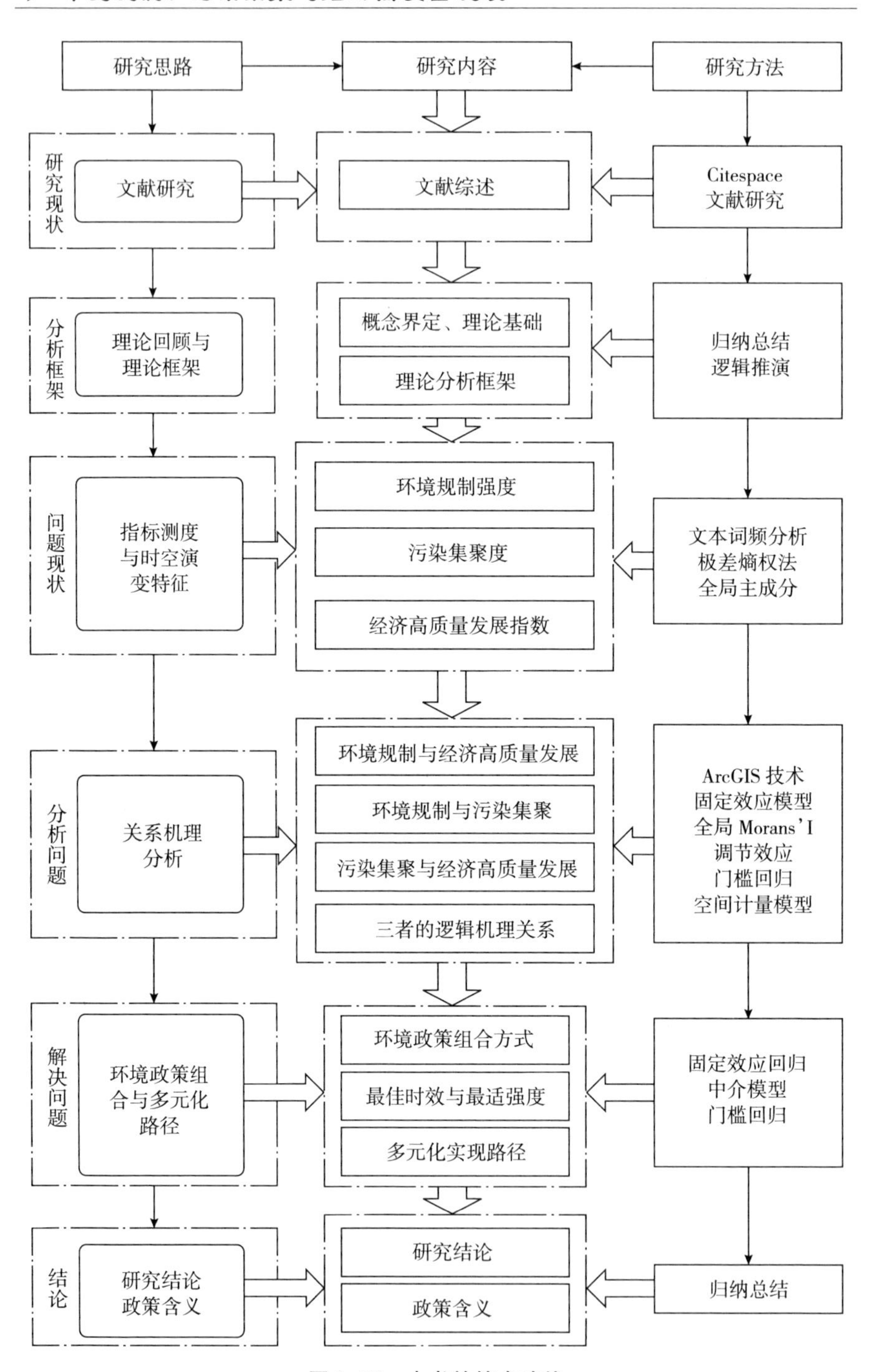

图 1-25　本书的技术路线

1.5 论文创新之处

通过梳理已有文献，从理论和实证两方面探讨了环境规制、污染集聚与经济高质量发展的相互关系与作用机理，并探索了不同类型环境规制协同缓解污染集聚和实现经济高质量发展的组合方案和多元化路径。主要的创新之处有：

第一，构建环境规制、污染集聚和经济高质量发展的研究框架，为协同实现城市污染集聚治理与经济高质量发展提供城市经验证据。

以规制经济学理论、污染避难所假说、协同治理理论等为基础，将“环境规制”“污染集聚”“经济高质量发展”纳入同一研究框架，探究三者的关系机理。研究发现，立足环境规制的绿色生态治理效应和污染集聚的倒逼激励效应，发现污染集聚在环境规制影响经济高质量发展中起部分中介和调节作用。同时，从环境规制的间接治理视角，探索了绿色技术创新、外商投资带动和产业结构升级协同治理污染集聚和促进经济高质量发展的多元化传导路径，为实现城市生态保护和经济高质量发展提供可行性的决策参考与经验证据。

第二，利用大数据文本技术扩展了不同类型环境规制的测度工具，从因果链和互动循环视角，丰富完善了城市经济高质量发展的评价指标体系构建。

城市环境规制的测度因数据缺失、标准差异和方法等原因，在学术界既没有达成统一共识，也是难点之一。本书立足政府视角，通过手工整理3090份地级市政府工作报告，可能是最早利用大数据的MiniTagCloud（微词云）文本词频统计方法，该网站使用Python的jieba中文分词词库，利用paddlepaddle-tiny深度学习框架将句子进行精准切分，并基于TF-IDF算法和TextRank算法对关键词进行提取，可以得到关键词词频。通过结合较为成熟的环境规制成效指标进行校正，测算合成命令控制型、市场调节型和公众引导型环境规制强度指标，以期让环境规制的测度更加丰富与精准，符合现实实际。此外，结合环境治理源头和末端的成熟指标（环境治理率、环保税、百度指数）进行稳健性检验，证明了所测算指标的合理性。

参考国内外相关评价指标体系，全面梳理归纳政府文件中关于“经济高质量发展”的解读观点和内容，在不同的研究学者、机构、组织等研究基础上，明确经济高质量发展的概念与内涵。立足经济、社会和生态三大子系统和创新、协调、绿色、开放和共享的五大新发展理念，结合DPSIR分析框架构建经济高质量发展评价指标体系，凸显出经济高质量发展的整体性、系统性和互动性，并利用组合熵权和全局主成分进行评价测度，进一步拓展和丰富了经济高质量发展指标体系。此外，以工业二氧化硫、工业废水、工业烟尘排放和PM2.5浓度的四类典型污染物为研究对象，发现了污染集聚存在“东高西低、北高南低”的分化发展和西南局部凸显的分布规律，深化了对城市污染集聚中心“整体西移”和“人文一自然”复杂成因机理的理解，为减缓污染集聚夯实数据支撑和治理基础。

第三，设计探究了不同环境规制政策的科学组合方式、适宜时效、合适强度、恰当次序和差异化精准施策的解决方案，提出环境规制“减污提质”落实施行的三阶段时序路线图，增强了不同环境规制匹配和治理效果协同策略的解释力。

已有文献在考察环境规制与环境污染、经济高质量发展的过程中，鲜有考察结合不同环境规制的特点与优劣性，以及从不同类型环境规制的匹配协同视角，充分发挥治理污染集聚和促进经济高质量发展的最优效果。已有研究发现环境政策间存在“协同互补”和“摩擦替代”的双重效应，如何避免不同政策间的摩擦替代的抵消弱化效应，充分加强政策间的协同互补效应，现有文献也没有予以回答。

本书结合命令控制型、市场调节型和公众引导型环境的两两或三者组合方式，采用固定效应模型、空间计量、滞后模型、交互模型和门槛模型，提供了不同类型环境政策的组合方式、适宜时效、合适强度和差异化施策对协同促进污染集聚治理与经济高质量发展效果的经验证据，探究厘清协同促进污染集聚治理与经济高质量发展效果的治理效果和多元化路径，并求解出相应的区间阈值。立足四大板块、城市群等区域异质性视角，对比考察三类不同环境规制的异质性影响效果，寻求发挥不同环境规制工具的优势。本书结论和成果为制定设计协同、互补、精准化和差异化的污染防控治理体系提供了新的思路，对相关研究领域文献进行了有益补充。

第2章　概念界定、理论回顾与分析框架构建

2.1　概念界定

2.1.1　环境规制

环境规制的起源：Kahn（1971）在 *The Economics of Regulation* 一书中首次提出环境规制。环境规制是指直接或间接形式解决环境污染问题和保护环境的社会性规制政策。

环境规制的特征：不同类型的环境规制具有不同的特征，比如命令控制型环境规制具有强制直接性、简单易行特征，但缺乏灵活性和主动积极性；市场调节型环境规制具有灵活性和激励性，但实施落实障碍多，适用范围有限；自愿型环境规制具有成本低、自主性特点，但不具有强制约束力，监督难度大，效果难以衡量，存在不确定性。在赵霄伟（2014）的相关研究基础上，梳理现有国内外文献，分别从环境规制主体、客体、类型、成本、效率、技术激励、运行机理、实施难易程度、形式和特征角度对命令控制型、市场调节型、自愿型和国际环境协议四种类型的环境规制

的特征进行对比（见表 2-1）。

表 2-1 四大类型环境规制政策工具的特征比较

特征	命令控制型环境规制	市场调节型环境规制	自愿型环境规制	国际环境协议环境规制
主体	行政立法部门	行政立法部门+市场	政府、企业、行业协会、社团、社区、个人等主题	联合国、世界绿色环保委员会、国际环境保护组织协会等
客体	企业、机构、组织、个人等	企业、机构、组织、个人等	企业、机构、组织、个人等	国家、跨国公司、重大项目等
类型	行政规章、法律、控制标准、技术与产品标准	税收、排污收费、交易许可证制度、抵押—返还等	信息公开与披露、环境管理认证、生态标签、环境协议等	宣言、公约、议定书等
成本	运行成本较高	运行成本较低，可能有额外成本	有弹性、低成本	成本较高，约束较低
效率	效率较低	效率较高	有效率	效率低
技术激励	创新激励较低	创新激励较高	不确定性	不确定
运行机制	超过规制的限额标准，则处罚	边际税率等于减排的边际成本	公共自愿项目、谈判协议等	各个国家自行指导
实施难易程度	较容易	较难实施	难以实现	难以监管，较难实施
形式	法律、法规、政策、条例等各类制度	法律、法规、政策、条例、金融等各类制度	法律、法规、政策、条例等各类制度	法律、法规、政策、条例等各类制度
特征	刚性较强，无灵活性和弹性	具有一定柔性和弹性，付出一定经济成本	存在较大自主权，自行抉择	政治体系、经济发展阶段不同，存在较大差异
其他问题	政府腐败，政策失灵	利益集团市场垄断，造成市场失灵	各类协会游行示威，导致社会动荡	国家间存在争议，难以达成共识

资料来源：根据相关文献整理。

环境规制的界定：本书从城市单元出发，立足地方政府视角，定义环境规制是政府为预防和治理环境污染问题和保护生态环境，通过对企业等主体采取的直接或间接的法律法规、技术标准、税收等一系列行政手段或措施，以达到环保与经济相容共赢的状态。以 2009～2019 年 284 个地级市的3090份手动整理的政府工作报告为数据素材，选取与命令控制型、市场调节型和公众引导型关联的典型词汇，通过文本大数据的词频分析，结合成熟的环境规制成效方法，计算命令控制型、市场调节型和公众引导型环境规制指标。

2.1.2 污染集聚

污染集聚的由来：污染的集聚性由Tahvonen和Kuuluvainen（1993）提出，他们提出了将环境视为一种生产要素的环境生产要素理论。之后的很多学者在研究环境污染的空间特征时，发现环境污染存在较强的空间相关性、集聚性和溢出性（Dong等，2019；贾卓等，2021；刘满凤和甘泸暘，2016；秦炳涛和葛力铭，2018）。探究污染集聚的成因机理，可能受到工业集聚、重污染企业集聚、人口集聚、经济集聚、产业转移、环境规制以及地形地貌、温度、气候、海拔、风力等经济社会和自然条件的综合共轭影响。

污染集聚的概念：污染集聚是指在一定的自然条件和气候水平下，PM2.5、二氧化硫、污水、垃圾等无形或有形的固态、液态和气态的污染物在一定地理空间上集中的现象。从广义视角来看，污染集聚指在区域空间上各类污染物分布的不均衡格局。从狭义视角来看，污染集聚指单位面积上的各类污染物的浓度超过一定数值，特别是超过生态环境的容量阈值或自净能力，表现为污染物的浓度或密度水平的超标。

污染集聚的分类：关于污染集聚的分类，立足污染物的来源、类型、性质或特点，可以将污染集聚分为不同类型。比如，根据产业来源，将其分为农业污染集聚、工业污染集聚、制造业污染集聚（蒋兰陵，2012）；根据污染物类型，可以分为空气污染集聚、雾霾污染集聚、水污染集聚、二氧化硫污染集聚、粉尘污染集聚等；根据地理空间区位，分为城市污染集聚与农村污染集聚；根据污染物性质，也可以分为气态、液态或固态的污染集聚。

污染集聚的界定：本书涉及的污染集聚指在一定的自然气候变化和社

会经济发展条件下，PM2.5、工业二氧化硫、工业废水、工业烟尘等污染物在特定城市区域形成的污染集中现象。参考前人的研究，首先利用 ArcGIS 软件中空间可视化、核密度、冷热点等各类空间测度工具，证明污染物在空间上的相关性和集聚性的特征事实（于慧等，2020；张伟等，2017）；其次采用主成分和地理集中度分别测度综合污染集聚度和各类污染物的集聚度。

2.1.3　经济高质量发展

经济高质量发展的研究背景：经济高质量发展是 2017 年习近平总书记在党的十九大会议正式提出的，主要围绕“创新、协调、绿色、开放、共享”五大发展新理念，经济高质量发展是属于发展经济学的新阶段。以往的发展经济学研究主题主要围绕经济增长而言，代表学者有刘易斯、海默、库兹涅茨、张培刚（1991）等，主要强调资本积累、发展计划、工业化等重要性。张培刚教授是我国发展经济学的奠基人之一，他根据我国的现实国情提出了农业国工业化、“牛肚子理论”[①]。国外学者主要研究全要素生产率，以罗伯特·索洛是新古典经济学的代表人物之一。全要素生产率（也称技术进步率），指系统中要素的综合生产率，即总产出量与全部生产要素真实投入量之比。

经济高质量发展是在可持续发展、包容性发展、科学发展观、共同富裕等理论和概念基础上延续和发展而被提出的。1980 年，国际自然保护同盟最早提出“自然、社会、生态、经济和资源利用”的可持续发展表述。1987 年，世界环境与发展委员会明确定义了可持续发展的概念。1990 年，联合国开发署（UNEP）提出可持续发展评价体系，1992 年，联合国“环境与发展大会”使可持续发展的理念深入人心，1997 年，我国也将其上升到国家战略。科学发展观是 2003 年胡锦涛同志提出的，是一种坚持以人为本，全面协调可持续的发展观，并于党的十七大写入党

① “牛肚子理论”是中部崛起的理论依据。

章。共同富裕是1992年邓小平同志在调研的基础上提出的，强调解放生产力和发展生产力，消灭剥削和消除两极分化，实现共同富裕。包容性增长是在2012年里约联合国可持续发展大会上提出的，并于2016年纳入2030年可持续发展目标（SDGs），以此作为各个国家的经济社会发展战略规划目标。因此，立足国际视野和国内发展新形势，经济高质量发展最终得以正式提出，并将其作为实现两个一百年目标[①]的必然要求。图2-1为高质量发展政策梳理。

经济高质量发展的内涵：经济高质量发展，顾名思义是指经济发展质量的高水平、高级化和优质化的发展状态。2017年10月，在中国共产党第19次全国代表大会上习近平总书记提出高质量发展，提出中国经济转向高质量发展阶段，构建绿色低碳循环发展经济体系，为新时代背景下经济高质量发展指明了未来发展道路。经济高质量发展强调经济发展活力、竞争力、绿色低碳、创新力、协调、包容性等特征，它是适应我国发展新阶段、贯彻新发展理念、适应社会主要矛盾变化和建设现代化经济体系的时代课题，是一种更有效率、更高质量、更加公平和更可持续的经济发展状态。

经济高质量发展的价值取向：立足经济高质量发展的价值取向，从单一追求经济增长数量和速度，转变为追求速度与效益、经济增长方式与发展模式的统一，实现量的合理增长与质的稳步提升，涉及经济、政治、文化、社会和生态文明建设的五位一体布局。立足新时代、新格局和新阶段，立足我国国情实际，围绕五大发展新理念，满足人民对美好生活的需要。坚持贯彻新发展理念的经济高质量发展以提高全要素生产率为核心，实现了经济量的增长与质的发展相统一，是统筹推动“五位一体”总体布局的必要要求，是供给侧结构性改革的目标，更是现代经济体系的本质特征。

---

① 在中国共产党成立100周年全面建成小康社会，在新中国成立100周年建成富强民主文明和谐美丽的社会主义现代化强国。

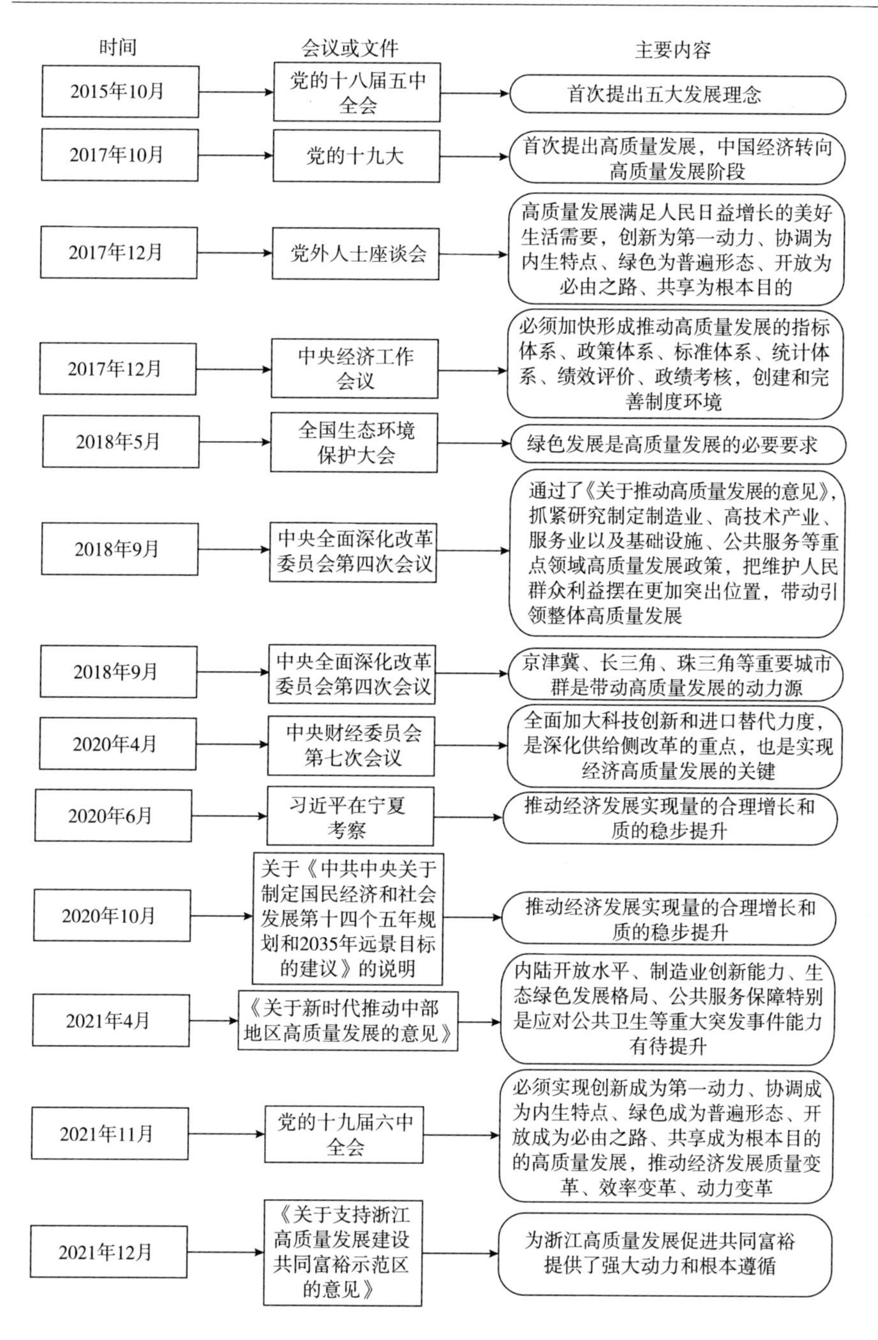

图 2-1　高质量发展政策梳理

资料来源：根据政府官网与文件整理所得。

经济高质量发展的界定：本书借鉴联合国开发署（UNDP）的可持续发展指标体系、环境问题科学委员会和联合国环境规划署合作的综合评价体系，在全面梳理、整合和归纳代表学者和相关机构关于“经济高质量发展”概念和内涵解析的基础上，本书定义经济高质量发展是遵循“创新为第一动力、协调为内生特点、绿色为普遍形态、开放为必由之路、共享为根本目的”新发展理念，以人民为中心，满足人民的美好生活需要，追求经济稳定增长、共同富裕、生态绿色、技术创新、效率优先、高水平开放、区域协调的更高层次的可持续发展状态和水平（张跃胜等，2021），并在下文中基于 DPSIR 框架评价经济高质量发展水平。

2.2 理论回顾

2.2.1 规制经济学理论

规制经济学也称管制经济学，指利用权力对市场配置资源进行干预，即从经济学视角对规制的规范和实证进行的相关研究。规制经济学理论由诺贝尔奖获得者斯蒂格勒开创，后来的贝克尔、波斯纳、佩尔兹曼、梯若尔等学者是主要代表人物。规制指运用法律、制度等手段方式，对企业微观主体的市场进退门槛、要素成本、研发技术等进行调控，解决市场失灵等问题，实现社会经济发展目标。按照规制经济学的研究范围，主要分为社会性和经济型规制；按照研究内容，也可分为规范规制与实证规制；按照思想来源和理论变迁，主要分为公共利益理论、规制俘获理论、芝加哥学派、规制激励理论和新规制经济学。

2.2.1.1 公共利益理论

在早期研究中，庇古提出规制的目的是出于提高公共利益的需要，针对公共产品的外部性、市场垄断和信息不对称等问题，纠正市场配置资源

的缺失与失灵，提高市场经济效率和社会分配效率，规制的最终目标是社会福利的最大化，规制范围包括工资、补贴、医保、交通等方面。此外，早期的规制假设成本不存在，后来提出规则、执行和社会成本，为平衡规制引起的效率和成本损失，寻求最优规制强度选择。

2.2.1.2　规制俘获理论

从经济人假说视角，规制俘获理论指规制机构雇员为达到规制目的，与被规制利益集团配合，追求自身利益最大化，而非社会公共利益，为被规制企业利益服务，表现为规制机构可能被规制企业“收买”。规制机构的决策行为是在现有制度约束下，自身利益需求的最大化，不是被某利益集团俘获。规制俘获理论的代表人有波斯纳、佩尔兹曼等学者，他们为后来的芝加哥学派提供了全新视角。

2.2.1.3　芝加哥学派

斯蒂格勒是该学派的代表之一，他提出规制是产业政策的产物，规制机构通过产业政策给予产业补贴、壁垒和价格调控，产业利益集团也倾向于支持有利于产业发展的政治集团，以谋求颁布合意的产业规制规划，获得更大化的利益。伴随公共选择理论的发展，芝加哥学派批判了规制的公共利益理论与规制俘获理论，认为规制存在政治寻租，而经济发展和政治状况决定规制的取消与重构。芝加哥学派以前的规制理论大多以案例分析和经验研究为主，称为旧规制经济学。由于比较简化的模型设置，忽略了不完全的信息和市场竞争的先决条件，政府的规制手段导致财政赤字扩大等实际难题。

2.2.1.4　规制激励理论

美国著名学者迈克·波特提出合理的环境规制从长期视角倒逼激励企业进行科技创新，驳斥了短期静态视角下导致企业成本增加、生产率和竞争力降低的观点，即波特假说。在此基础上进行延伸扩展，发现环境规制抵消了治污遵循成本，通过先进绿色的技术研发，降低了环境污染，提高了产品质量与企业利润，从而获得企业市场竞争力。

2.2.1.5 新规制经济学

2014年，诺贝尔奖获得者让·梯若尔从产业组织理论视角，基于机制设计、动态博弈论等工具，提出市场势力与规制领域的新范式标准，也称新规制经济学。他首次提出，在信息不对称与不完全竞争的条件下，利用信息经济学衍生的委托代理理论和激励理论，探讨规制供给的“黑箱”，解决了如何进行最优规制激励的问题。梯若尔模拟真实的规制场景，分析了电信业规制改革的“价格上限与拉姆齐定价”“竞争定价”等现实问题。通过设计合理的规制激励机制，提高串谋俘获的难度，引入规制降低其收益，实现了成本补偿、资源配置、获取利润、社会福利最大化等多个目标。

根据以上的规制经济学理论的发展，本书利用新规制理论，根据关华和赵黎明（2016）等构建的污染治理的激励型规制研究，将污染治理当作一种公共产品服务，通过完善排污费征收制度、排污权交易制度和加大财政投入等环境规制工具，纠正企业与社会边际成本的偏差，通过内含竞争标尺的固定价格合约，发挥规制的最佳作用，实现社会福利改善和资源配置提升。

2.2.2 污染避难所假说

污染避难所假说（也称污染天堂）最早源自Bourke和Rosario（1994），该理论认为在经济全球化和自由贸易条件下，经济发展水平的差异或不均衡在国家或地区层面是普遍存在的。发达国家或地区往往制定和实施较为严厉的环境规制政策，征收较高的污染税费，而欠发达国家或地区主要以本国经济建设为中心，为了引进外资和先进技术、管理模式，环境规制政策标准或环保税率相对较低。在其他条件基本相同时（比如产品价格与产地无关），企业或污染密集型产业会倾向于选择将生产加工等低附加值产业链转移到环境门槛相对较低的国家或地区，以减少企业的治污减排成本，提高产品的最大利润的目的。在这种情况下，污染密集型产业的集聚导致欠发达国家或地区的污染水平较高，从而产生“污染集聚效应”。因此，在国际分工、要素自由流动、技术持续进步和财富重新分配的生产或贸易中，污染避难所假说中环境规制政策已经作为了一种生产要素或比较优势，推动了国际资源、劳动力、生产力和财富的流动与分配。

一方面，我们可以看出发达国家或地区试图通过制定严格的环境规制政策，降低本土污染型产业比重，以转移污染产业的途径推动本国环保清洁产业的发展，推动产业转型升级，以此缓解了污染集聚现象，改善了本国的环境质量；另一方面，由于技术的限制，对污染型产品的消费存在刚需，通过进口商品的途径剥离出“三高”特征的生产加工环节，又将消费后的污染物或废弃物（比如洋垃圾等）转移到欠发达国家或地区，通过技术壁垒、专利墙和比较优势，本国只享受物质消费的福利，而把生产端和消费端的污染物转嫁给欠发达国家或地区。

从发展中国家内部来看，通过引进外资和产业链，带动了本国经济的发展和劳动力就业，解决了资本短缺的难题，促进了技术进步，革新了生产和管理模式的集合创新，积攒了外汇储备，具有一定的“污染光环效应”。随着相对环境规制的差异化制定、实施和落实，不同区域、城市间、城乡间的不平衡发展，必将导致污染性产业的再转移，这也是市场竞争和分配机制下产业分工和比较优势的作用结果。

以我国为例，随着东部沿海经济发达地区的环境规制政策强度或标准提高，必将推动产业就近向行政边界区或者中西部发达地区的转移，加之中西部地区的财政力量有限，离不开污染性产业的经济贡献，污染治理投资较少，生态环境脆弱，自降解能力较弱，这些在一定程度上会加剧区域污染集聚程度，加速区域污染集聚的避难所现象。

2.2.3　环境库兹涅茨曲线

环境库兹涅茨曲线是由库兹涅茨曲线扩展而来，是由美国学者 Grossman 和 Krueger（1992）在 1991 年对 66 个国家不同地区的空气与水污染物与地区人均收入的变动情况所得出的结论，在此之后，大量的其他污染物的环境污染与经济增长的关系研究也证明了该结论。该理论认为，地区污染水平伴随人均收入的增长先上升后下降（先恶化后改善），拐点峰值处于中等收入阶段，即地区环境质量与经济发展水平之间呈现倒U型曲线，在拐点之前，处于环境质量与经济发展的“两难”区间；在拐点之后，处于环境质量与经济发展的“双赢”区间。究其原因，学界主要有三方面的解释：

第一，环境质量需求的收入弹性影响。民众对环境质量的需求收入弹性存在一定的拐点，当人均收入达到一定水平时，发达地区或高收入群体对优美宜居的生态环境质量诉求较高，此时环境质量的需求增长高于经济水平，环境质量因此改善。

第二，经济规模、技术与结构效应。经济的初始增长意味着规模的扩张，要投入和消耗大量的资源，排放更多的污染物，开始阶段经济规模对环境质量具有负面影响。一方面，随着清洁技术的不断创新，替代了原先落后的粗放工艺，废弃物排放减少，对环境改善起到积极作用；另一方面，经济结构的变动意味着产业结构的变迁与升级，金融等服务业逐渐代替工业和农业，资金、知识密集型产业淘汰污染密集型低端加工业和资源型产业，环境趋于改善。因此，当经济的技术效应和结构效应超过规模效应时，环境质量伴随收入水平的提高而改善。

第三，污染转移和污染避难效应。由于环境规制标准的高低差异，发达国家或地区倾向于将污染型产业链转移到环境标准低的欠发达国家或地区，意味着全世界整体的污染水平并没有降低，甚至逐年增加，只是在不同地区的重新分配。从而显示出发达国家的高收入地区的环境质量得以改善，欠发达地区的收入水平较低，表现为环境污染较为严重。当然，现代学者也对环境库兹涅茨曲线做出一定修正，提出了“逐底竞争”、存在新污染物和存在环境规制的库兹涅茨曲线。比如，Williamson 和 Jeffrey（1965）以库兹涅茨曲线为基础研究区域经济发展，发现经济发展阶段与区域差异之间存在倒U型关系，即在经济发展过程中，区域收入差距存在“先变大、后缩小”的变化特征。

环境 EKC 曲线是以不存在环境阈值的条件为前提，当污染物累积水平超过环境容量后，环境问题将难以治理，从而恢复到原来状态。库兹涅

茨曲线也反映出“先污染、后治理”的发展模式。世界银行的研究表明，环境恶化的峰值在相同的经济水平下各有不同。发展中国家具有后发优势，可以充分吸取发达国家治理环境污染的成功经验和失败教训，提前实施严格科学的环境规制政策，推动峰值拐点的提前到来，此时，环境EKC曲线也会相较传统曲线而变得扁平，且还处于污染水平较低的位置。所以在一定程度上可以避免“先污染、后治理”的老路，走出一条“生态保护和经济高质量发展”的新道路，如图2-2所示。

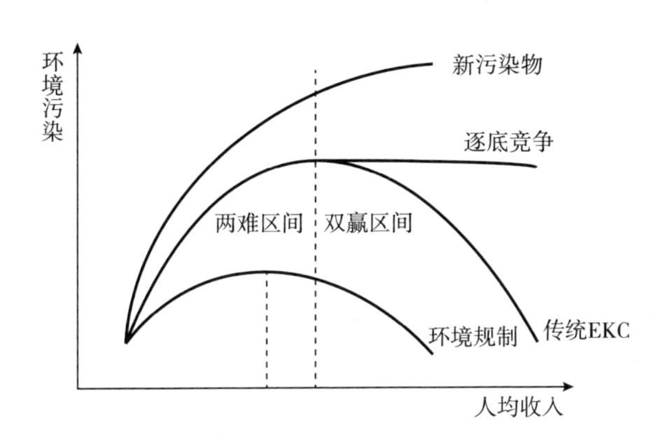

图2-2 环境库兹涅茨曲线

2.2.4 协同治理理论

协同治理或协同共治理论来源于协同理论，是20世纪70年代由德国教授哈肯提出，是多学科交叉融合逐渐发展形成的新兴学科，主要应用于物理学理论。协同论研究各个不同对象或子系统之间相互影响、合作的关系，比如不同主体配合协同、干扰制约和合作竞争。协同论包括协同效应、伺服原理和自组织原理。

2017年，党的十九大报告正式提出树立和践行“绿水青山就是金山银山”的“两山”理论。“两山”理论从“绿水青山”和“金山银山”的协同目标视角，为生态文明建设指明了道路，是当代马克思主义中国化的最新理论成果，是马克思主义生态哲学的价值理念，是立足中国发展实践，解决经济发展和生态保护两者关系的中国智慧和方案。“两山”理论认为生态保护和经济发展是辩证统一的关系，而非对立矛盾的。践行协同治理理论，要明确连接两者的转化路径，强化国土空间开发与规划，强化主体功能定位，优化营商环境，特别是确保制度保障，将生态优势转化为产业优势、发展优势和经济优势，以产业生态化或生态产业化的思路建立生态经济体系。具体而言，比如，结合本地特色和要素禀赋，因地制宜地发展绿色农业、生态旅游、生态康养、特色餐饮、住宿娱乐等产业，协同巩固脱贫攻坚成果、乡村振兴和共同富裕，统筹山水林田湖草沙系统治理，将生态产品价值的自然财富转化为金山银山的经济财富。通过集约、高科技的工业化发展以及高水平的城镇化建设，要求“开发”和“保护”协同，在严格保护和高效开发利用的前提下，将生态要素变为生产要素，促进经济高质量发展。此外，加快环境政策的创新和供给保障，建立产权清晰、约束激励并重、多元参与、制度配套的生态文明制度体系。重点从政策、法律、规划和标准等方面进行顶层设计和规划，明确绿色发展的法律制度和政策导向，强化生态补偿与修复、执法监督等体制机制，加快形成生产、生态和生活的“三生空间”为一体的空间格局。

结合本书，要协同匹配不同类型环境规制政策工具的组合工具。一方面，要促进污染集聚治理，改善城市人居环境；另一方面，要促进城市集聚优势的协作、互补，推动城市经济的高质量绿色发展。所以，要重点关注环境规制的协同效应，即整合效应或叠加效应，产生“1+1>2”的协同效应，比如要素整合、供应链整合、主体协同、协同合作等，实现目标统一、耦合结构和协同增效。此外，协同治理也存在示范效应和“搭便车”的问题：一方面，正面的示范效应可以提升主体参与协同治理的积极性和能动性，起标杆效应；另一方面，负面的示范效应侵蚀协同治理效能，存在劣质示范。多个主体参与协同过程中，每个主体存在付出较小投入却期望获得与其他主体相同的回报，发生“滥竽充数”现象和“公地悲剧”的困境，从而降低了主体协同的积极性和治理效果。

对于污染治理方式协同而言，有效的政策有利于减轻污染水平，降低社会边际成本。微观经济学理论指出，要使政策有效施行，必须提高污染排放的市场价格，通过监管限制、设定污染税、污染排放权交易机制等形式。环境污染治理主要包括三种方式：一是事前预防，通过提前预防、控制措施，减少污染源的污染物排放，比如对高排放工厂的“关、停、并、转”的事前防污。二是事后治理，通过限制或减少污染物的排放，对生态环境进行污染治理、修复和管理，使污染物的排放不超过生态容量阈值。一般而言，事后治理成本由全体社会人民承担，事后治理的速度远低于污染速度，付出的代价往往超过事前防治与源头治理的投入。三是过程控制，将生产过程置于严密的监督和控制下，对生产过程中出现的污染工艺进行优化和改进，减少资源的消耗和污染物的排放，治理方案需要平衡治理成本和所获利益来具体制定。一般而言，命令控制型环境规制倾向于事后治理，市场调节型环境规制倾向于事前和事中治理，公众引导与参与型环境规制是一种全过程治理，如何组合不同类型环境规制政策的整合与协同，构建事前、事中和事后的全过程污染防控治理体系，是污染集聚治理的重点与关键。

2.3　环境规制、污染集聚与经济高质量发展的逻辑分析框架

2.3.1　环境规制与经济高质量发展的关系机理与研究假设

环境规制影响经济高质量发展在学术界主要存在三种观点：

第一，抑制说。环境规制带来的高额环境外部性治理成本，在一定程度上降低了企业生产效率和产品利润，挤占了一定的研发投入，对经济高质量发展存在“成本遵循”的倒退效应（Xingle 等，2017）。

第二，促进说。波特提出的波特假说理论认为，适当的环境规制政策

通过激励倒逼企业进行绿色技术创新，有利于抵消治污投入的遵循成本，提高绿色全要素生产率；环境规制政策有利于区域环境改善，具有环保约束的“标尺效应”；加快了市场要素流动与优化配置，推动了产业结构升级，对“三高”产业存在环境壁垒的筛选作用和挤出效应，从而对经济高质量发展存在促进效应（Ferjani，2011）。

第三，不确定性。环境规制与经济高质量发展二者之间存在U型或者倒U型等非线性关系特征（李强和王琰，2019；田洪刚和吴学花，2019）。一方面，立足宏观视角，由于我国各地区经济发展水平、资源禀赋、产业发展、地理区位等存在先天差异，各地环境规制政策、经济高质量发展存在区域差异，比如政策执行力度、涉及范围、市场机制、实施方式、执行时间等均有差异。环境规制通过影响经济规模、结构、速度和效率等方面，对经济高质量发展既有直接作用也有间接影响，既有成本约束的抑制效应，也有激励创新的促进效应，各种影响力量相互作用和制衡，在不同发展阶段、发展规划的背景下各有不同，导致环境规制与经济高质量发展两者呈现非线性关系。另一方面，从委托代理理论视角来看，立足地方政府视角，地方官员一边受到中央政策的垂直领导，进行属地的分权式管理，接受环保督察、约谈等形式的监督，必须完成约束性的环保考核任务与绩效；一边期望获得政绩业绩，以地方经济高质量发展为主要考核指标之一，发挥地区比较优势，通过政府治理能力推进生态保护与经济发展。这两方面的综合作用引起环境规制与经济高质量发展两者关系的权衡，从而造成时序上环境规制与经济高质量发展关系的非线性关系。

立足命令控制型、市场调节型和公众引导型环境规制，从各类环境规制实施的时效机制来看，命令控制型环境规制倾向于事后治理模式，这种强制性的规制主要以污染监控能力和执行落实作为强度大小的基础，对于点源污染较为科学，但对于非点源污染（面源污染）的监管较为困难。而对于生产过程中的污染和资源消耗没有相应的技术标准，这种制度减弱了企业自主创新和减排意愿。对于市场调节型环境规制，这种灵活弹性的规制倾向于源头治理模式，以环保税、补贴等形式间接对企业的排污行为

进行监管，激励企业发挥主动性和能动性，积极进行创新投入和产出，将污染治理成本内化，进行新工艺的改进和新技术创新。对于公众引导型环境规制，在于发动广大人民群众的环保热情和意识，从舆论视角对企业生产和消费的全过程进行监督，积极督促企业进行绿色技术创新，实现中国智造和攻克核心技术。因此，三类环境规制的时效特点必将导致对经济高质量发展的异质性作用，如图2-3所示。

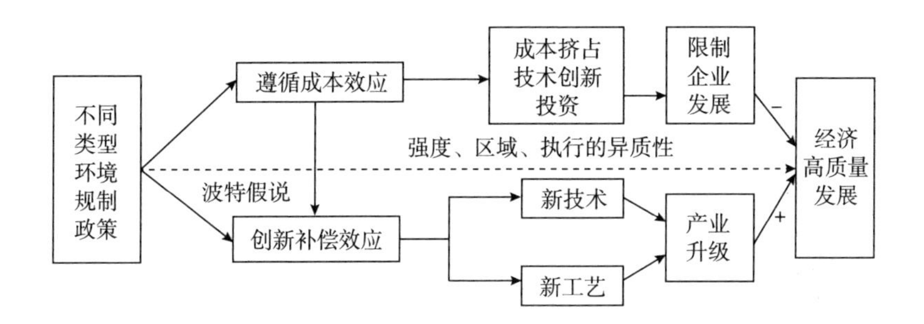

图2-3 环境规制影响经济高质量发展的影响机理

基于以上分析提出以下假设：

假设H1a：命令控制型环境规制与经济高质量发展之间存在非线性关系，影响存在异质性。

假设H1b：市场调节型环境规制与经济高质量发展之间存在非线性关系，影响存在异质性。

假设H1c：公众引导型环境规制与经济高质量发展之间存在非线性关系，影响存在异质性。

2.3.2 环境规制与污染集聚的关系机理与研究假设

进一步地扩展和丰富前人的探究（原伟鹏等，2021），本书构建了环境规制能够通过成本遵循效应、创新补偿效应、准入壁垒效应、比较优势效应、时机选择效应、生态环境效应六条路径改善或恶化污染集聚，影响机理如图2-4所示。

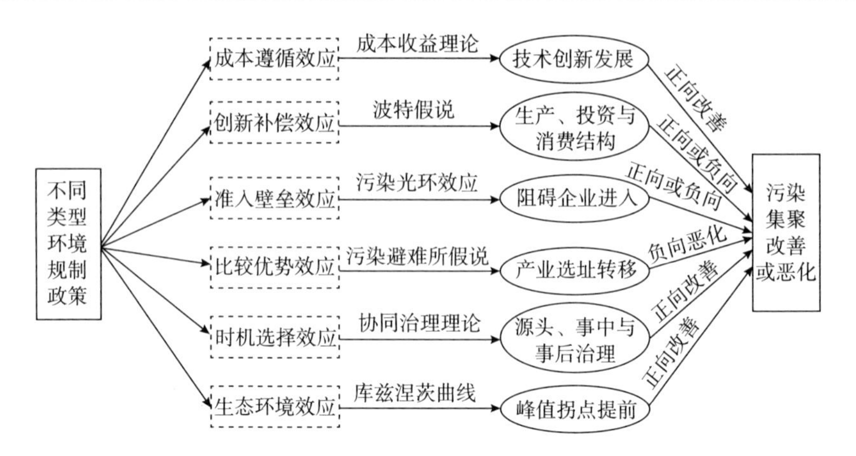

图 2-4 环境规制影响污染集聚的内部机理

第一，借鉴前人的成熟理论，探析环境规制影响城市污染水平的路径。根据波特假说理论，环境规制政策虽然在短期增加了企业治污成本，却形成了环保目标约束考核的“标尺效应”，促进了产品生产端和消费端的产业链绿色转型升级与回收处置（蒋硕亮和潘玉志，2019）。企业立足成本收益的考量，调整生产、投资和消费结构，增加了一部分流动资金支出，可能扩大生产规模抵消一部分遵循成本，也可能以停产、转产等方式维持企业运转，从而对污染集聚产生改善或恶化的影响。

第二，适当的环境规制能够通过激励企业进行研发创新，面对环境规制政策的环保目标红线约束及不确定的外部市场，微观企业主体通过原始创新、累积创新和资源整合创新，确定自身“创新化”和“绿色化”的确定性发展战略。采取灵活机动的战术，主动进行设备升级、企业重组、业务扩展等对接市场和客户的需求，创新商业模式，缩短产品运作链条，以全新的解决方案加快市场资源的自由流动与优化配置，推动企业主动减污降排协同增效，缓解区域污染集聚水平。

第三，各地区环境规制力度、标准和落实的强弱对企业进入与退出市场具有一定的壁垒效应。我国东部、中西部地区环境规制标准、力度的差异，对于“三高”产业或企业的厂址选择，存在产业转移、承接的“污染光环效应”和“污染天堂效应”，长期内形成了产业或企业竞争的“挤出效应”和“环境壁垒”。另外，在环境规制的约束下，主动转型求变的高新技术企业，在掌握一定的生产工艺、创新技术的前提下，面对后发企业存在一定的技术与资本竞争的壁垒和垄断优势，限制企业的自由进入，从而影响区域污染治理水平。

第四，通过依据“污染避难所假说”，一方面，政府可以通过调节环境规制的强弱与形式，对外资、外贸、外企和国外项目存在市场准入门槛的筛选与调控，立足本地需要，引进更加偏环保低碳的产品、项目和产业，利用外资促进新能源等产业发展。另一方面，企业为了规避排污成本治理费用，特别是石油、煤炭、钢铁、化工等污染密集型产业，对比各地环境规制强度大小，进行空间位置上的定位、转移与布局，将污染产业链的厂址放置于地区的边界处或欠发达地区，导致了区域的污染“避难所”或污染“天堂”，从而加剧了城市的污染集聚，恶化了环境质量。

第五，立足命令控制型、市场调节型和公众引导型环境规制视角，异质性环境规制政策影响污染集聚存在一定的时效选择，命令控制型环境规制偏向于事后治理，市场调节型倾向于源头和过程治理，公众引导型环境规制是一种全过程的舆论监督。通过不同类型环境规制的协同机制，选择在不同时机和监管过程中最大化环境规制促进减污减排的影响力，规避不同类型环境规制的弊端，比如机械性、难以施行等弊端，以协同治理的叠加效应共同从源头、事中和事后的全过程合力改善城市污染集聚。

第六，环境规制具有先天的社会公益性和绿色生态发展的政策导向。由修正后的库兹涅茨曲线可得，在加入环境规制的作用后，环境规制通过“成本补偿”“激励创新”“资源配置”减少排污行为，升级生态链环保工艺，通过循环经济的减量化、资源化和无害化，推动产业绿色转型升级，环境 EKC 曲线趋于扁平化。通过不断吸取发达国家治理环境的经验和教训，峰值拐点在理论上会提前到达，从而避免了“先污染后治理”的老路，走出一条“生态保护与经济发展”协同治理的新路，缓解了污染集聚，改善了区域生态环境质量。

基于以上分析提出以下假设：

假设 H2a：命令控制型环境规制与污染集聚之间存在非线性关系，影响存在异质性。

假设 H2b：市场调节型环境规制与污染集聚之间存在非线性关系，影响存在异质性。

假设 H2c：公众引导型环境规制与污染集聚之间存在非线性关系，影响存在异质性。

2.3.3 污染集聚与经济高质量发展的关系机理与研究假设

污染集聚与经济高质量发展的关系离不开环境外部性、路径依赖、资源诅咒和环境库兹涅茨曲线等理论的支撑。污染集聚的形成一般认为是空间结构上污染密集型产业的转型与空间布局引起，这里面存在人口、资源禀赋、环境政策、资源错配、财政分选、比较优势、基础设施等因素。如图 2-5 所示。

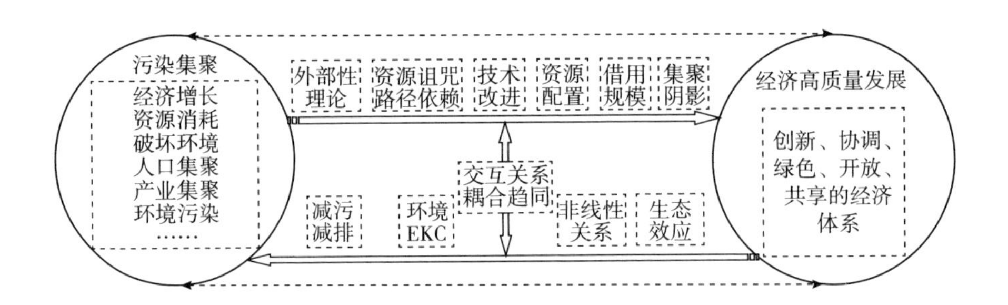

图 2-5 污染集聚与经济高质量发展的关系

第一，依据环境外部性理论，污染集聚在空间上存在一定的扩散效应和溢出效应（贾卓等，2020），会对本地或周边的城市、农村产生一定的蔓延，恶化了环境质量，降低了人民的生活环境质量，损坏了人民的身体健康，不利于人力资本积累和发展，在一定程度上抑制和降低了城市经济高质量发展。对不同的 PM2.5、二氧化硫和烟尘等污染物而言，本身对于环境的污染水平、损坏程度等各不相同，因此对经济高质量发展也存在一定的异质性影响。

第二，污染集聚在产业视角存在一定的路径依赖和资源诅咒效应（邵帅，2010），比如大部分的资源枯竭型城市，虽然污染密集型产业具有一定的经济增长作用，但会产生负面的示范效应和发展模式依赖，将本地产业拉入“低端化陷阱”，降低了本地企业的技术创新主动性和积极性，不利于区域高科技或绿色技术的突破和发展（张子龙等，2021）。

第三，污染集聚与经济高质量发展之间存在一定的交互影响关系。由库兹涅茨曲线可知，区域环境质量伴随经济水平的发展先恶化后改善，说明经济的高质量发展有利于污染集聚的治理。另外，通过设立一定的产业园区，将污染密集型产业集中在合适的区位，控制污染物的蔓延和外部性影响，提高了环境治理效率，有利于治污技术的溢出，在一定程度上反而有利于整体区域环境的协调发展（胡求光和周宇飞，2020）。因此，污染集聚与经济高质量发展存在一定的交互影响。

第四，污染集聚与经济集聚发展存在一定的趋同性（刘满凤和谢晗进，2014），经济高质量发展伴随各类生产要素自由流动与配置，主要以产业、技术和人才等为支撑的经济规模集聚效应，经济的集聚加速了局部城市污染的集聚速度，是引发污染集聚的重要因素。与此同时，污染集聚趋同于经济集聚，因此，污染集聚与经济高质量发展呈现较强的相关性，有学者提出污染集聚与经济发展存在非线性关系（豆建民和张可，2015）。

第五，污染集聚对经济高质量发展的技术改进效应。当污染集聚到一定阶段和程度，必将引起公众和政府的广泛关注，扭转当地经济发展以生态优先、绿色发展为导向，通过严厉的环境政策标准和更加优化的产业空间布局规制，引导和倒逼污染密集型产业进行绿色环保技术的转型升级，规范产业的生态、生态和生产空间格局，加快产业竞争和优胜劣汰，促进新旧动能转化，从经济可持续发展角度促推企业“减污降排”，提升产品质量和技术含量，促进经济高质量发展。

第六，污染集聚的资源配置和全要素生产率的提升作用。污染集聚一般存在于污染密集型产业区域（江三良和邵宇浩，2020），在产业链形成了较为完整的分工结构，集聚向集群转化过程中存在协同性和联系性。在产生网络结构和流程中，企业间的合作竞争机制促进资源的优化配合，有利于知识技术溢出和核心技术突破，推动生产废料的循环化和资源化利用，加快生产消费的清洁化和环保化，在消费升级和企业关联协作合力下，促进了生产效率的提升。污染集聚对企业的被动转型升级影响，是受到内部压力和内部激励的协同压缩，以期降低污染治理成本，提高产品利润，提高企业竞争力和延长产业生命周期，推动经济质量提升。

第七，立足集聚的网络外部性，污染集聚对经济高质量发展存在一定的“借用规模”和“集聚阴影”效应（林柄全等，2018），但这种外部性具有一定的双面性。原先的污染集聚外部性局限于特定区域，在集聚跨越地理边界后，借用规模、集聚阴影等一系列网络外部性相继提出。在这个互联互通的世界，网络嵌入产生的联动互补和协同，对地区经济增长的溢出影响可能超过本地发展，即网络外部性。借用规模是指一个较小城市靠近人口集中的大城市，减少了集聚成本，显现出更大规模的特征。区域外部性是指集聚也可能在外部空间，不局限在城市内部。集聚阴影效应指大城市的集聚发展将会限制小城市的发展。因此，在污染集聚外部性的作用下，城市间污染集聚表现出“借用规模”和“集聚阴影”的反向影响，即污染集聚的借用规模表现为污染的空间溢出，集聚阴影反映为污染的空间集中治理。

基于以上分析提出以下假设：

假设 H3：污染集聚与经济高质量发展之间存在非线性关系，影响存在异质性。

假设 H4：污染集聚在环境规制影响经济高质量发展中存在中介作用和调节作用。

2.3.4 环境规制、污染集聚与经济高质量发展的关系机理与研究假设

基于前文机理分析和逻辑推断，将环境规制、污染集聚和经济高质量发展三者统一到一个研究框架内，可视化出彼此之间的机理关系（见图 2-6）。

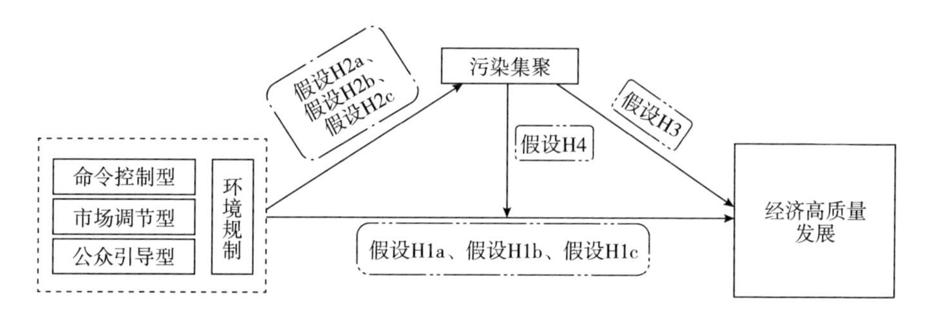

图 2-6　环境规制、污染集聚与经济高质量发展的关系机理

2.3.5　环境规制政策组合实现“减污提质”双赢目标的路径选择

关于协同推进污染集聚治理和经济高质量发展的多元化传导路径，将从绿色技术创新效应、FDI 的投资带动效应和产业升级的结构效应视角进行解析与阐述，如图 2-7 所示。

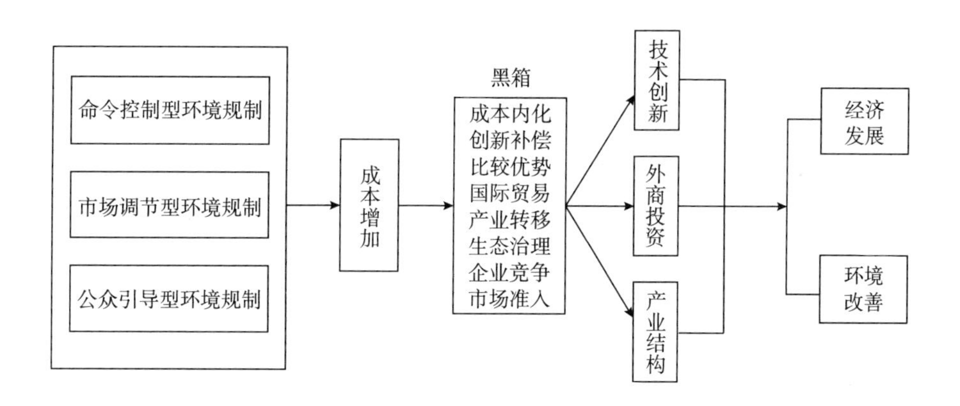

图 2-7　环境规制实现环境改善与经济高质量发展的路径

第一，波特假说的绿色技术创新效应。在不同类型环境规制的工具与手段的约束下，从短期静态来看，环境规制政策加大了企业生产成本的治污支出，挤占了生产投入要素和技术研发费用，不利于企业持续发展；但从长期动态来看，环境规制倒逼企业进行生产工艺改造和环保技术研发，内化生产治污成本。即一条途径是企业绿色技术创新的产品效益高于遵循成本和创新投入，另一条途径是让企业排放标准达到环境政策标准。无论是哪种途径的“补偿创新”，均促进了产业转型升级和新兴产业发展，减少了资源消耗与浪费，降低了污染排放量，提升了企业生产率和竞争力。

第二，FDI 投资选择的资本效应和准入壁垒效应。外商直接投资对东道国的经济发展具有两面性，取决于资本投资动机和环境规制准入壁垒规范。一方面，在经济的起步阶段，由于缺乏资金投入，欠发达国家或地区的经济发展较慢。地区环境规制强度和标准较弱，在大量外资的投资带动下，会促进相应产业规模、结构和技术的发展，伴随一定的技术溢出效应，提高了资源利用效率和生产率，提高了先进的排污清洁技术，改善了环境质量，提升了经济发展质量，即“污染光环效应”。另一方面，市场资金具有一定的趋利性，在市场准入和环境标准较弱时，资金倾向于“三高”产能的短期投资，扩大了上游企业产品出口（比如矿产、稀土等），或者“脱实向虚”的金融市场，促进了污染产业向东道国的集聚，不利于金融业的稳定发展，促进东道国形成一定的资源诅咒和依赖，且溢出也是一些低端、待淘汰的产品技术，反而扩大了东道国与发达国家的技术差距，形成了贫穷与污染的恶性循环，加剧了环境污染，使本地区沦为欠发达国家或地区的“垃圾场”和“资源殖民地”。相反，当环境规制的准入壁垒较高时，能够对外资的投资项目起一定的筛选作用，从而促进其向我国迫切需要发展的新科技、新技术等产业领域投资，真正发挥投资带动的正面效应。因此，通过加强市场环境准入标准、门槛和监管力度，环境规制对外商直接投资具有准入壁垒的选择效应。

第三，产业结构升级的资源配置效应。从经济活动来看，产业结构决定了经济结构，决定了资源的供给与需求，进而影响经济发展与环境质量。制造业的产业链是我国经济面对全球价值链重构与实体经济高质量发展的优势之一。通过供给侧结构性改革，积极推进传统产业的数字化转型，布局新技术的产业生态，利用新型举国体制推动科技创新和创造，破解“卡脖子”技术，才能保障产业链的安全。在环境规制的作用下，可

以从企业的供给需求端和生产消费端促进产业结构调整，从生产端促进技术创新和提高资源利用与配置效率，减少资源要素的投入，促进产业价值链升级（产业结构高级化）和产业结构比例优化（产业结构合理化）；从消费端注重产品的回收利用以及环保产品的自然降解，削减废物的生产量。此外，环境规制还可以通过国际贸易进行落后产业的转移，形成一定的绿色壁垒，比如环保标志、绿色技术标准、绿色包装和绿色补贴等。因此，环境规制可以通过产业结构升级和产业转移促进经济质量提升和减污降排。

基于以上分析提出以下假设：

假设 H5：环境规制能够通过绿色技术创新、外商投资带动和产业结构升级的路径实现污染集聚治理与经济高质量发展的双赢。

综合前文的文献综述、概念界定、理论回顾和机理构建，构建了环境规制、污染集聚与经济高质量发展的关系机理（见图 2-8），并提出了 5 个研究假设，如表 2-2 所示。

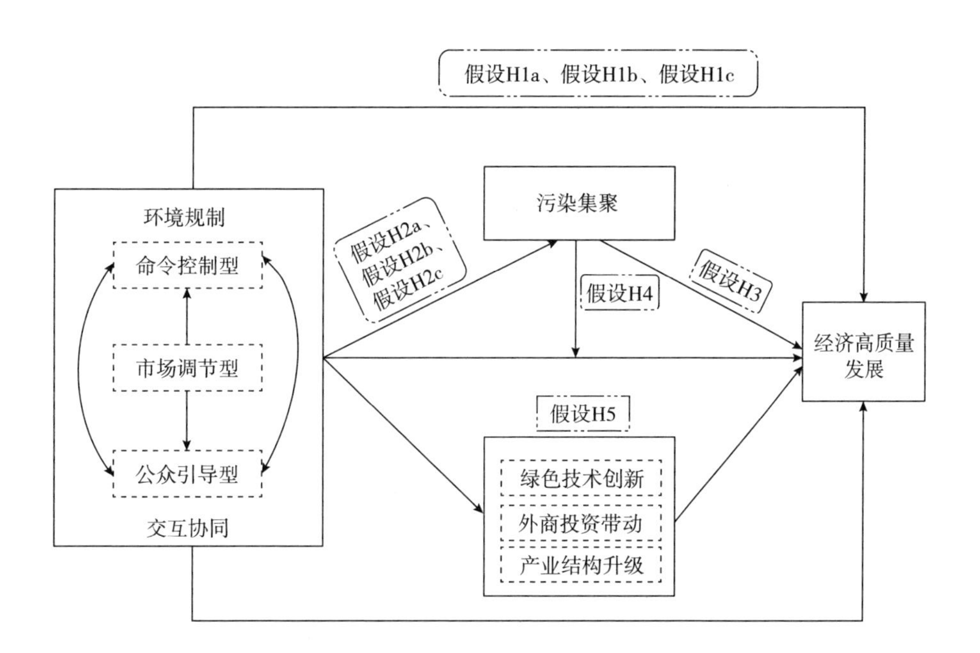

图 2-8 环境规制、污染集聚与经济高质量发展的作用机制

表 2-2 研究假设统计

序号	假设编号	研究假设
1	H1a	命令控制型环境规制与经济高质量发展之间存在非线性关系，影响存在异质性
	H1b	市场调节型环境规制与经济高质量发展之间存在非线性关系，影响存在异质性
	H1c	公众引导型环境规制与经济高质量发展之间存在非线性关系，影响存在异质性
2	H2a	命令控制型环境规制与污染集聚之间存在非线性关系，影响存在异质性
	H2b	市场调节型环境规制与污染集聚之间存在非线性关系，影响存在异质性
	H2c	公众引导型环境规制与污染集聚之间存在非线性关系，影响存在异质性
3	H3	污染集聚与经济高质量发展之间存在非线性关系，影响存在异质性
4	H4	污染集聚在环境规制影响经济高质量发展中存在中介作用和调节作用
5	H5	环境规制能够通过绿色技术创新、外商投资带动和产业结构升级的路径实现污染集聚治理与经济高质量发展的双赢

2.4 本章小结

本章基于前人翔实文献的基础上，首先，对“环境规制”“污染集聚”“经济高质量发展”相关概念进行界定，以确定研究对象与主体。其次，通过梳理回顾与本书联系紧密的国内外相关的理论，主要有规制经济学理论、污染避难所假说、环境库兹涅茨曲线和协同治理理论。最后，将以上概念和理论作为支撑，结合研究内容和研究思路，构建了“环境规制”“污染集聚”“经济高质量发展”两两变量间和三者之间的理论分析框架，通过理论逻辑演绎和推断，提出对应的研究假设，为下文展开的实证验证奠定理论基础。

第3章　环境规制、污染集聚与经济高质量发展的时空演变特征

3.1　环境规制测度与时空格局演变

3.1.1　环境规制测度方法

基于前人的研究成果，环境规制指标主要用污染物指标、环保投资、污染物治理效果、制度条例等替代指标进行表征，这种研究方法较为成熟，但不足之处在于环境规制指标并不是第一手数据，不能非常精准地反映环境规制的效果，而且各种代理变量可能与环境污染、经济高质量发展之间存在一定的内生性问题，回归结果的可信度受到一定质疑。另外，地级市在环境规制指标方面的数据较为缺乏，表征全面连续的环境规制指标较为困难，现有研究多从单一尺度测度环境规制指标，城市环境规制多用污染物浓度进行替代。

根据 Chen 等（2016）的研究，政府环境治理的代理变量采用环境、能耗、污染、减排以及环保五个词汇总字数占全文总字数的比例。陈诗一和陈登科（2018）通过文本分词处理，统计省份政府工作报告中环保、

污染、能耗、生态、绿色、低碳、化学需氧量、二氧化硫、二氧化碳、PM10、PM2.5等相关词汇频次，计算这些词频占全文词频总数的比例，用来表征政府治理政策。另外，基于重工业占比越高的城市对政府环境治理产生的影响越大的逻辑，计算中国工业企业数据库中地级市重工业比例，再与环境相关词汇比重交乘，从而得到地级市政府环境治理指标。

借鉴和扩展 Bartik（1991）、陈诗一和陈登科（2018）的研究思路，借鉴张兵兵等（2021）的研究，受益于大数据时代的发展，通过对2009~2019年284个地级市政府工作报告进行手动整理，一共收集工作报告3090份（个别年份缺失34份），通过选取与命令控制型、市场调节型和公众引导型相关的关键典型词汇进行分年度地级市的文本量化（见表3-1），计算各个地级市相关词频出现频次占所有词频的比例，结合前人的环境规制指标，以此来表征命令控制型、市场调节型和公众引导型环境规制指标。值得注意的是，文本量化分析的准确性与所选取的关键词汇、分词算法有关，这些都会对词频的结果产生影响，因此在借鉴前人的研究成果和预先统计政府工作报告中经常出现的词汇，力求环境规制指标词汇选取的全面性、代表性和合理性。

表3-1　环境规制指标关键词汇

指标	词汇
命令控制型环境规制	淘汰、污水处理、环境整治、能耗标准、联防、联控、联治、整治、整改、控制、限制、禁止、强制、监测、关停、搬迁、拆除、最严格、改造、转型、防治、修复、双控、法规、产权、协同治理、河长制、林长制、自然保护区、督查、烟尘、煤改气、煤改电等
市场调节型环境规制	税收、排污权、补偿、披露、培育、金融监管、配置、投融资、碳交易、碳排放权、环保税、资源税、污染税、排污费、再生、新能源、奖惩、补助、补贴、减税、降费、市场、激励、鼓励、市场化、许可、许可证等
公众引导型环境规制	自觉、创建、倡导、开展、氛围、示范区、出行、公交、垃圾、分类、美丽、和谐、造林、植树、绿化、草原、公园、湿地、绿水青山、节水、节能、环保、消费、绿色优质、节约、碳汇、零碳、社区、宜居、绿色消费、公共交通、低碳出行等

资料来源：参考现有文献从地级市政府工作报告提取。

本书也可能是最早利用大数据的 MiniTagCloud（微词云）文本词频统计方法，该网站使用 Python 的 jieba 中文分词词库，利用 paddlepaddle-tiny 深度学习框架将句子进行精准切分，并基于 TF-IDF 算法和 TextRank 算法对关键词进行提取，可以得到关键词频。通过结合较为成熟的环境规制指标统计进行校正合成命令控制型、市场调节型和公众引导型环境规制强度指标，以期让环境规制的测度更加精准，符合现实实际。相比一般单一或综合的测度方法，从政府工作报告中进行大数据词频分析提取，数据来源和真实度较好。结合地级市成熟的环境规制成效指标校正，综合评价环境规制的强度，通过对三类环境规制进行极差标准化，取值范围处于 0~1，不同类型的环境规制强度和影响效果可以进行横向对比。本方法的适用性较广，比如关于城市产业政策等关注或倾向也可以进行相类似的测度，结合产业发展的成效数据，可以客观表征产业政策的真实效果和强度。

微词云大文本词频统计分析的步骤主要有：第一步，导入文本内容。利用手工整理的 3090 份地级市政府工作报告，依次将每年的内容复制到文本框，也可以分多次导入。第二步，关键词筛选。将提取的关键词按照出现的频次进行排序，提取排名前 300 的中文词汇。第三步，自定义词汇。参考陈诗一和陈登科（2018）的研究，选取核心关键词作为自定义词典，选择过滤单子、未知词等选项，提高词频统计的精准度，并进行分析计算。第四步，该词频统计网站利用 paddlepaddle-tiny 深度学习框架将句子进行精准切分，并基于 TF-IDF 算法和 TextRank 算法对关键词进行提取。第五步，通过计算自定义词汇出现频率与前 300 中文词汇比例，反映命令控制型、市场调节型和公众引导型环境规制的关注度，并结合地级市成熟的环境规制成效指标校正，以此作为衡量三类环境规制的指标（见图 3-1）。

由于对命令控制型环境规制的词频分析不能完全代表实际各种政策型环境规制的现实效果，借鉴 Javorcik 和 Wei（2003）的相关研究，通过词频比例与成效数据（工业二氧化硫排放量和工业废水分别与规模以上工

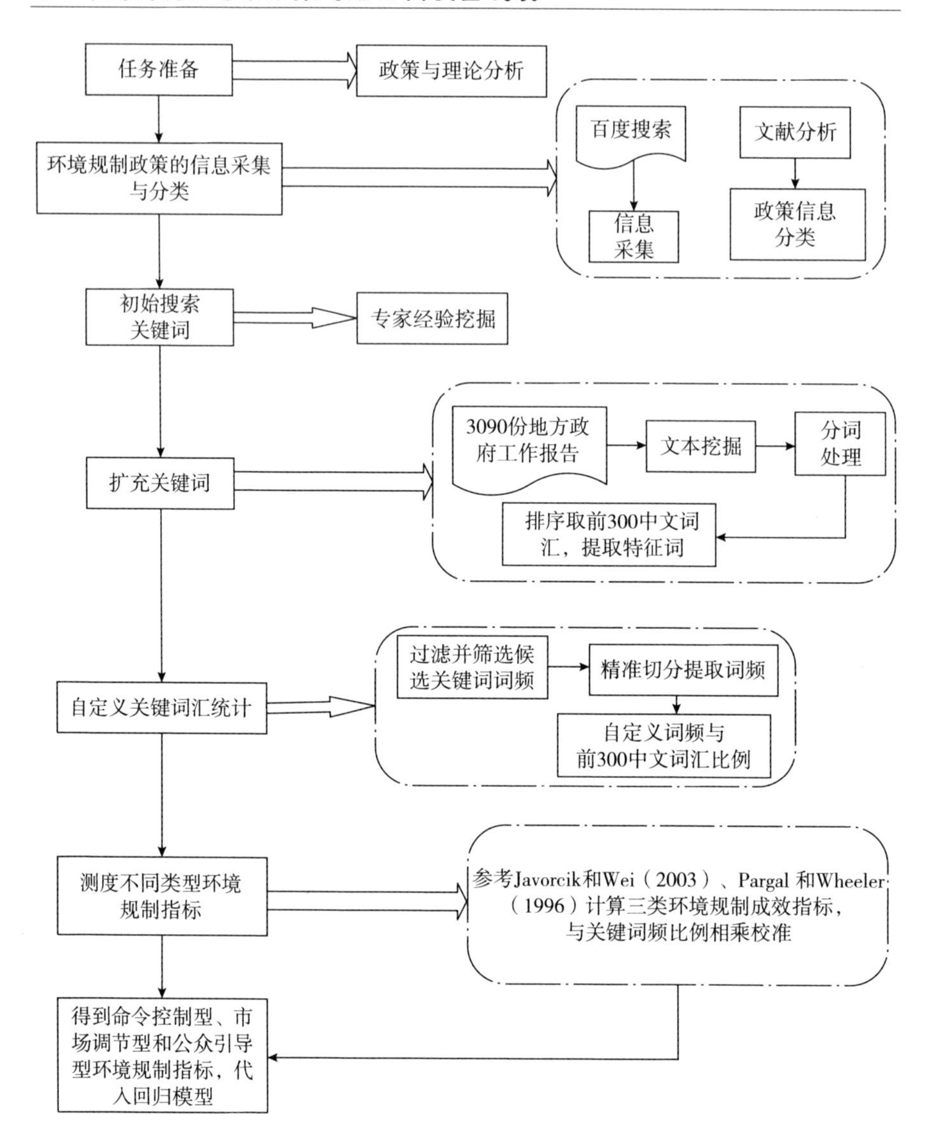

图 3-1　不同类型环境规制的文本词频分析与指标测度

业产值之比的倒数）进行交乘校准，可以得到最终的命令控制型环境规制指标。下文对此指标进行稳健性分析，替换为城市生活垃圾无害化处理率、污水处理厂集中处理率的加权合成的综合指数。

市场调节型环境规制受制于地级市市场发展程度的水平，本书用市场

化指数与市场调节型词频占比进行交乘校准，得到最后的指标。稳健性分析中，通过将省级环保税收入按照规模以上工业产业的比例分解到地级市，得到市场调节型环境规制的替代指标。

根据Pargal和Wheeler（1996）的研究，非正式型环境规制与收入水平、受教育程度、人口密度和年龄结构等指标有关，将这些指标利用熵权法合成一个综合指数，然后与公众引导型相关词频占比进行交乘校准，从而得到较为准确的公众引导型环境规制指标。公众引导型环境规制替代指标根据徐圆（2014）、孙慧和扎恩哈尔·杜曼（2021）研究，手动整理各地级市2011~2019年关于环境污染、污水、二氧化硫和雾霾的关键词汇的词频①，取年均值代表各地级市公众引导型环境规制指标，以检验回归结果的稳健性。

3.1.2 研究样本与数据来源

3.1.2.1 研究样本与区域概况

鉴于城市相关数据的缺失值，综合考量数据的可获得性和连续性，本书区域的研究样本为中国284个地级市（不包含西藏、港澳台地区），城市作为政策制定与实施落地的基本单元，由于各个城市自然条件禀赋、制度、技术、产业、人口、文化等异质性，造成区域环境规制政策实施效果的空间差异。按照“全国—区域②—城市群③—城市”的“宏观—中观—

① 百度指数从2011年开始统计，2009~2011年的相关数据缺失。

② 根据《中共中央 国务院关于促进中部地区崛起的若干意见》的划分方法，东部地区包括北京、天津、河北、山东、上海、江苏、浙江、福建、广东及海南10个省份；中部地区包括山西、河南、安徽、江西、湖北以及湖南6个省份；西部地区包括内蒙古、陕西、甘肃、青海、宁夏、新疆、西藏、云南、贵州、四川、重庆以及广西12个省份（样本中不包括西藏，中部为11个省份）；东北地区包括辽宁、吉林、黑龙江3个省份。

③ 根据我国“十四五”规划纲要，全国将布局19个国家级城市群，构建“两横三纵”的城镇化战略布局。按照经济发展阶段，发展相对成熟的“优化提升范围”的第一档城市群（5个）包括京津冀、长三角、珠三角、成渝、长江中游城市群；相对有潜力的已有雏形的“发展壮大”的第二档城市群（5个）包括山东半岛、中原、关中平原、粤闽浙、北部湾；尚未成形的“培育发展”的第三档城市群（9个）包括哈长、辽中南、滇中、天山北坡、呼包鄂榆、晋中、兰西、宁夏沿黄、黔中。

微观”递进式的分析思路，刻画中国地级市环境规制、污染集聚和经济高质量发展的特征与规律，为后续两者、三者间的相关关系与作用机理提供数据支撑与基础，研究区域地理位置如图 3-2 所示。

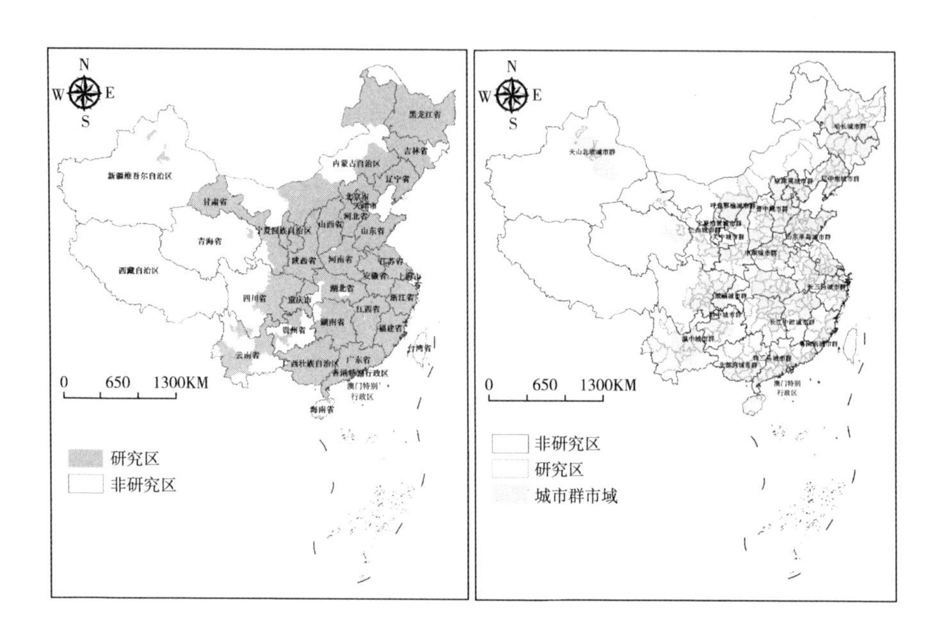

图 3-2　中国 284 个地级市与 19 个城市群研究区域地理位置

注：此图根据国家测绘地理信息局标准地图（GS（2019）1697 号）绘制，底图无修改。

对城市样本的讨论，离不开对城市群的深入探讨。城市群是城市发展到一定成熟阶段的最高级空间组织形式。城市群指在特定的空间范围内，一般由地域上比较集中的某几个特大城市、大城市以及中小城市组成的庞大的、多核心、多层次、紧凑联系城市化区域，是具有高度同城化和一体化的联合体。因天山北坡城市群的城市样本缺失较多，本书仅探讨分析京津冀、长三角、珠三角、成渝、长江中游城市群、山东半岛、中原、关中平原、粤闽浙、北部湾、哈长、辽中南、滇中、呼包鄂榆、晋中、兰西、宁夏沿黄、黔中共 18 个城市群①。

由图 3-2 可知，284 个地级市研究样本涵盖了我国大部分城市，个别城市因行政区划调整、数据缺失等原因未被纳入。从四大板块区域划分来看，东部地区地级市 86 个，中部地区地级市 80 个，西部地区地级市 84 个，东北地区地级市 34 个。从秦岭淮河地理分界线看，北方地级市 154 个，南方地级市 130 个。立足城市群视角，284 个地级市中有 199 个位于城市群，85 个位于非城市群。

3. 1. 2. 2　数据来源

本书地级市政府工作报告数据主要来源于各城市人民政府门户网站和地级市统计年鉴；市场化指数来源于樊纲、王小鲁等学者的相关报告；收入水平、受教育程度、人口密度和年龄结构来源于《中国城市统计年鉴》，少量缺失数据采用插值法补齐。考虑不同类型环境规制强度的可比性，统一利用极差标准法对环境规制强度指标进行处理。为整体把控整体环境规制强度，对命令控制型、市场调节型和公众引导型的三类环境规制进行算数加总衡量。

3. 1. 3　环境规制测度结果与特征

3. 1. 3. 1　环境规制的总体时序特征

2009~2019 年中国城市环境规制强度整体呈现波动中不断增强的发展态势。2009 年，中国城市命令控制型、市场调节型和公众引导型环境规制强度分别为 0. 4401、0. 2113 和 0. 1005，2019 年分别变为 0. 5054、0. 3541 和 0. 1571，考察期内三类环境规制强度时序均值分别为 0. 4115、0. 2646 和 0. 1365。其中，公众引导型环境规制强度的增长率最大，为 56. 32%。对比三类环境规制图形变化，可以发现三类环境规制的强度呈现逐年上升态势，平均强度排序依次为命令控制型>市场调节型>公众引

① 因个别地级地州或县级数据缺失，成渝、长江中游、哈长、滇中、兰西、宁夏沿黄、黔中等城市群的数据统计可能存在偏差。

导型。如表 3-2 和图 3-3 所示。

表 3-2 2009~2019 年中国城市三类环境规制强度时序演变

年份	命令控制型	市场调节型	公众引导型	年份	命令控制型	市场调节型	公众引导型
2009	0.4401	0.2113	0.1005	2015	0.4537	0.2798	0.1351
2010	0.3827	0.2168	0.1194	2016	0.4376	0.3054	0.1297
2011	0.3193	0.2210	0.1319	2017	0.4361	0.3123	0.1524
2012	0.4150	0.2218	0.1007	2018	0.4523	0.3114	0.1737
2013	0.3293	0.2174	0.2016	2019	0.5054	0.3541	0.1571
2014	0.3552	0.2595	0.0992	均值	0.4115	0.2646	0.1365

资料来源：笔者根据流程图 3-1 测算所得。

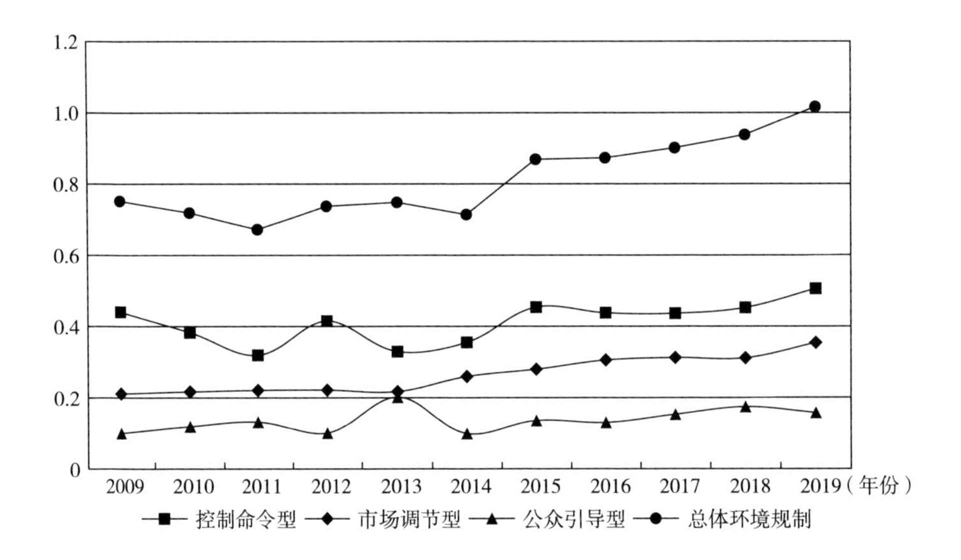

图 3-3 2009~2019 年城市三类环境规制强度发展时间演变趋势

3.1.3.2 环境规制的区域空间特征

按照中国四大板块的分类，将区域划分为东部、中部、西部和东北地区。结果表明，东部、中部、西部和东北地区的三类环境规制强度变化趋势与整体保持一致，呈现分异变动特征。考察期内三类环境规制年均强度

按照由高到低排名均存在东部地区>中部地区>西部地区>东北地区的特征（见表 3-3 和图 3-4）。从区域差距来看，东部地区命令控制型、市场调节型环境规制强度与中部、西部地区的差距较小，处于不断收敛接近状态，但与东北地区的差距较大。这主要由于东北地区的产业、人口等大量外流，经济发展速率较低，加之地广人稀，自然生态和气候条件基础较好，生态可承载能力和消纳作用较强，造成环境规制强度相对较低。公众引导型环境规制强度东部地区与其他地区的差距明显，中西部地区逐渐接近，东北地区最低。这主要与人口规模、受教育程度、互联网发展、消费市场等有关，东部地区是我国人口、经济、产业和信息的主要汇集地，公众对于环境污染和生态保护的关注较高，通过微信、微博、QQ、抖音等社交软件和自媒体途径获取、传播相关信息能力强，因此公众引导型环境规制较强。

表 3-3　2009~2019 年中国四大板块环境规制强度时序

年份	环境规制											
	命令控制型				市场调节型				公众引导型			
	东部	中部	西部	东北	东部	中部	西部	东北	东部	中部	西部	东北
2009	0. 4389	0. 4377	0. 4532	0. 4163	0. 2304	0. 2105	0. 2138	0. 1590	0. 1414	0. 1037	0. 0739	0. 0553
2010	0. 3983	0. 3874	0. 3835	0. 3308	0. 2452	0. 2287	0. 2002	0. 1580	0. 1698	0. 1239	0. 0868	0. 0618
2011	0. 3161	0. 3248	0. 3505	0. 2374	0. 2451	0. 2272	0. 2177	0. 1540	0. 1821	0. 1380	0. 1030	0. 0620
2012	0. 4029	0. 4187	0. 4501	0. 3504	0. 2488	0. 2139	0. 2299	0. 1519	0. 1471	0. 0938	0. 0814	0. 0473
2013	0. 3351	0. 3392	0. 3406	0. 2631	0. 2473	0. 2117	0. 2121	0. 1685	0. 2918	0. 1949	0. 1655	0. 0778
2014	0. 3939	0. 3583	0. 3478	0. 2681	0. 2898	0. 2731	0. 2462	0. 1838	0. 1385	0. 0964	0. 0843	0. 0433
2015	0. 4783	0. 4537	0. 4538	0. 3909	0. 2960	0. 3056	0. 2671	0. 2096	0. 1881	0. 1315	0. 1123	0. 0658
2016	0. 4708	0. 4603	0. 3885	0. 4219	0. 3231	0. 3205	0. 2898	0. 2635	0. 1969	0. 1207	0. 0987	0. 0571
2017	0. 5052	0. 4431	0. 3932	0. 3508	0. 3301	0. 3175	0. 3019	0. 2806	0. 2228	0. 1377	0. 1296	0. 0656
2018	0. 4765	0. 4662	0. 4437	0. 3796	0. 3285	0. 3147	0. 3026	0. 2820	0. 2481	0. 1655	0. 1450	0. 0759
2019	0. 5150	0. 4930	0. 5398	0. 4250	0. 3647	0. 3621	0. 3608	0. 2920	0. 2155	0. 1453	0. 1456	0. 0657
均值	0. 4301	0. 4166	0. 4131	0. 3486	0. 2863	0. 2714	0. 2584	0. 2094	0. 1948	0. 1320	0. 1115	0. 0616

资料来源：笔者测算环境规制指标后整理所得。

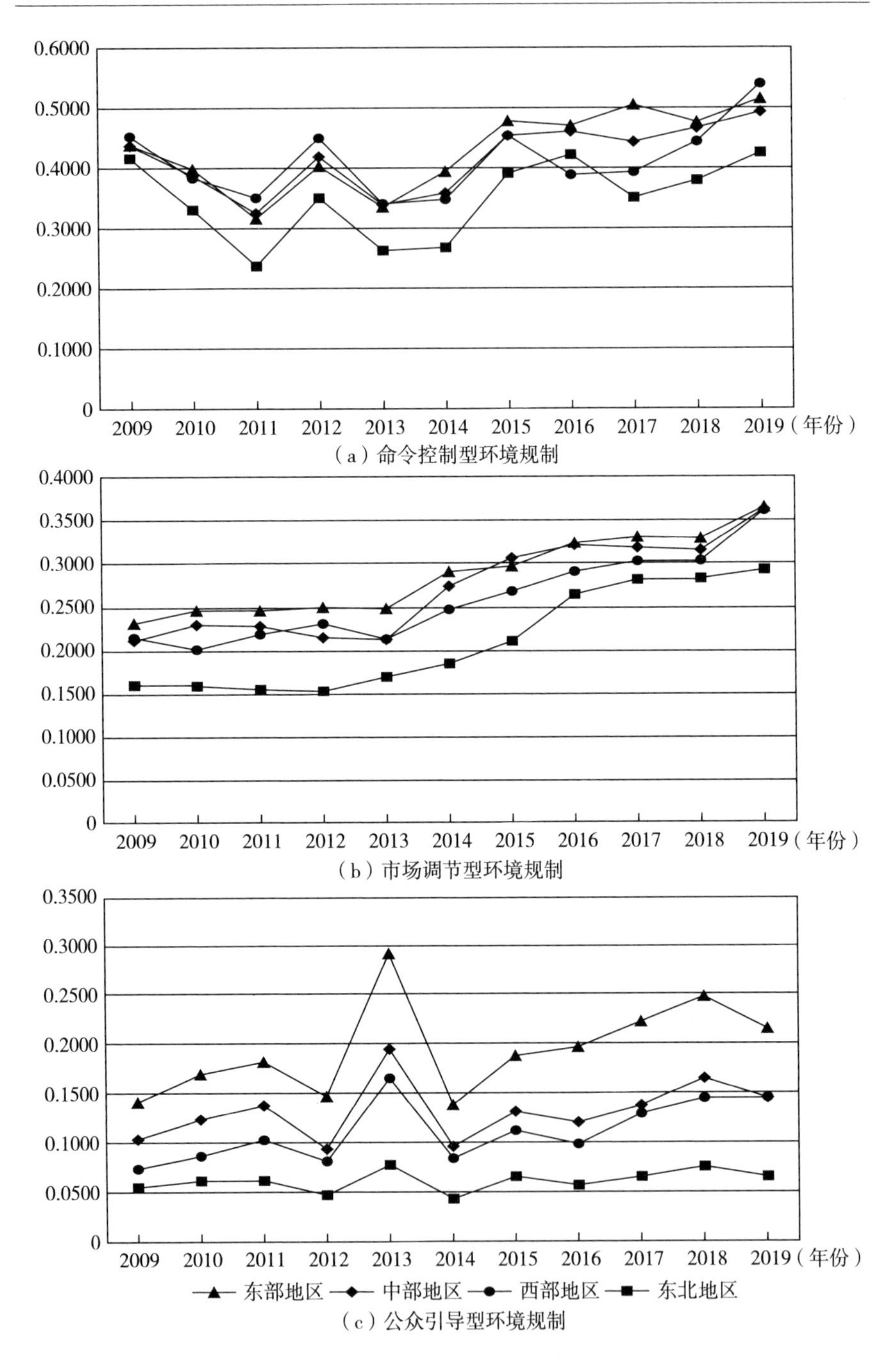

图 3-4　2009~2019 年中国城市四大板块不同类型环境规制强度演变趋势

3. 1. 3. 3　环境规制的城市群特征

第一，从时间发展特征来看，2009~2019 年 18 个城市群的整体环境规制强度呈现先降低后升高的变化趋势，研究样本中城市群环境规制年均强度从 2009 年的 0. 8330 先降低至 2011 年的 0. 7203，再提升至 2019 年的 1. 0831，年度增长率为 30. 03%，年均水平为 0. 8603；研究样本中 85 个地级市的非城市群经济发展质量平均规制强度由 2009 年的 0. 6236 增长至 2019 年的 0. 9358，增长率为 50. 07%，呈现不断提高的发展势头，考察期内平均规制强度为 0. 7203。城市群与非城市群的地级市总体环境规制强度的差距逐渐缩小。从时序变化趋势来看，大多城市群的总体环境规制强度存在一定的 W 型和波浪式的波动性，整体来看，滇中的环境规制强度较高，辽中南的环境规制强度较低。通过将整体环境规制强度年度均值进行排序，排名前四的城市群为滇中、珠三角、长三角和京津冀；排名后四的城市群为辽中南、哈长、成渝和关中平原。如表 3-4 和图 3-5 所示。

表 3-4　2009~2019 年中国 18 个城市群整体环境规制强度变化

城市群 \ 年份	2009	2010	2011	2012	2013	2014	2015	2016	2017	2018	2019
京津冀	0. 9407	0. 8598	0. 6739	0. 7615	0. 8266	0. 9389	1. 0482	1. 1916	1. 1055	1. 0132	1. 1300
长三角	0. 8521	0. 9026	0. 9480	0. 9617	1. 0432	0. 9041	1. 0594	1. 0414	1. 0882	1. 1698	1. 0468
珠三角	0. 8980	0. 9304	0. 7788	0. 8825	0. 9604	0. 8996	0. 9882	1. 0662	1. 3498	1. 3968	1. 3973
成渝	0. 7528	0. 6709	0. 6036	0. 7186	0. 7229	0. 6731	0. 8637	0. 8033	0. 8309	0. 8904	1. 0360
长江中游	0. 8066	0. 7508	0. 7261	0. 7434	0. 7533	0. 7390	0. 8487	0. 8271	0. 8106	0. 8749	0. 9721
山东半岛	0. 9333	0. 8419	0. 7899	0. 8489	0. 8779	0. 7770	0. 9392	0. 8909	0. 9201	0. 9657	1. 0946
中原	0. 7389	0. 7015	0. 6248	0. 6893	0. 6503	0. 7066	0. 8319	0. 9659	0. 9932	0. 9642	1. 1606
关中平原	0. 7224	0. 6741	0. 6168	0. 7259	0. 6969	0. 6886	0. 9143	0. 8437	0. 8583	0. 8458	0. 9946
粤闽浙	0. 7065	0. 7873	0. 6292	0. 6709	0. 9574	0. 7037	0. 8279	0. 9412	0. 9674	0. 9818	1. 0957
北部湾	0. 6873	0. 6714	0. 6806	0. 7997	0. 7980	0. 6725	0. 8238	0. 8640	0. 9450	0. 8919	1. 0361

续表

城市群＼年份	2009	2010	2011	2012	2013	2014	2015	2016	2017	2018	2019
哈长	0. 6538	0. 6361	0. 6185	0. 6334	0. 6098	0. 5925	0. 6563	0. 7934	0. 7071	0. 7379	0. 8574
辽中南	0. 6124	0. 4539	0. 3262	0. 4671	0. 4498	0. 4008	0. 6864	0. 7703	0. 7114	0. 7720	0. 7693
滇中	1. 3108	1. 0837	1. 1449	1. 1913	0. 9991	1. 0669	1. 1278	1. 0006	1. 0201	1. 2062	1. 5365
呼包鄂榆	0. 9053	0. 8500	0. 8982	0. 9662	0. 7496	0. 8418	0. 9178	1. 0137	0. 8826	1. 0498	1. 0452
晋中	0. 8699	0. 8730	0. 6979	0. 7630	0. 6441	0. 7496	1. 0406	1. 0497	1. 1221	0. 9248	0. 8852
兰西	0. 8641	0. 6499	0. 5472	0. 6560	0. 6273	0. 8300	0. 8685	0. 6369	1. 0922	1. 0724	1. 2686
宁夏沿黄	0. 8241	0. 6189	0. 6900	0. 7870	0. 7876	0. 7917	0. 8215	0. 8242	0. 6996	1. 0054	1. 1271
黔中	0. 9145	0. 7838	0. 9708	0. 9377	0. 8057	0. 8006	0. 8858	0. 8777	0. 9673	0. 8096	1. 0427
城市群	0. 8330	0. 7633	0. 7203	0. 7891	0. 7755	0. 7654	0. 8972	0. 9112	0. 9484	0. 9763	1. 0831
非城市群	0. 6236	0. 6207	0. 5840	0. 6532	0. 6423	0. 6222	0. 8021	0. 7704	0. 8055	0. 8635	0. 9358

资料来源：笔者测算环境规制指标后整理所得。

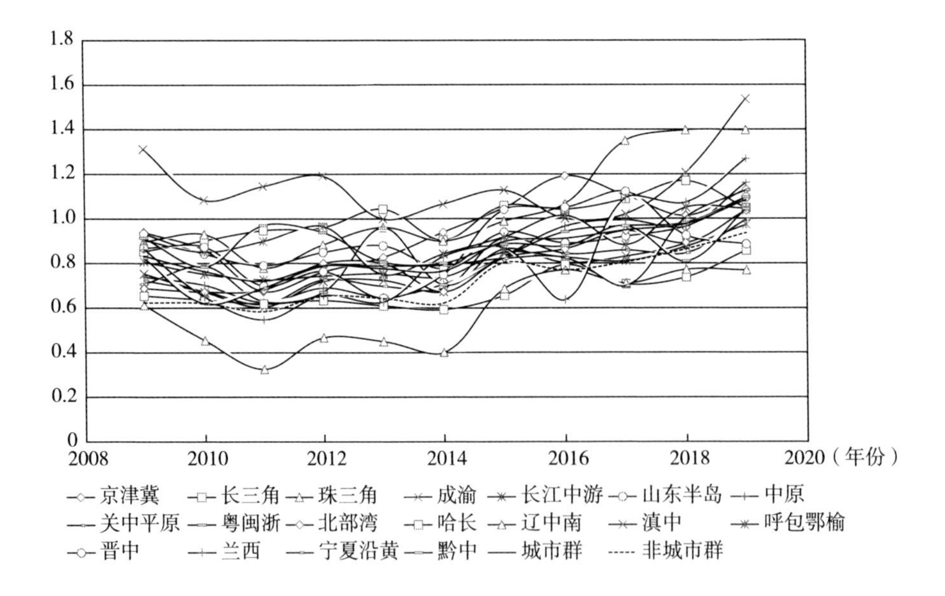

图 3-5　2009~2019 年中国 18 个城市群环境规制强度时序演变情况

第二，2009~2019 年 18 个城市群的三类环境规制强度与整体样本的年均强度变化保持一致，存在差异化发展态势。命令控制型、市场调节型和公众引导型环境规制呈现“波动提升”变化趋势，平均增长率分别为 8.39%、67.58%和 57.18%，市场调节型环境规制增长较快。考察期内三类环境规制的城市群环境规制强度均高于非城市群，命令控制型、市场调节型和公众引导型环境规制强度时序均值分别为 0.4311、0.2654 和 0.1638。命令控制型环境规制强度时序均值排名较前的城市群为滇中、晋中、兰西、长三角和京津冀，排名较后的城市群为辽中南、成渝和哈长。市场调节型环境规制强度均值排名较前的城市群为滇中、山东半岛、长三角和京津冀，排名较后的城市群为辽中南、宁夏沿黄、关中平原。公众引导型环境规制强度均值排名较前的城市群为珠三角、长三角和京津冀，排名较后的城市群为辽中南、哈长和关中平原。如图 3-6 至图 3-8 所示。

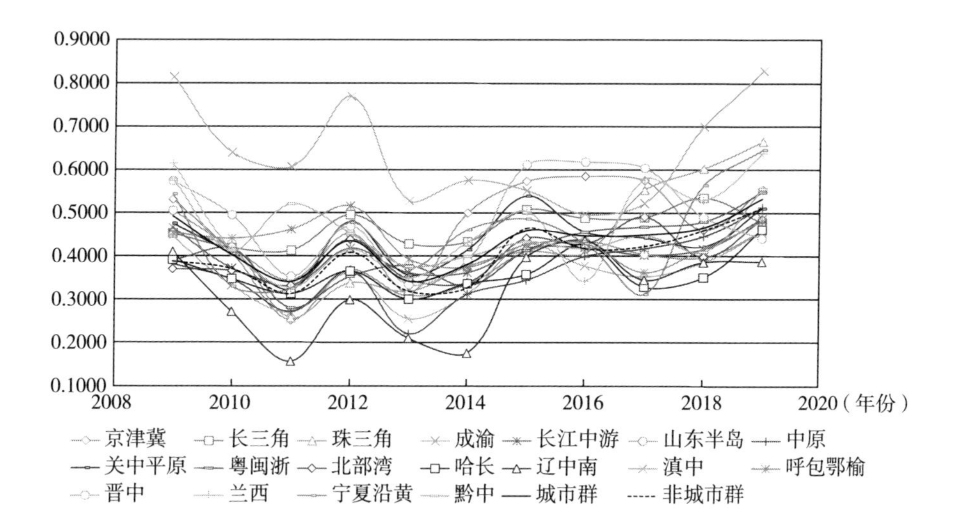

图 3-6　2009~2019 年中国 18 个城市群命令控制型环境规制强度时序变化情况

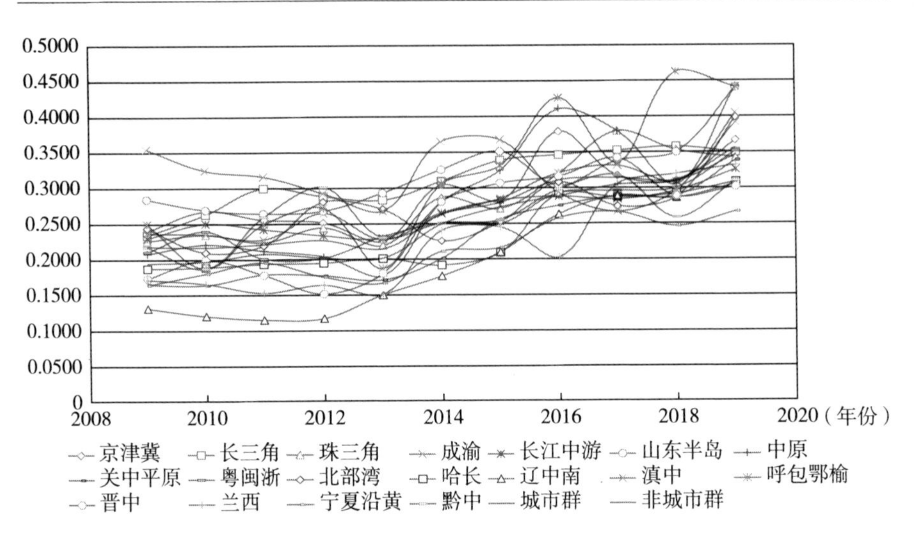

图 3-7　2009~2019 年中国 18 个城市群市场调节型环境规制强度时序变化情况

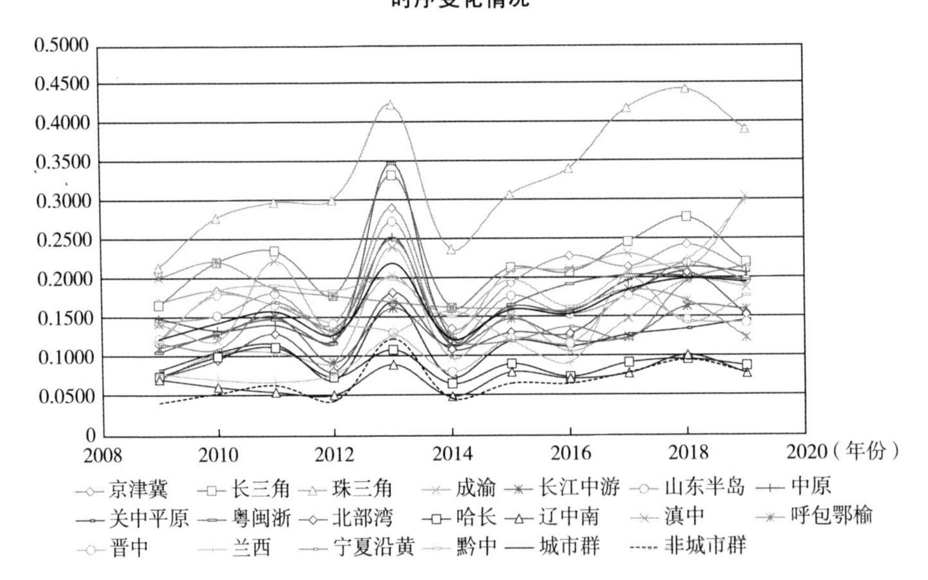

图 3-8　2009~2019 年中国 18 个城市群公众引导型环境规制强度时序变化情况

第三，利用 ArcGIS 技术，采用自然断裂法可以将三类环境规制平均

强度进行空间分类的可视化展示。研究发现，从城市群环境规制的区域分布来看，环境规制年均强度水平在空间格局上总体存在北方高于南方，国家级城市群高于区域性城市群和地方性城市群的态势。2009~2019 年城市群整体环境规制强度的综合水平从大到小依次为滇中>珠三角>长三角>京津冀>呼包鄂榆>山东半岛>黔中>晋中>粤闽浙>兰西>中原>宁夏沿黄>北部湾>长江中游>关中平原>成渝>哈长>辽中南。如图 3-9 所示。

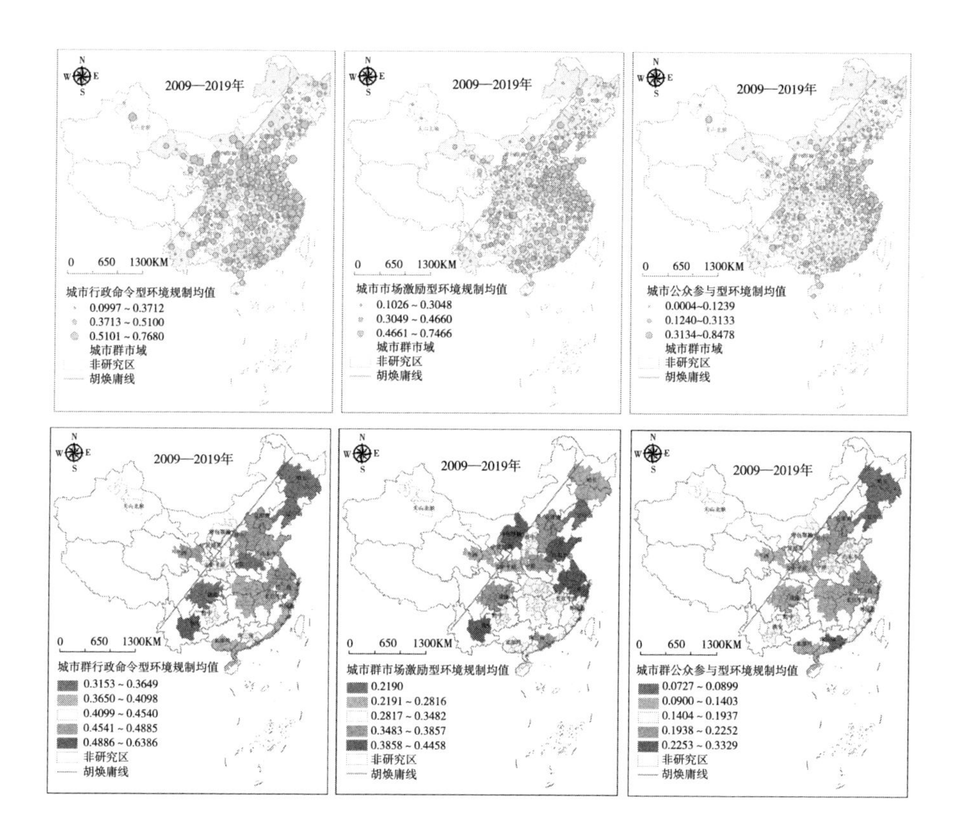

图 3-9 2009~2019 年中国 18 个城市群三类环境规制强度分布情况

注：此图根据国家测绘地理信息局标准地图（GS（2019）1697 号）绘制，底图无修改。

3.2 污染集聚测度与时空格局演变

本书以PM2.5浓度、工业二氧化硫排放量、工业废水排放量和工业烟尘排放量作为典型污染物研究对象，首先，利用主成分方法对以上四个指标进行线性组合，测算环境污染综合指数；其次，运用ArcGIS技术、莫兰指数、空间核密度、标准差椭圆等空间方法，识别考察期内284个地级市空间污染聚集的特征事实；最后，利用主成分和地理集中度方法，测算表征环境污染的集聚程度，探讨刻画污染集聚度的时空演化特征、分类与格局演变规律。

3.2.1 污染集聚的研究方法

3.2.1.1 探索性空间数据分析

探索性空间数据分析（Exploratory Spatial Data Analysis，ESDA）能够有效分析环境污染空间集聚性和空间异质性。Tobler地理学第一定律是“相近相似”的空间依赖性，空间距离越相近的要素空间相关越强。空间自相关指研究对象因地理次序或位置引起的属性值在地理空间上具有相关性。

莫兰指数（Moran's I）来源于Pearson相关系数，借助Moran's I的正负值和显著水平能够评判城市环境污染的空间相关性。

$$\text{Moran's I} = \frac{n}{\sum_i \sum_j w_{ij}} \times \frac{\sum_i \sum_j w_{ij}(x_i - \bar{x})(x_j - \bar{x})}{\sum_j (x_i - \bar{x})^2} \tag{3-1}$$

其中，n表示样本量；w_{ij}表示采用反距离权重的空间权重矩阵；x_i和x_j分别表示空间单位i和j的观测值；$\bar{x}$表示观测值的平均值。全局莫兰指数Moran's I的取值大小在-1~1，当莫兰指数为1时，表明研究区域变量之间存在强烈的正相关性；当莫兰指数为-1时，表明研究区域变量之间存在强

烈的负相关性；当莫兰指数为0时，表明研究区域变量之间不存在相关性。

3.2.1.2　空间核密度

核密度通过测度空间要素在其周边范围中的密度，从而直观反映空间集聚效应。假设空间 n 个样本是从分布密度函数为 f 的总体中抽取的独立同分布，计算公式如下：

$$f_n(x) = \frac{1}{nh}\sum_{i=1}^{n} k\left(\frac{x - x_i}{h}\right) \tag{3-2}$$

其中，f_n（x）表示某点 x 的核密度值；k（）表示核函数；h 表示带宽；$x-x_i$ 表示 x 估计点到样本 x_i 处的距离。

3.2.1.3　热点分析

采用热点分析（Getis-Ord G_i^*）的高值区和低值区统计量测度城市环境污染在空间格局上的冷热点局部集聚区域，公式如下：

$$G_i^*(d) = \sum_{j=1}^{n} W_{ij}(d)X_j \Big/ \sum_{j=1}^{n} X_j \tag{3-3}$$

$$Z(G_i^*) = [G_i^* - E(G_i^*)] \Big/ \sqrt{VAR(G_i^*)} \tag{3-4}$$

其中，G_i^*（d）表示每一空间单元 i 基于空间距离权重 W_{ij}（d）的统计量；Z（G_i^*）表示 G_i^*（d）检验的标准化统计量，若该值显著为正，则表明为热点集聚区，反之为冷点集聚区；X_j 表示空间单元 j 的属性值；E（G_i^*）和 VAR（G_i^*）分别表示 G_i^*（d）的数学期望和变异系数。

3.2.1.4　标准差椭圆

基于空间数据独立性假设，空间随机试验广泛应用于空间经济学，标准差椭圆本质为大数据空间抽样的随机试验。通过标准差椭圆的变化形态定量揭示地理要素在二维空间格局的演变特征。该模型运用较为成熟，可以从整体层面反映研究样本的经济集聚、演变方向，不受空间分割与尺度影响，在资源、地信、经济、管理、旅游等领域应用广泛。公式如下：

$$平均中心：\overline{X} = \frac{\sum_{i=1}^{n} W_i X_i}{\sum_{i=1}^{n} W_i}；\ \overline{Y} = \frac{\sum_{i=1}^{n} W_i Y_i}{\sum_{i=1}^{n} W_i} \tag{3-5}$$

X 轴标准差：$$\sigma_x = \sqrt{\frac{\sum_{i=1}^{n}(w_i\tilde{x}_i\cos\theta - w_i\tilde{y}_i\sin\theta)^2}{\sum_{i=1}^{n}w_i^2}} \tag{3-6}$$

Y 轴标准差：$$\sigma_y = \sqrt{\frac{\sum_{i=1}^{n}(w_i\tilde{x}_i\sin\theta - w_i\tilde{y}_i\cos\theta)^2}{\sum_{i=1}^{n}w_i^2}} \tag{3-7}$$

其中，(x_i, y_i) 表示城市的地理中心经纬度；w_i 表示每个城市研究要素的属性值；$(\bar{x}_w, \bar{y}_w)$ 表示加权平均中心；σ_x、σ_y 分别表示 x 轴和 y 轴的标准差。

3.2.1.5　*全局主成分方法*

全局主成分，也称动态主成分方法，与传统主成分相比克服了只能测度截面或时序数据的弊端，在技术上实现了对面板数据的测度与比较。该方法步骤为：第一，进行第 t 年的各指标初始数据标准化处理，消除不同量纲上的不可比性。指标分为正向指标和负向指标。本书的污染物指标全为负向指标。

$$Y_{ij}^t = \frac{x_{ij}^t - \overline{x_j^t}}{\sigma_j^t},\ i \in [1,\ n],\ j \in [1,\ m] \tag{3-8}$$

其中，i 表示城市，j 表示具体测度指标；x_{ij}^t 表示初始化指标值，Y_{ij}^t 表示指标的标准化值；$\overline{x_j^t}$ 和 σ_j^t 分别表示初始指标的平均值与标准差。

第二，通过赋予各年度数据相同的时间权重，建立时序立体的全局数据表。采用均值后的协方差矩阵作为主成分的输入。运用 Stata 软件选择 KMO 系数对数据进行有效性检验，一般在 0.7 以上。运用标准化的数据计算全局协方差矩阵，求解相关系数矩阵的特征值、特征向量，最后得到几个主成分方差的特征值、百分比、因子载荷矩阵以及累计贡献率等指标。通过以下公式计算各指标在不同主成分组合中的系数，最后对主成分的线性组合进行加权平均，得出环境污染综合指数。

$$g_i = r_{ij} / \sqrt{p_i} \quad (i=1,2,3,4; j=1,2,3,\cdots,15)$$
$$w_i = \sum_{i=1}^{n} X_i / g_i \quad (i=1,2,3,4; j=1,2,3,\cdots,15) \tag{3-9}$$

其中，g_i 表示主成分公式的系数，r_{ij} 表示因素对应的载荷值，p_i 表示主成分的特征根值，w_i 表示评价因素的系数。

3.2.1.6 污染集聚度

一般表征空间集聚的方法有赫芬达尔指数、基尼系数、区位熵等，但这些指标并没有充分考虑到空间偏倚与误差。借鉴秦炳涛和葛力铭（2018）、刘满凤和谢晗进（2014）、贾卓等（2021）的相关研究，选取城市 PM2.5 浓度、工业二氧化硫排放量、工业废水排放量和工业烟尘排放量作为典型污染物，利用地理集中度指数分别计算污染集聚。

$$R_{ij} = \left(x_{ij} \Big/ \sum_{i=1}^{n} x_{ij}\right) \Big/ \left(TER_i \Big/ \sum_{i=1}^{n} TER_i\right) \tag{3-10}$$

其中，x_{ij} 表示城市四类污染物及污染综合指数；TER_i 表示地级市 i 的行政区域面积；n 表示地级市城市数量，取 284。

3.2.2 样本选择与数据来源

3.2.2.1 样本选择

如前文所述，研究区域为中国 284 个地级市（与前文保持一致），选取 2009~2019 年连续性数据，选择城市作为区域环境污染防控的政策制定与实施治理的基本单元。环境污染的典型污染物为城市 PM2.5 浓度、工业二氧化硫排放量、工业废水排放量和工业烟尘排放量，将以上 4 种污染物运用主成分法计算得到污染综合指数，再利用地理集中度公式计算可得污染集聚度。

3.2.2.2 数据来源

本节环境污染数据和经济数据主要来源《中国环境统计年鉴》《中国城市统计年鉴》等；部分缺失数据来源于历年《各地级市统计年鉴》、EPS 数据库、Wind 数据库和各市环境统计公报，本书中少量缺失的数据采用插值法补齐。

中国环境污染主要是工业污染，在污染物相态上又分为固态、液态和气态，固态废弃物数据严重缺失，本文选取液态和气态方面的污染数据。中国地级市工业二氧化硫排放量、工业废水排放量和工业烟尘排放量数据来源于《中国城市统计年鉴》。PM2.5 浓度数据来源于哥伦比亚大学社会经济数据和应用中心（SEDAC），通过 ArcGIS10.2 软件处理，匹配 284 个地级市得到 PM2.5 浓度均值数据。

3.2.3 污染集聚的特征事实

对数据进行标准化后，KMO 检验在 0.7 左右，巴特利特球形检验显著，适合运用主成分方法。按照特征根大于 0.9，累计贡献率大于 85%的原则，选取 3 个主成分。运用得出的全局主成分因子载荷矩阵与特征根平方的商，算出标准化的数据系数，从而得到污染综合水平指数。

3.2.3.1 时空演变特征

如图 3-10 所示，在同一参考浓度指标下，考察中国 284 个城市 PM2.5 浓度（微克/立方米）、工业二氧化硫排放量（吨）、工业废水排放量（万吨）、工业烟尘排放量（吨）和污染综合指数的空间格局变化，整体污染排放的空间蔓延广度和规模均有所改善和减少，各类污染物的时空演变特征具有一定异质性。

研究期雾霾污染治理效果显著，呈现区域连片集聚效应，由大范围“连片集聚高污染”向小范围“集中低污染”的空间格局演进。2009 年主要集中于北京、河北、天津、山西、山东、河南、江苏、安徽、上海、湖北、四川等省份的大部分城市区域，2019 年在空间广度紧缩至天津、河北、山西、山东、河南等省份的部分城市，而且浓度大幅降低。城市 PM2.5 平均浓度由 2009 年的 47.4298 微克/立方米提高到 2014 年的 48.2454 微克/立方米，再逐渐降低到 2019 年的 33.8672 微克/立方米，整体降幅为 28.59%。其中，2013 年的 PM2.5 平均浓度最大，为 50.0620 微

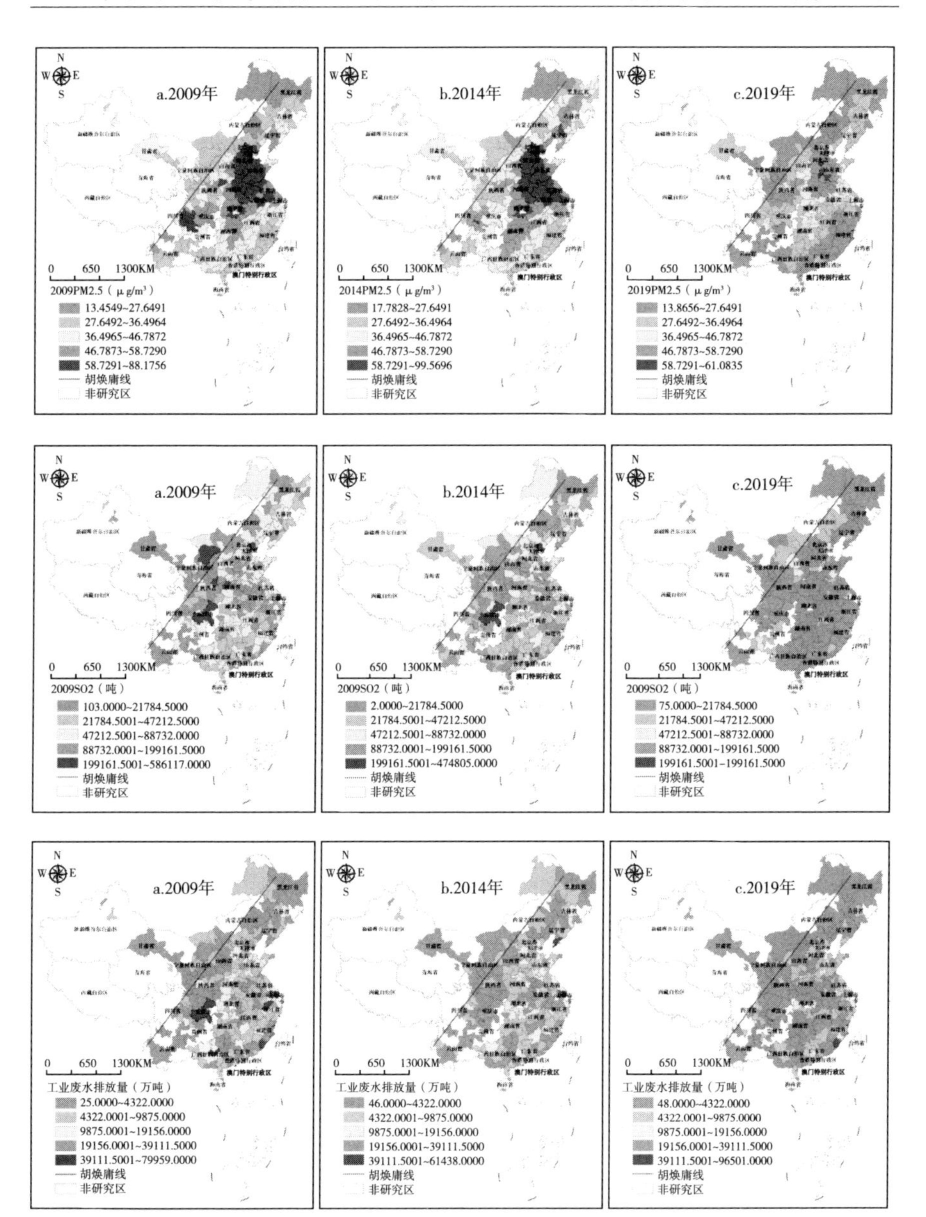

图3-10　2009~2019年284个城市环境污染指标的时空演变格局

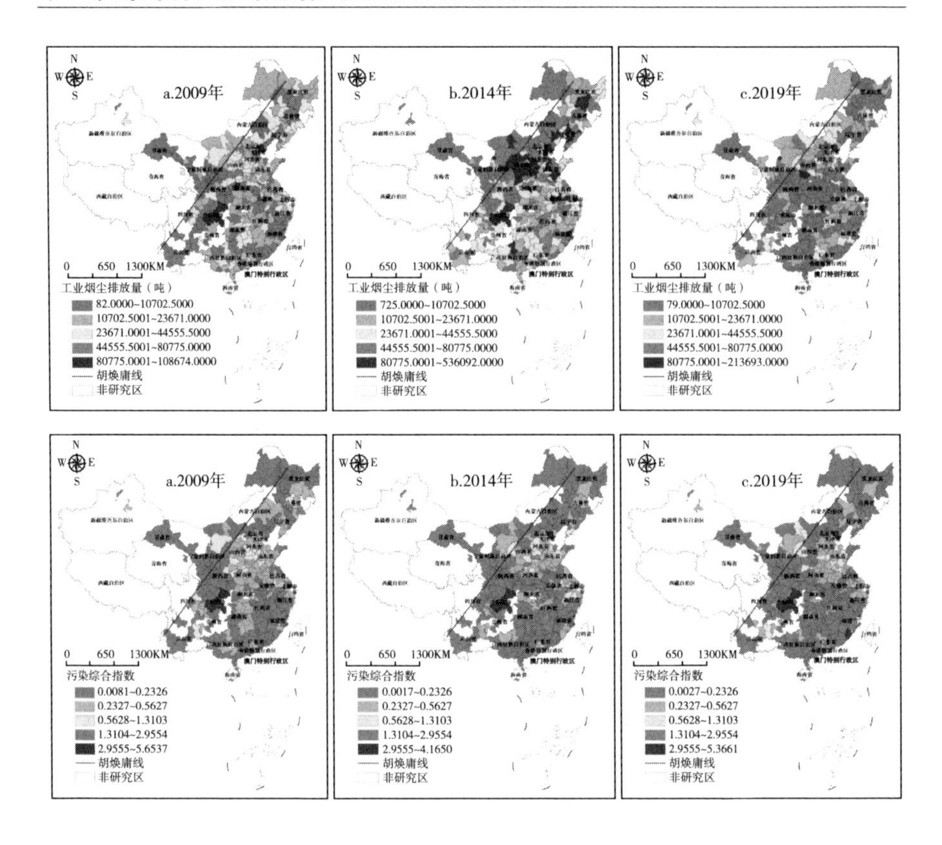

图 3-10　2009~2019 年 284 个城市环境污染指标的时空演变格局（续）

注：此图根据国家测绘地理信息局标准地图（GS（2019）1697 号）绘制，底图无修改。

克/立方米。参考欧阳艳艳等（2020）的研究，以城市 PM2.5 是否大于 40 微克/立方米作为阈值将全国城市分为高雾霾污染城市和低雾霾污染城市。2009 年，超过 40 微克/立方米的高雾霾污染城市数量为 180 个，占比为 63.38%；2019 年，超过 40 微克/立方米的城市数量降为 71 个，占比为 25%。

研究期城市工业二氧化硫排放量总体呈现由“高排放分散碎片化”到“低排放零星凸显”的污染改善的空间演进格局。城市工业二氧化硫平均排放量由 2009 年的 60260.6373 吨降低到 2014 年的 54678.5352 吨，然后降到 2019 年的 12676.3169 吨，总体降幅为 78.96%。其中，2011 年

的工业二氧化硫平均排放量最大，为65570.5915吨。2009年，工业二氧化硫排放量在重庆、渭南超过300000吨；排放量超过80000吨以上的城市数量为77个，占比27.11%。2019年，二氧化硫排放量在20000吨以下的城市数量为238个，占比为83.80%。

研究期城市工业废水排放量总体呈现由“高排放凸显蔓延”到“中排放零星显现”的污染改善的空间演进格局。城市工业废水平均排放量由2009年的7915.7218万吨先降低到2014年的6822.5352万吨，然后降至2019年的4563.0493万吨，总体降幅为42.35%。其中，2015年的工业废水平均排放量最大，为6684.3908万吨，比如福建漳州、江苏苏州等城市。

研究期我国城市工业烟尘排放量总体呈现“北高南低”分布，由“高排放分散蔓延”到“中排放零星凸显”的污染改善的空间演进格局，主要分布在唐山、邯郸、临汾、榆林、重庆、长治等城市。工业烟尘平均排放量由2009年的19485.8063吨提高到2014年的43298.0141吨，然后降到2019年的16010.8028吨，总体降幅为17.83%。其中，2011年的工业烟尘平均排放量最大，为51822.1831吨。2009年，工业烟尘超过200000吨以上的城市数量为108个，占比38.03%。2019年，工业烟尘排放量在20000吨以上的城市数量为64个，占比为22.54%。

对比4种污染物的总体改善程度，工业二氧化硫排放的治理效果最佳，工业废水排放的治理效果次之，工业烟尘排放的治理效果较差。环境污染综合指数由2009年的0.3235降低至2014年的0.2644，再提高至2019年的0.2900，其中2010年环境污染综合指数最大，为0.3292，总体环境污染改善率为10.36%。环境污染较为严重的地级市有唐山、重庆、临汾、晋中、苏州、漳州、赤峰、上海、邯郸、天津、石家庄等城市。

3.2.3.2 空间相关性

通过GeoDa-1.18软件，绘制得到考察期内中国284个城市PM2.5、工业二氧化硫排放量、工业废水排放量、工业烟尘排放量和污染综合指数的全域Moran's I（见图3-11），权重为Rook邻接空间矩阵。结果表明，

2009~2019 年中国 284 个城市环境污染指标均 Moran's I 均为正，P 值均通过 1%~5%的显著性水平，存在显著的空间自相关性。观察图形，大部分样本处于高—高集聚的第一象限，PM2.5Moran's I 存在不断增大趋势，工业二氧化硫排放量、工业废水排放量、工业烟尘排放量和污染综合指数的 Moran's I 先变大后缩小的态势，但整体而言，环境污染表现为空间正相关性的整体集聚特征。

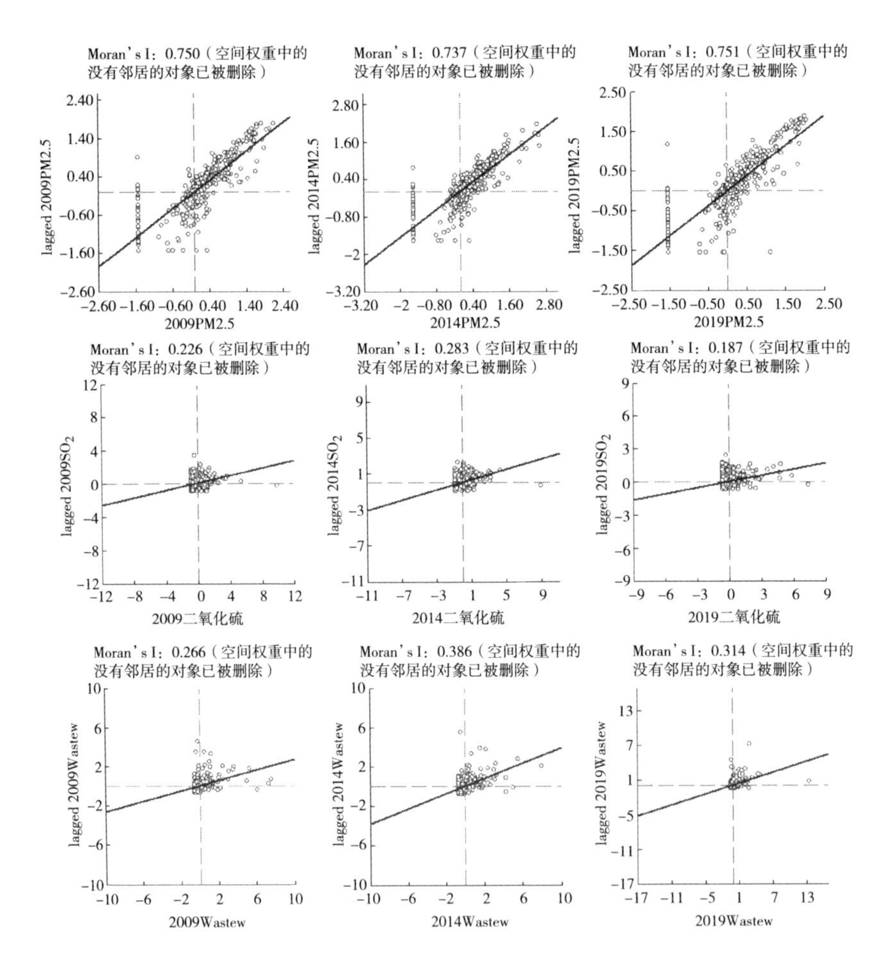

图 3-11　2009~2019 年 284 个城市环境污染指标的全局 Moran's I 指数

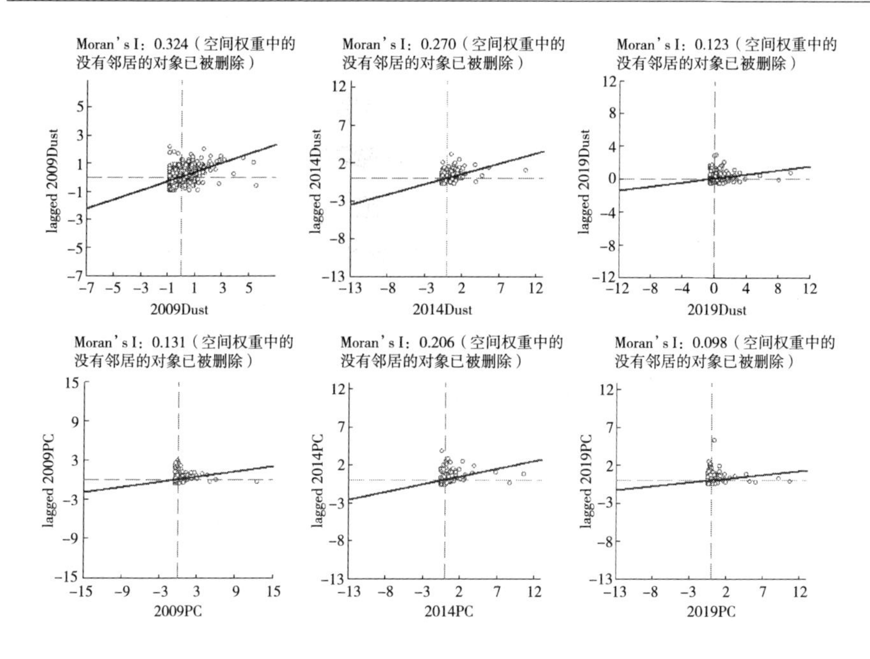

图 3-11 2009~2019 年 284 个城市环境污染指标的全局 Moran's I 指数（续）

3.2.3.3 区域集聚特征

本部分利用空间核密度和热点分析的方法进行区域空间各类污染物的集聚分析，空间核密度用来表征将地级市作为点要素的区域污染浓度集聚特征；热点分析用来呈现将地级市作为面要素的局域污染集聚特征。

（1）空间核密度分析。

选取考察期内的 2009 年、2014 年和 2019 年作为典型研究时点，运用 ArcGIS 10.2 技术将城市面要素提取为点要素，使用 Spatial Analyst 工具模块中的核密度分析方法，采用自然断裂法依次分类为高密度、次高密度、中密度、低密度和无密度 5 个等级。原理在于通过将面状要素转为点要素，进行离散点数据的内插过程，计算输出栅格像元邻域内的要素密度，用于表征输入要素在整个区域内的集聚状况。利用栅格图斑再分类工具与计算图斑面积，可以算出各个分类区域的占比，本书主要分析污染高密度的面积与占比，如图 3-12 所示。

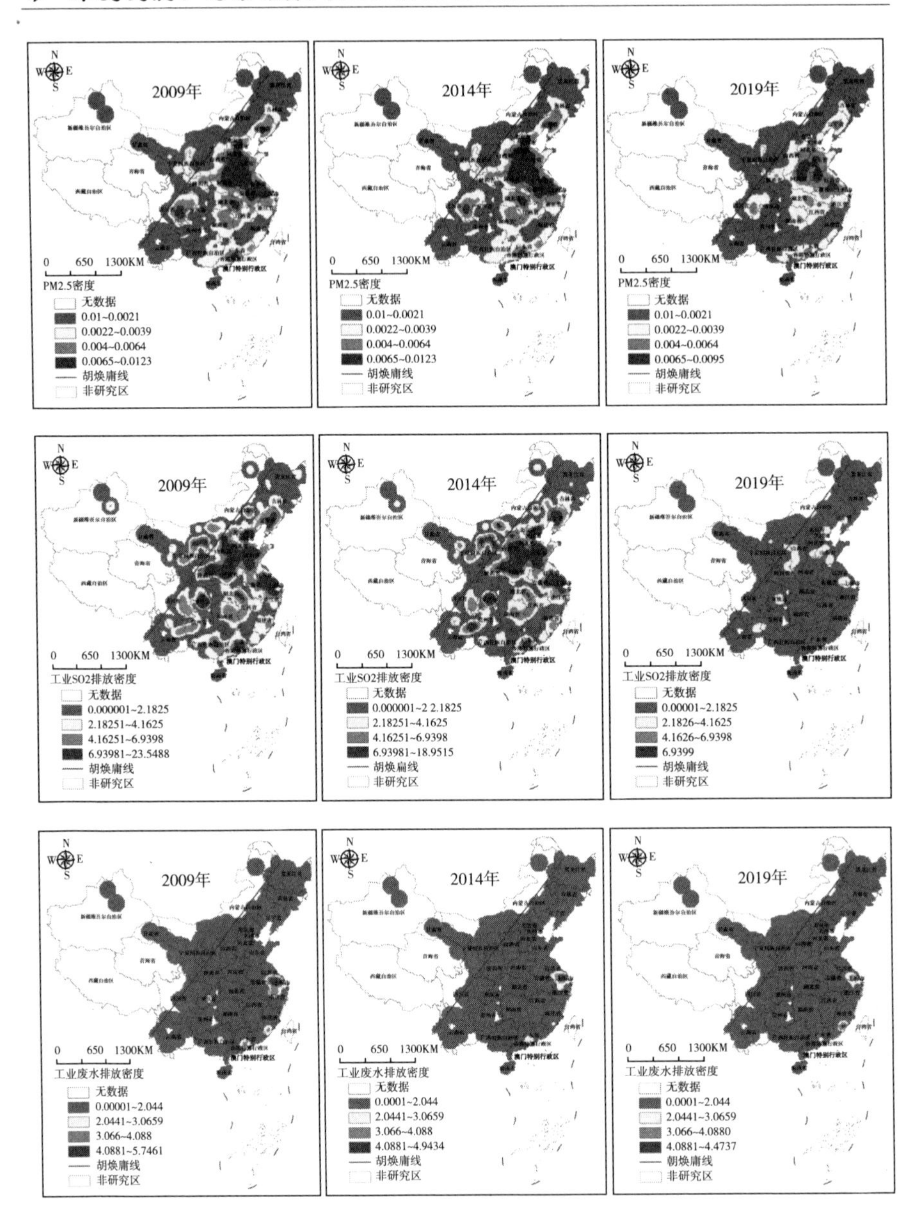

图 3-12　2009~2019 年 284 个城市环境污染指标的核密度时空演变情况

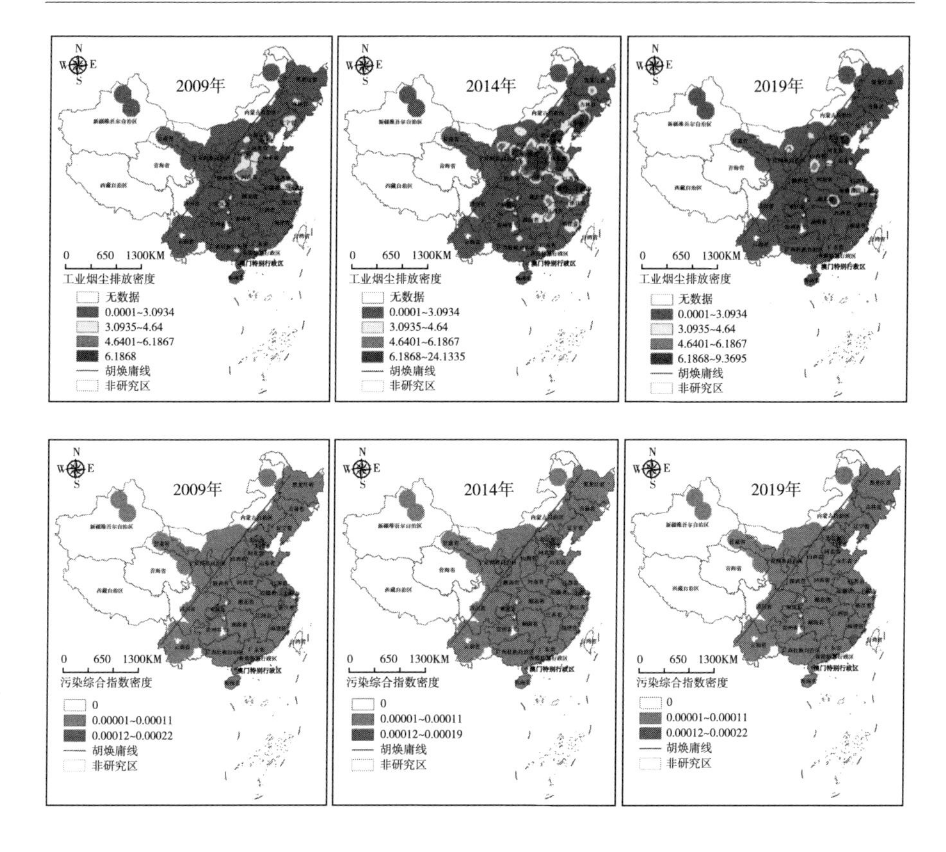

图 3-12　2009~2019 年 284 个城市环境污染指标的核密度时空演变情况（续）

注：此图根据国家测绘地理信息局标准地图（GS（2019）1697 号）绘制，底图无修改。

研究期城市 PM2.5 浓度空间核密度逐渐向山东、江苏等区域集聚，集聚范围有所减少，空间核密度水平有所降低。2009 年，研究区 PM2.5 浓度核密度介于 0.0000~0.0123 微克/立方米·平方千米，2019 年介于 0.0000~0.0095 微克/立方米·平方千米。同一核密度标准统计显示，2009 年，PM2.5 浓度污染高密度（0.0065~0.0123 微克/立方米·平方千米）的区域面积为 461272.1248 平方千米，占研究区的 9.00%；2019 年，PM2.5 浓度污染高密度（0.0065~0.0095 微克/立方米·平方千米）的区域面积为 148515.6463 平方千米，占研究区的 2.90%。

研究期城市工业二氧化硫排放空间核密度集聚范围有所减少，空间核密度水平大幅降低，由大范围的集聚蔓延态势向重庆、江苏、山西、山东、唐山等区域集聚。2009 年，研究区工业二氧化硫排放核密度介于 0. 0000~23. 5488 吨/平方千米，2019 年介于 0. 0000~6. 9399 吨/平方千米。统计显示，2009 年，工业二氧化硫排放高密度（6. 9398~23. 5488 吨/平方千米）的区域面积为 593363. 6879 平方千米，占研究区的 11. 58%；2019 年，工业二氧化硫排放次高密度（4. 1626~6. 9398 吨/平方千米）的区域面积为 4542. 8315 平方千米，占研究区的 0. 09%。

研究期城市工业废水排放空间核密度集聚范围有所缩小，空间核密度水平大幅降低，逐渐向漳州、苏州、厦门等城市集聚。2009 年，研究区工业废水排放核密度介于 0~5. 7461 万吨/平方千米，2019 年介于 0~4. 4737 万吨/平方千米。统计显示，2009 年，工业废水排放高密度（4. 0881~5. 7461 万吨/平方千米）的区域面积为 22364. 7091 平方千米，占研究区的 0. 44%。2019 年，工业废水排放高密度（4. 0881~4. 4737 万吨/平方千米）的区域面积为 3494. 4858 平方千米，占研究区的 0. 07%。

研究期城市工业烟尘排放空间核密度集聚范围先蔓延扩大后有所缩小，整体有所扩大，空间核密度水平有所提高，由河北、河南、江苏逐渐向河北、湖北和安徽等部分城市集聚。2009 年，研究区工业烟尘排放核密度介于 0. 0000~6. 1867 吨/平方千米，2019 年介于 0. 0000~9. 3695 吨/平方千米。统计显示，2009 年，工业烟尘排放次高密度（4. 6401~6. 1867 吨/平方千米）的区域面积为 57309. 5670 平方千米，占研究区的 1. 12%；2019 年，工业烟尘排放高密度（6. 1868~9. 3695 吨/平方千米）的区域面积为 26208. 6435 平方千米，占研究区的 0. 51%。

研究期城市污染综合指数空间核密度集聚范围有所缩小，空间核密度水平保持稳定，由唐山、重庆和江苏逐渐向唐山、漳州、武汉、重庆等城市集聚。2009~2019 年研究区城市污染综合指数核密度介于 0. 00000~0. 00022。按照分类的面积统计显示，2009 年，污染综合指数高密度

（0.00012~0.00022）的区域面积为61153.5014平方千米，占研究区的1.19%。2019年，污染综合指数高密度（0.00012~0.00022）的区域面积为50320.5954平方千米，占研究区的0.98%。

综上所述，城市PM2.5浓度、工业二氧化硫排放、工业废水排放和污染综合指数空间核密度范围和水平均有所降低，但工业烟尘排放空间核密度集聚范围和水平均有所扩大。其中，工业二氧化硫排放的核密度高密度面积降低幅度最大，为99.68%，治理效果最好；工业烟尘排放的核密度高密度面积提高12.80%，面积有所增大。因此，城市污染治理要关注工业烟尘排放的监督与管控。

（2）热点分析。

ArcGIS软件中的热点分析工具可对空间数据集中的每一个要素计算Getis-Ord G_i^* 指数，具有统计学意义的z得分越高则热点的聚类紧密度越显著。由图3-13可知，运用ArcGIS 10.2软件空间统计工具，局部空间的冷热点结果显示，考察期内中国城市各种污染物的冷热点格局分布具有时空异质性。

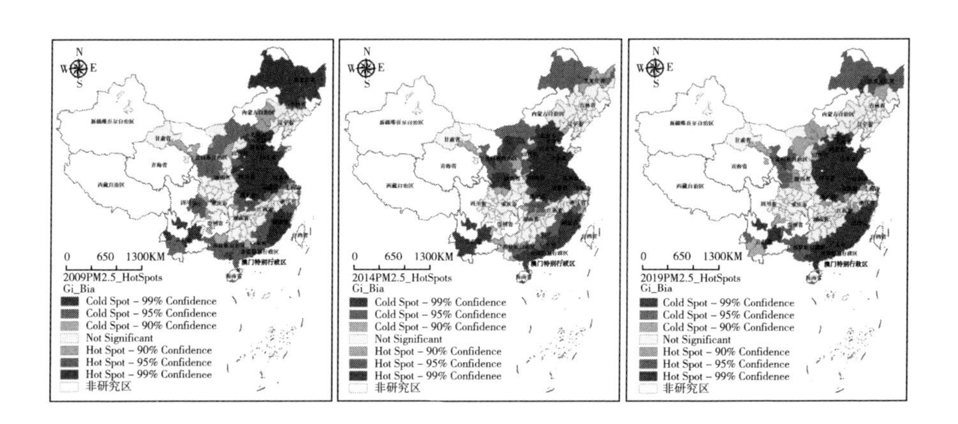

图3-13　2009~2019年284个城市环境污染指标的冷热点时空演变格局

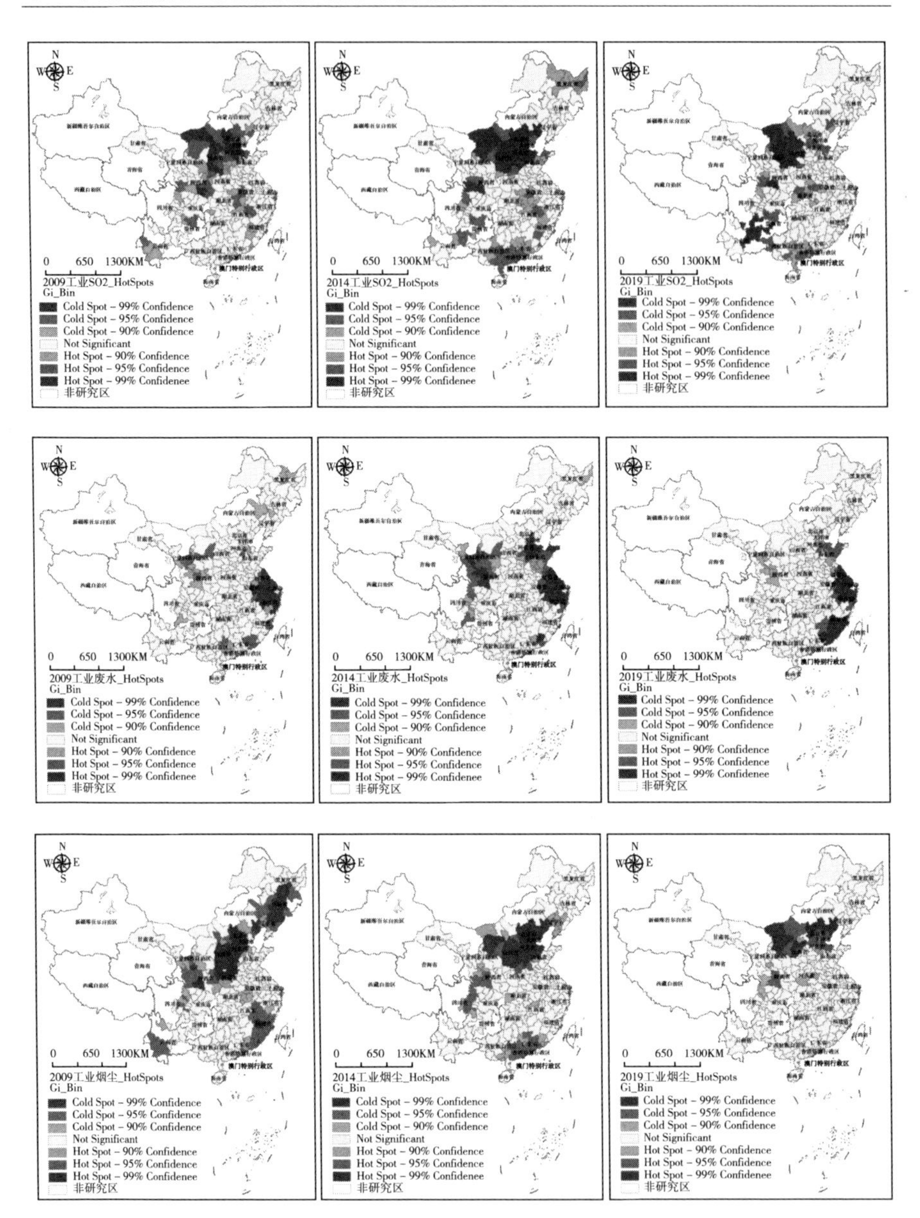

图 3-13 2009~2019 年 284 个城市环境污染指标的冷热点时空演变格局（续）

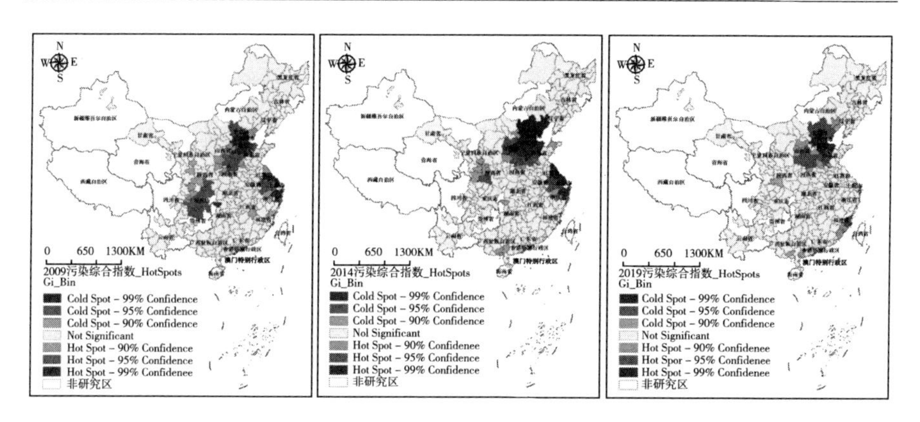

图 3-13　2009~2019 年 284 个城市环境污染指标的冷热点时空演变格局（续）

注：此图根据国家测绘地理信息局标准地图（GS（2019）1697 号）绘制，底图无修改。

考察期内城市 PM2.5 浓度的冷热点区域总体呈现“中部热极化，南北方冷集聚”的发展趋势，热点区数量减少，冷点区有所扩大。热点区主要集中在北京、天津、河北、山西、山东、河南、湖北、安徽、江苏等省份，冷点区主要位于东北、宁夏、内蒙古、陕西、福建、广东、广西和云南等省份。

考察期内工业二氧化硫排放的冷热点区域整体呈现“北热聚，冷分散”的演变格局。热点区主要集中在北京、天津、河北、山西、内蒙古、云南等华北、西北和西南部分城市，冷点区较为分散，为陕西、安徽、江西、福建等交界的部分城市，范围逐渐变小。

考察期内工业废水排放的热点区域逐渐增大，冷点区域逐渐减少，整体呈现“东部热点连片集聚”的向南发展走势。热点区主要集中在山东、江苏、上海、浙江、福建等东部沿海城市，冷点区处于“甘肃、陕西”等部分城市，范围逐渐变小。

考察期内工业烟尘排放的冷热点区域逐渐变小，整体呈现“热点北聚，冷点零星碎片化”的演变格局。热点区由吉林、辽宁、北京、天津、河北、山西和河南等省份缩小为内蒙古、北京、天津、河北和山西等省份；冷点区逐渐收窄，由甘肃、陕西、福建和云南缩减至陕西、河南等省份个别城市。

考察期内污染综合指数的冷热点区域逐渐收窄，整体呈现“热点区北聚，冷点区消失”的演变格局，热点区整体由三中心变为双中心再变为单中心。热点区由2009年的北京、天津、河北、山西、河南、重庆、江苏、上海、浙江变为2019年的北京、天津、河北、山西、山东、福建等部分省份，城市面积有所缩减；冷点区由抚州、宁德、汉中、天水、平凉变为钦州、茂名、汉中等城市，城市面积较小。

综上所述，不同类型的污染空间聚集分布的位置具有分异性，污染集聚有所减缓。城市PM2.5浓度、工业二氧化硫排放、工业烟尘排放、污染综合指数的热点区均有所收窄，但工业废水排放的热点区有所增加。综合来看，北方城市污染集聚程度高于南方。

3.2.3.4 空间分布格局

平均中心指一组空间要素的地理中心或密度中心，通过标准差椭圆和平均中心的时空动态变化，可以清晰直观可视化地描述考察期内每一年城市环境污染的空间格局动态演进足迹与方向分布特征。结果显示，不同类型污染物在空间上存在污染集聚的特征事实，虽时空演变各有差异，但总体呈现出不断降低的变化态势。

从平均中心的转移方向来看，环境污染转移方向整体均先向北转移，再向南转移。具体来看，城市PM2.5浓度分布中心均位于河南驻马店市，2009~2014年先向东北方移动，2014~2019年再向西北方向偏移。工业二氧化硫排放分布中心由河南的许昌市向平顶山市转移。2009~2014年，在河南许昌市先向北方移动，2014~2019年再向西南方向的平顶山市偏移。工业废水排放分布中心由河南的信阳市向安徽的六安市转移。2009~2014年，首先在信阳市内向东北方移动；其次在2014~2019年向东南方向的六安市偏移。工业烟尘排放分布中心由河南的开封市先向山东的菏泽市转移，之后向开封市西南角转移，2009~2014年，首先在开封市内向北转移到菏泽市，2014~2019年再向西南方向的开封偏移。综合来看，污染综合指数的分布中心均位于河南，先从驻马店市向东北方向转移到商丘

市，然后再向西南方向转移至周口市，污染中心呈现出向西北方向偏离。

整体而言，污染集聚水平有所降低，污染中心先向北移，后向南移，该结论与安虎森等（2017）的研究结论保持一致。究其原因，受到四大板块相互分割的市场空间距离较大，技术溢出较弱，产业转移的时机尚不成熟。自 20 世纪 90 年代开始进行南北方向的产业转移，比如防城港钢铁基地、北京重污染企业向河北转移等。自 2013 年华北地区雾霾事件以来，北方产业南移的节奏进一步加快，如图 3-14 所示。

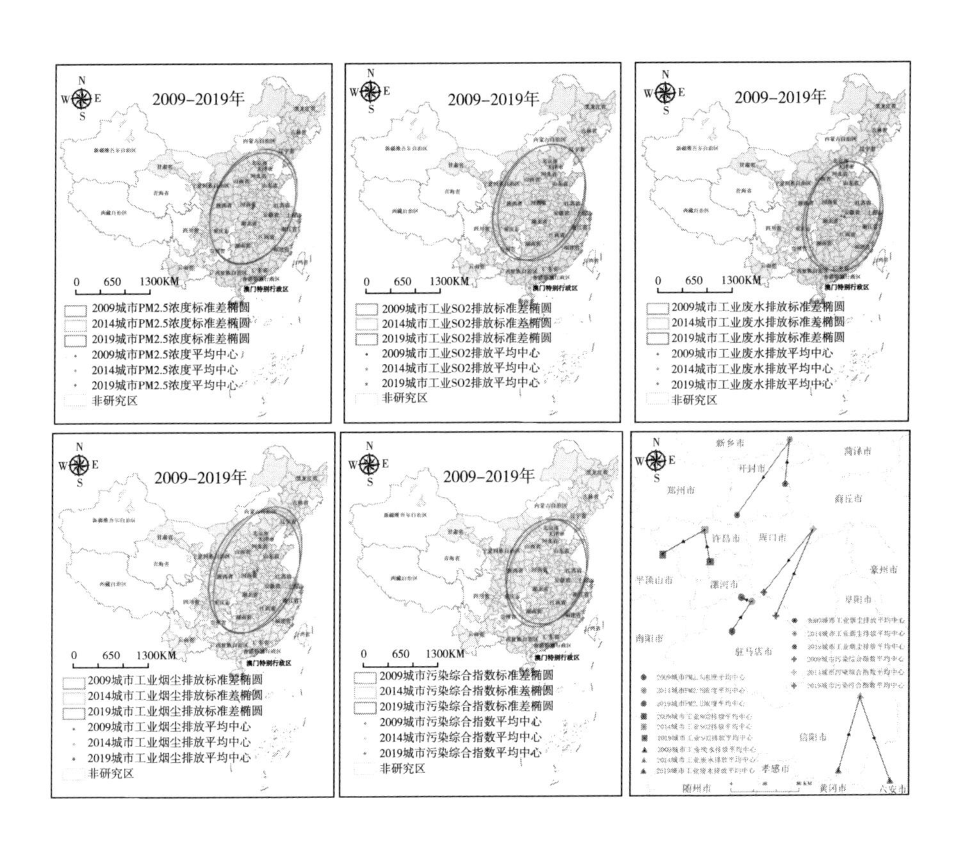

图 3-14 2009~2019 年 284 个城市环境污染水平的标准差椭圆时空演变格局

注：此图根据国家测绘地理信息局标准地图（GS（2019）1697 号）绘制，底图无修改。

3.2.4 污染集聚测度结果与演化特征

3.2.4.1 污染集聚的总体时序特征

利用地理集中度的公式，代入污染综合指数算出污染集聚度。本部分主要从城市、四大板块、城市群等研究视角阐述污染集聚的时序变化与时空演变特征。

基于2009~2019年城市污染集聚度分布的动态演进核密度图形变化（见图3-15），得出以下结论：第一，研究期我国城市污染集聚呈现“大幅上升—明显下降—微弱上升”的N型变化走势，这意味着观测期内中国综合污染集聚度经历了先升后降最后微弱上升的态势，城市间集聚水平的绝对差异波动较大。从分布形态来看，密度曲线中心发生显著变化，经历了先左移后右移的过程，但主峰高度均在污染集聚水平值1的左侧，说明近10年我国整体处于弱污染集聚态势但局部污染集聚较强。第二，研究期我国城市污染集聚分布整体呈现“单峰”演进，显现双峰的迹象不明显，说明各个城市间的污染集聚态势稳定。第三，从分布延展性来看，2011年和2017年中国综合污染集聚水平密度函数曲线存在明显拖尾现象，主要源于漳州、杭州、上海、唐山、重庆等城市污染集聚水平明显高于其他城市，表明各城市综合污染集聚存在显著的梯度差异和两极分化趋势。

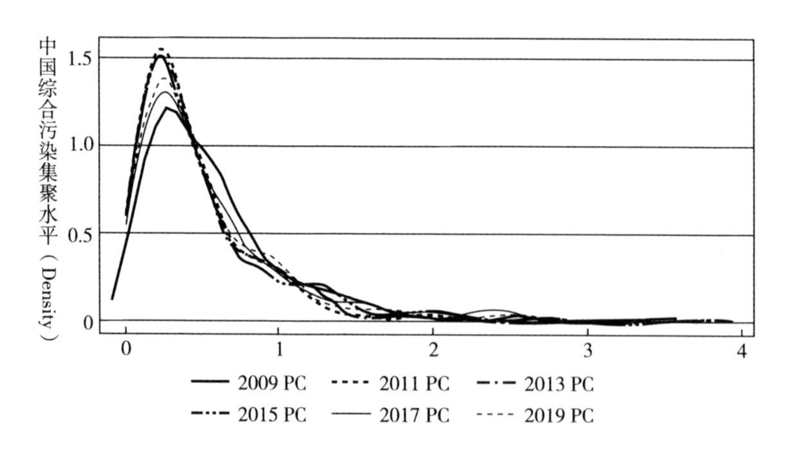

图3-15 2009~2019年污染集聚度的时间趋势

3.2.4.2 污染集聚的区域空间特征

探讨中国284个地级市四大板块的污染集聚分布。中国东部、中部、西部地区城市污染集聚水平总体呈先降低再升高后降低的波动发展，整体处于非均衡变化状态。具体而言，东部和东北地区城市污染集聚程度有所微降，中西部地区城市污染集聚水平总体呈现上升趋势。考察期内均值按照由高到低排名依次为东部地区（2.7985）>中部地区（2.0327）>西部地区（0.9212）>东北地区（0.7734）（见表3-5和图3-16）。

表3-5 2009~2019年中国四大板块污染集聚水平时序演变

年份	东部地区	中部地区	西部地区	东北地区
2009	2.6950	2.0475	0.9324	0.9487
2010	2.6064	2.0415	1.0740	0.8084
2011	2.3246	1.7572	0.9644	0.5294
2012	2.1735	2.3977	0.6772	0.5114
2013	2.4742	2.4576	0.7090	0.5395
2014	3.1383	1.9173	0.7722	1.0145
2015	3.4401	2.0454	0.6351	0.8195
2016	3.3265	1.7614	1.1076	0.8163
2017	3.2335	1.8398	1.0861	0.9289
2018	2.7249	1.9710	1.1665	0.8032
2019	2.6467	2.1235	1.0084	0.7874
均值	2.7985	2.0327	0.9212	0.7734

资料来源：笔者根据地理集中度公式测算所得。

东部地区污染集聚度呈现先降低后升高再降低的反N型变化，由2009年的2.6950降低到2012年的2.1735，再升高至2016年峰点的3.3265，最后降低至2019年的2.6467。近年来，产业、人口、资源加快向东部地区的进一步集聚，造成东部地区城市的交通拥堵和大规模尾气排放。中部和东北地区污染集聚度表现为先降低后升高然后降低的W型变化，中部地区变动幅度较大。中部地区由2009年的2.0475降低至2011年

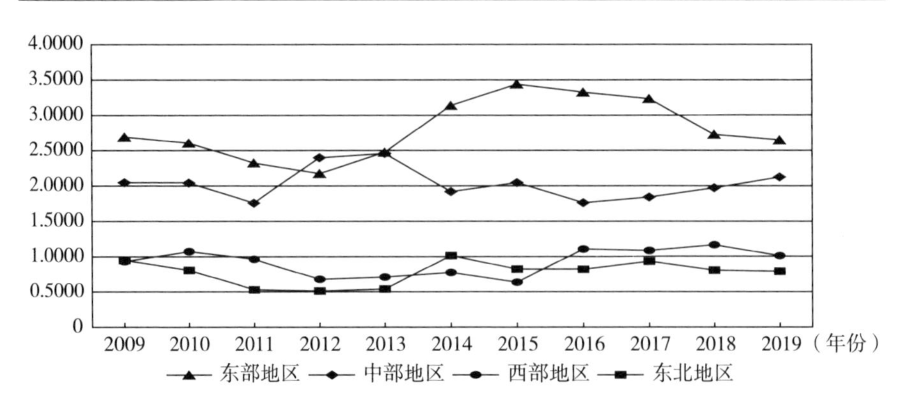

图 3-16　2009~2019 年中国四大板块污染集聚水平时序演变趋势

的 1.7572，然后提高到 2013 年的 2.4576，再降低至 2016 年的 1.7614，最后微升到 2019 年的 2.1235。2012~2013 年中部地区污染集聚较高与新闻报道的各地出现的持续雾霾天气相对应，2013 年，“国十条”等一系列环境规制政策的出台，污染集聚水平大幅降低。西部和东北地区污染集聚水平呈现相对平稳的波动变化，西部地区微升，东北地区微降。西部地区在 2018 年达到污染集聚峰值，为 1.1665；东北地区在 2014 年污染集聚达到峰值，为 1.0145。污染集聚的变化与产业、人口转移以及环境规制政策的强弱有关。

3.2.4.3　污染集聚的城市群特征

对城市群污染集聚水平进行深入探讨（见图 3-17、图 3-18 和表 3-6）。结果表明，第一，从时间发展特征来看，2009~2019 年 18 个城市群的污染集聚度整体呈现波动的分化发展，城市群污染集聚度高于非城市群。199 个地级市的城市群污染集聚度从 2009 年的 1.7161 增长至 2013 年的 2.0579，再降低至 2019 年的 1.7915，整体增长率为 4.39%，考察期内平均水平为 1.8158；85 个地级市的非城市群污染集聚度平均水平由 2009 年的 0.9816 增长至 2019 年的 1.0410，增长率为 6.05%，考察期内平均水平为 0.9223。但从增长率来看，非城市群的增长率高于城市群，说明城市群环境规制治理政策取得了较好成效。非城市群存在“先污染后治理”

现象，加之因环境规制的区域差异，城市群的高污产业向非城市群转移，都可能加剧其污染集聚水平。

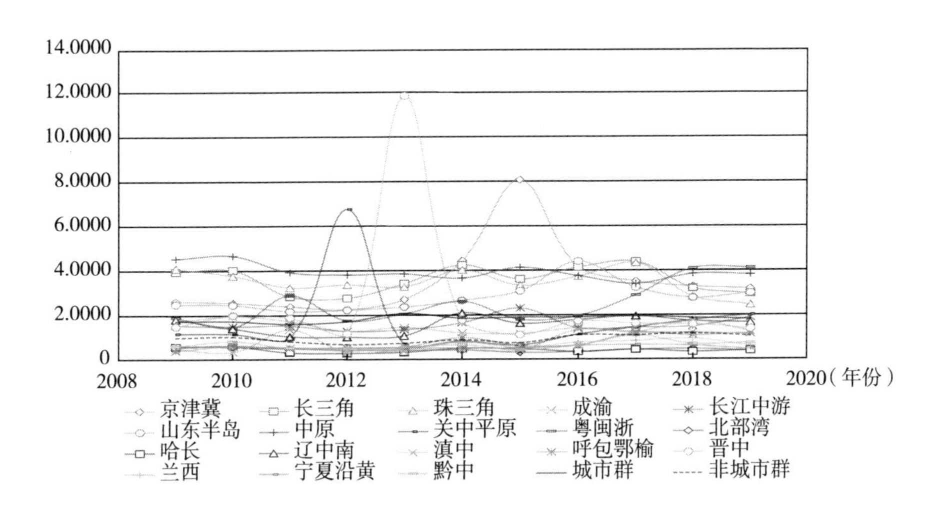

图 3-17 2009~2019 年中国 18 个城市群污染集聚水平时间演变趋势

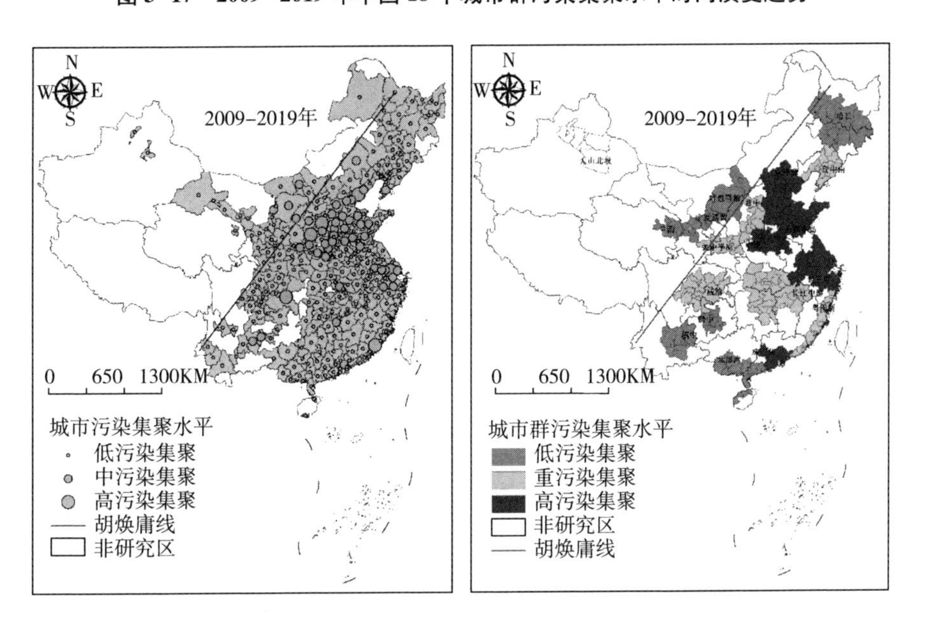

图 3-18 2009~2019 年中国 18 个城市群污染集聚水平空间分布情况

注：此图根据国家测绘地理信息局标准地图（GS（2019）1697 号）绘制，底图无修改。

表 3-6　2009~2019 年中国 18 个城市群污染集聚水平时序演变情况

年份	京津冀	长三角	珠三角	成渝	长江中游	山东半岛	中原	关中平原	粤闽浙	北部湾	哈长	辽中南	滇中	呼包鄂榆	晋中	兰西	宁夏沿黄	黔中	城市群	非城市群
2009	2.6123	3.9400	4.0809	1.7078	1.5228	2.4756	4.5262	1.1629	1.8870	0.5830	0.5627	1.8021	0.4705	0.3775	1.4809	0.5997	0.5009	0.5972	1.7161	0.9816
2010	2.5394	4.0092	3.7512	1.9466	1.4824	2.4480	4.6568	1.1430	1.4419	0.5561	0.6018	1.3959	0.3244	0.5976	1.9788	0.5909	0.6275	0.8211	1.7174	1.0162
2011	2.3766	2.8226	3.2308	1.7209	1.5080	2.1614	3.9126	0.9521	2.8746	0.4917	0.3048	1.0311	1.3370	0.5245	1.8615	0.5470	0.4885	0.5252	1.5928	0.8091
2012	2.2426	2.7493	3.3502	1.2660	1.2609	2.2206	3.8023	6.7703	1.7374	0.4098	0.2768	0.9992	0.3336	0.5069	1.1554	0.4484	0.5278	0.5209	1.6988	0.6710
2013	2.6854	3.3943	3.2545	1.4289	1.3271	2.3452	3.8362	0.6636	2.0374	0.4026	0.3116	1.0477	0.3829	0.5548	11.8617	0.4576	0.5070	0.5435	2.0579	0.7213
2014	4.4286	4.2310	4.0081	1.1805	1.6314	2.6366	3.6406	0.8085	2.5998	0.4074	0.4840	2.0797	0.4171	0.9642	1.7365	0.7516	0.5031	0.6389	1.8415	0.8698
2015	8.0743	3.5949	3.3156	1.1439	2.2886	3.0581	4.1176	0.6286	1.7786	0.2950	0.4549	1.6067	0.4091	0.6087	1.0955	0.5217	0.4870	0.4161	1.8831	0.7364
2016	4.1253	4.1274	3.7116	1.3814	1.3864	4.3886	3.7366	1.1070	1.9437	0.3195	0.3374	1.7651	1.3229	0.6197	1.7038	0.7483	0.6045	0.6162	1.8859	1.0749
2017	3.4849	4.3755	4.3231	1.2129	1.4180	3.2125	3.3830	1.4296	2.8699	0.4306	0.4242	1.9199	1.2086	1.1611	1.5944	0.8122	0.6399	1.0556	1.9420	1.0798
2018	3.2598	3.1815	2.7901	1.1826	1.4643	2.7468	3.8230	1.7452	4.0776	0.4500	0.3231	1.7044	1.6995	1.0613	1.5593	0.9112	0.5961	0.6728	1.8471	1.1440
2019	3.1628	2.9436	2.4393	1.1199	1.8552	2.9616	3.8023	1.9839	4.1085	0.3682	0.3775	1.6387	1.2457	1.1501	1.3578	0.5842	0.4337	0.7139	1.7915	1.0410
均值	3.5447	3.5790	3.4778	1.3901	1.5586	2.7868	3.9307	1.6722	2.4870	0.4285	0.4053	1.5446	0.8319	0.7388	2.4896	0.6339	0.5378	0.6474	1.8158	0.9223
均值排名	3	2	4	11	9	5	1	8	7	17	18	10	12	13	6	15	16	14		
2019 排名	3	5	6	13	8	4	2	7	1	18	17	9	11	12	10	15	16	14		

资料来源：笔者测算污染集聚指标后整理所得。

从时序变化趋势来看，大多城市群的污染集聚度呈现先升后降的倒U型波动型变化，其中晋中、关中平原和京津冀的大幅度波动态势尤为突出，2012年，关中平原出现污染集聚的峰值（6.7703），这与当地大规模的城市建设有关；2013年，晋中城市群出现污染的凸点（11.8617），山西主要以煤炭等能源为主，恰逢冬季供暖，大量煤炭燃烧发电与供暖，出现了持续时间较长的"灰白色"雾霾天气，形成了污染集聚现象；2015年京津冀城市群出现污染集聚的顶点（8.0743），据《新闻联播》报道，2015年京津冀地区由于风速小、空气湿度大、偏南风、大气环境容量偏差以及厄尔尼诺现象等诸多因素，导致雾霾天气偏多。

第二，从城市群空间排序来看，2009~2019年城市群污染集聚的年度均值从大到小依次为中原>长三角>京津冀>珠三角>山东半岛>晋中>粤闽浙>关中平原>长江中游>辽中南>成渝>滇中>呼包鄂榆>黔中>兰西>宁夏沿黄>北部湾>哈长。从排名来看，考察期内华北地区的污染集聚较高，东北、华南和西北地区的污染集聚相对较低。从污染集聚度大小来看，空间格局上总体存在北方地区高于南方地区的特征，这与能源依赖、产业集聚、地理位置、气候条件、地形地貌、环境规制等因素有关。

第三，按照ArcGIS技术的自然断裂法，将考察期内城市群的污染集聚度分为三类，0.8491~1.8293区间为高污染集聚城市群，0.3451~0.8490区间为中污染集聚城市群，0.1808~0.3450区间为低污染集聚城市群。结果显示，京津冀、晋中、关中平原、呼包鄂榆、山东半岛、长三角、中原、成渝8个城市群为高污染集聚度地区，辽中南、长江中游、粤闽浙、珠三角和滇中5个城市群是中污染集聚度地区，哈长、兰西、宁夏沿黄、黔中、北部湾5个城市群为低污染集聚度地区。按照增长率变化大小，2009~2019年污染集聚度增长最快的城市群为滇中，增长率为224.90%，其次为粤闽浙，增长率为58.93%，再次为关中平原城市群，增长率为49.77%。相比而言，污染集聚度降幅最大的城市群为北部湾，降幅为41.50%，其次为哈长城市群，降幅为40.00%，再次为成渝城市群，降幅为36.06%。因此，滇中、粤闽浙和关中平原城市群要注意污染集聚的环境政策治理效果。

3.2.5 污染集聚的空间分类与格局演变

3.2.5.1 污染集聚的空间分类

根据考察期内中国284个地级市的污染集聚发展指数的测度结果，利用ArcGIS技术中的自然间断点分级法（Jenks）将其进行分类。在ArcGIS软件中，标准分类方法有相等、分位、自然断裂和标准差等分类方法，当然，也可以利用聚类、BP神经网络、贝叶斯等方法进行分类，将分类结果通过ArcGIS技术进行可视化表达。不同的分类方法具有不同的优劣性，自然间断点分级法作为ArcGIS软件的一种常用方法，是基于特定数据固有的自然属性，在数据值差异较大的位置处设置边界分组，通过对相似值和分类间隔进行最恰当的分组，使各个类别间的差异最大化。因ArcGIS软件对截面数据进行可视化造成不同时间点分类标准的不统一，文中的自然断点的选择也充分结合2009年和2019年的最大值、最小值进行确定。最小值为2012年的三亚市，污染集聚度接近于0；最大值为2012年的临汾市，为26.4377。因此，将2009~2019年284个地级市污染集聚度分为3个类别，具体分别为高污染集聚城市（2.2464~26.4377）、中污染集聚城市（0.6913~2.2463）、低污染集聚城市（0~0.6912）。

如图3-19所示，从2009年、2012年、2016年和2019年4个时期污染集聚来看，2009~2019年中国284个地级市的中高污染集聚度的城市较为零星分散，数量与面积所占比例较小，呈现出北方污染集聚面积高于南方，西南地区初现端倪，重庆、上海和漳州污染集聚度较高的发展态势，城市污染集聚度分类基本保持稳定。

2009~2012年高污染集聚城市主要有漳州、重庆、杭州、唐山、苏州和上海，2016~2019年变为唐山、重庆、临汾、武汉、苏州、上海和漳州。城市污染集聚较高原因在于：第一，超大规模城市的人口集聚效应导致交通堵塞，汽车尾气大量排放，商品消费较为集中，引起局部污染集聚；第二，资源型产业或工业比较发达的城市，比如唐山、临汾，煤炭、

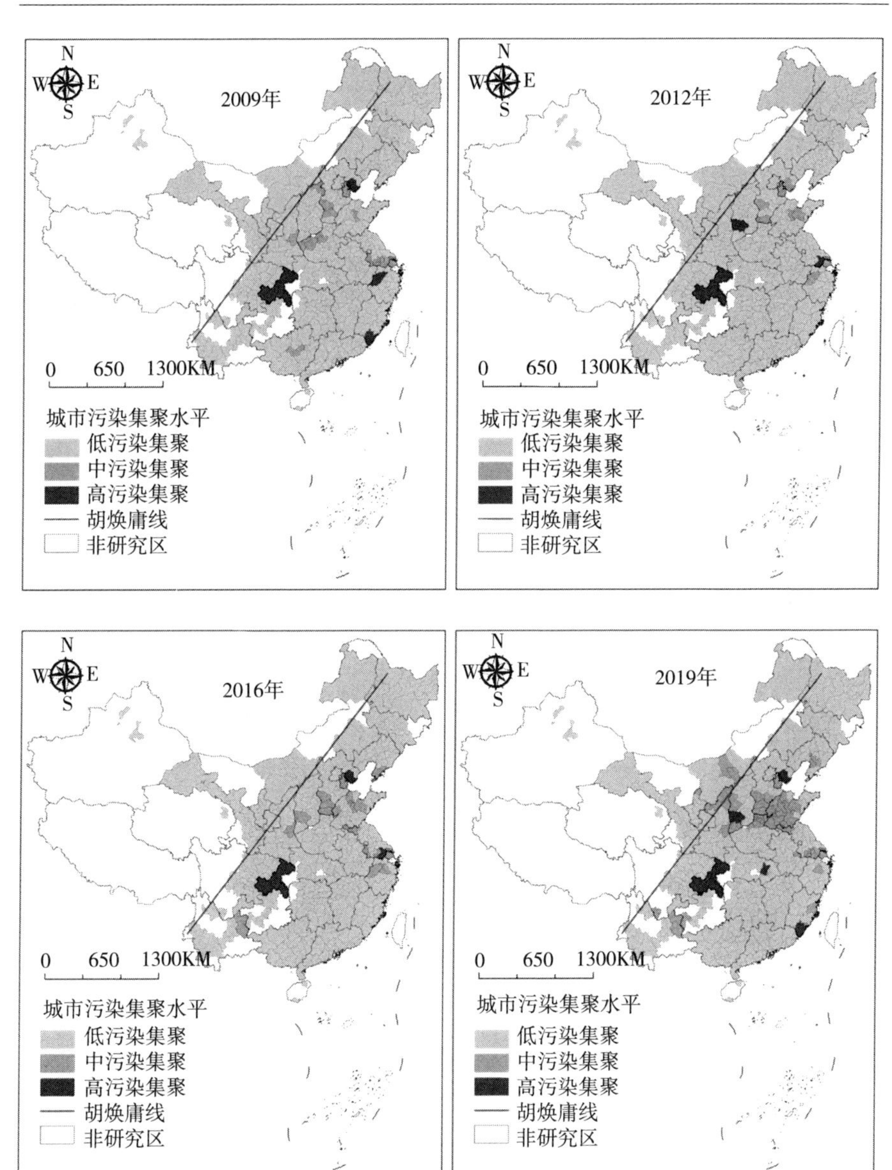

图 3-19　2009~2019 年中国地级市污染集聚度空间演变趋势

注：此图根据国家测绘地理信息局标准地图（GS（2019）1697 号）绘制，底图无修改。

钢铁、化工等产业高度集中，大量废渣、废气和废液的排放，造成个别城市的污染集聚；第三，受地形、气候、高程、降水等自然因素的影响，比如重庆是山地地形，海拔较低，夏天气温较高，容易形成逆温现象，区域污染容易集聚；第四，受限于污染数据，本书主要选取空气和水污染的相关指标，不同污染物的集聚会引起局部污染集聚度较大。

中污染集聚城市主要位于华北地区，包括邯郸、天津、石家庄、临沂、吕梁、榆林、运城等城市。中污染集聚城市一般是以煤炭等资源型产业为代表的城市，以及一些大城市的周边城市。剩余的大多数城市均处于低污染集聚城市。较低污染集聚的区域主要分布于西北、南方、东北地区的城市。值得注意的是，低污染集聚并不代表区域不存在污染，只是表明城市区域污染还没集聚到一定富集程度。城市低污染集聚的原因可能在于有些地级市的面积较大，计算的结果表现为低污染集聚；也有可能受到气候、季风、降雨、海拔、地形等自然因素影响，当地生态环境较为优越，对污染的自净能力和承载能力较强。

3.2.5.2 污染集聚的格局演变

借鉴赵璐和赵作权（2018）、白冰等（2021）的相关研究，通过利用 ArcGIS10.2 技术中“空间统计工具—度量地理分布—方向分布（标准差椭圆）”工具，进一步探讨考察期内 284 个地级市污染集聚发展的空间格局的演变方向、中心、形状和集聚分布（见表 3-7）。结果表明，2009~2019 年 284 个地级市污染集聚空间分布总体呈现“东（略偏北）—西（略偏南）”的空间格局，呈现横向“浑圆”扩张发展，呈现由东北向西南方向分布，存在分化的非均衡变动。

表 3-7 中国污染集聚度标准差椭圆及平均中心数据

年份	椭圆面积（10^6 平方千米）	中心经度	中心纬度	长半轴（千米）	短半轴（千米）	旋转角（度）	中心位置	迁移距离（千米）与方向
2009	19.34	114.72	33.48	9.51	6.47	23.35	河南驻马店市	—
2012	14.22	113.68	34.30	7.55	6.00	16.92	河南许昌市	130.06（西北方向）

续表

年份	椭圆面积（10^6 平方千米）	中心经度	中心纬度	长半轴（千米）	短半轴（千米）	旋转角（度）	中心位置	迁移距离（千米）与方向
2014	18.06	115.31	34.31	9.09	6.33	22.08	河南商丘市	139.44（东方）
2016	18.89	114.95	34.35	8.84	6.81	29.38	河南周口市	31.29（西北方向）
2019	19.42	114.52	33.74	9.03	6.84	14.13	河南周口市	81.28（南方）

资料来源：根据 ArcGIS10.2 测算得出。

具体而言，2009~2019 年研究样本污染集聚度的长轴总体变短，短轴整体变长，东西方向的污染集聚度有所增强。标准差椭圆的旋转角先变小后增大然后变小，呈顺时针旋转，说明区域空间污染集聚度存在分异性。具体而言，长半轴由 2009 年的 9.51 千米减小为 2012 年的 7.55 千米，最后增大至 2019 年的 9.03 千米，总体缩短了 0.48 千米。短半轴由 2009 年的 6.47 千米减小至 2012 年的 6.00 千米，最后增大至 2019 年的 6.84 千米，总体增长了 0.37 千米。旋转角先从 2009 年的 23.35°减小到 2012 年的 16.92°，再增大至 2016 年的 29.38°，最后减小到 2019 年的 14.13°。

从标准椭圆的中心时序移动方向来看，城市污染集聚的中心整体先向西北方向移动，再向东转移，最后向西南方向移动，污染集聚中心变动较大。标准差椭圆的中心整体向西北方向移动，这与区域环境规制强度差异、东西向产业转移有关。具体而言，从分布中心来看，研究样本的城市污染集聚中心首先由 2009 年河南省驻马店市（东经 114.72°，北纬 33.48°）向西北移动 130.06 千米至 2012 年河南省许昌市（东经 113.68°，北纬 34.30°）；其次，2014 年再向东迁移 139.44 千米到河南省的商丘市（东经 115.31°，北纬 34.31°）；最后，2016 年向西北移动 31.29 千米和 2019 年向西南移动 81.28 千米到达河南省周口市（东经 114.52°，北纬 33.74°）（见图 3-20）。

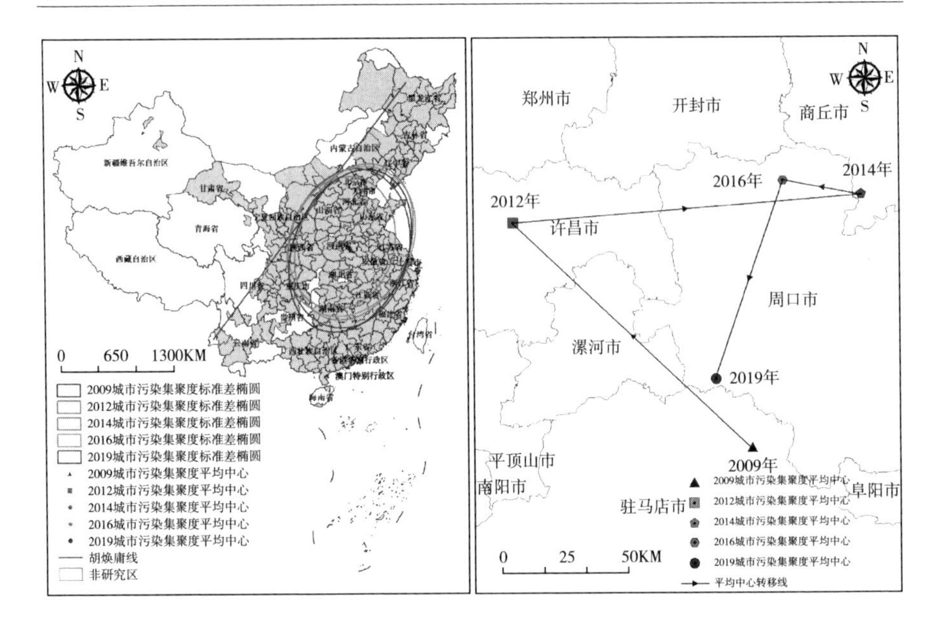

图 3-20 2009~2019 年全国 284 个地级市污染集聚度时空分布格局

注：此图根据国家测绘地理信息局标准地图（GS（2019）1697 号）绘制，底图无修改。

3.3 经济高质量发展测度与时空演变特征

3.3.1 经济高质量发展指标体系构建

在新时代背景下，构建了一套适合我国特色发展国情的经济高质量发展评价体系，对于科学评估经济发展、明确矛盾短板、聚焦难点痛点和推动实现我国经济高质量的理论价值与现实意义重大。不同研究学者、机构、组织在理解高质量发展内涵的基础上，从主要矛盾、新发展理念、宏中微观、供给和投入产出等多重视角，构建了针对国家层面、省份、城市、产业、企业等不同主体的高质量发展指标体系。

虽然全要素生产率或绿色全要素生产率是促进经济高质量发展的动力源泉，即全要素生产率的高低关系到经济高质量发展的成败，是经济发展质量的关键指标，学术界对此已达成共识。但由于全要素生产率的单一性、波动性和不可比性，将其作为城市高质量发展评价指标，显然不能体现在新时代、新发展格局和新理念背景下，评价经济发展水平和质量高低的综合性、科学性和规范性。由于部分指标的不适用性或缺失性，系统全面评价测度我国城市经济高质量的研究较少。

对于不同研究维度单元的区域，经济高质量发展的指标体系维度、侧重点和具体指标也各不相同，对不同区域、省域、城市域、县域、城乡、城市群等不同空间尺度的研究结论，决定了宏观区域战略、中观政策和微观措施的不同。区域和省域等大尺度区域研究为我国空间战略提供蓝图与框架；城市域、城市群和城乡等中尺度区域研究为区域规划、分工、联系和合作奠定基础；县域、产业和企业等更小微观尺度的区域研究为具体的政策和措施提供依据。只有促进我国各个空间尺度和研究主体的一体化融合发展，促进资本、人才、技术等各类资源要素充分流动和配置，打破不同空间尺度的分割封锁和循环，才能推动促进现代化治理能力体系建设和区域经济高质量发展。

自 2009 年至今，西北大学任保平教授领军的钞小静、师博等学者组成的中国经济增长质量研究团队，多年来聚焦不同发展阶段经济发展质量，已连续发布 12 份相关研究报告。关于经济高质量发展理论支撑、评价测度和决策参考等方面的研究成果在学术界具有较大的影响力。钞小静和任保平（2011）立足宏观视角，从经济增长结构、稳定性、福利变化、成果分配、资源利用和生态环境代价的六个方面构建了测度经济发展质量的指标体系（见图 3-21）。师博和任保平（2018）立足经济增长的基本面和社会成果视角，前者分解为经济增长的强度、稳定性、合理化和外向性，后者分解为人力资本、生态资本，从这 6 个视角测度评价经济发展质量的不同作用力的综合结果，得出经济发展质量“持续攀升”与“区域不平衡态势”的结论。此外，任保平（2013）也从经济增长的效率、结构、稳定性、福利分配、创新能力等方面进行内涵阐述，并从外界物质、能量和信息交换、要素投入产出、部门协同、自组织能力等方面，对经济增长质量进行概念扩展。

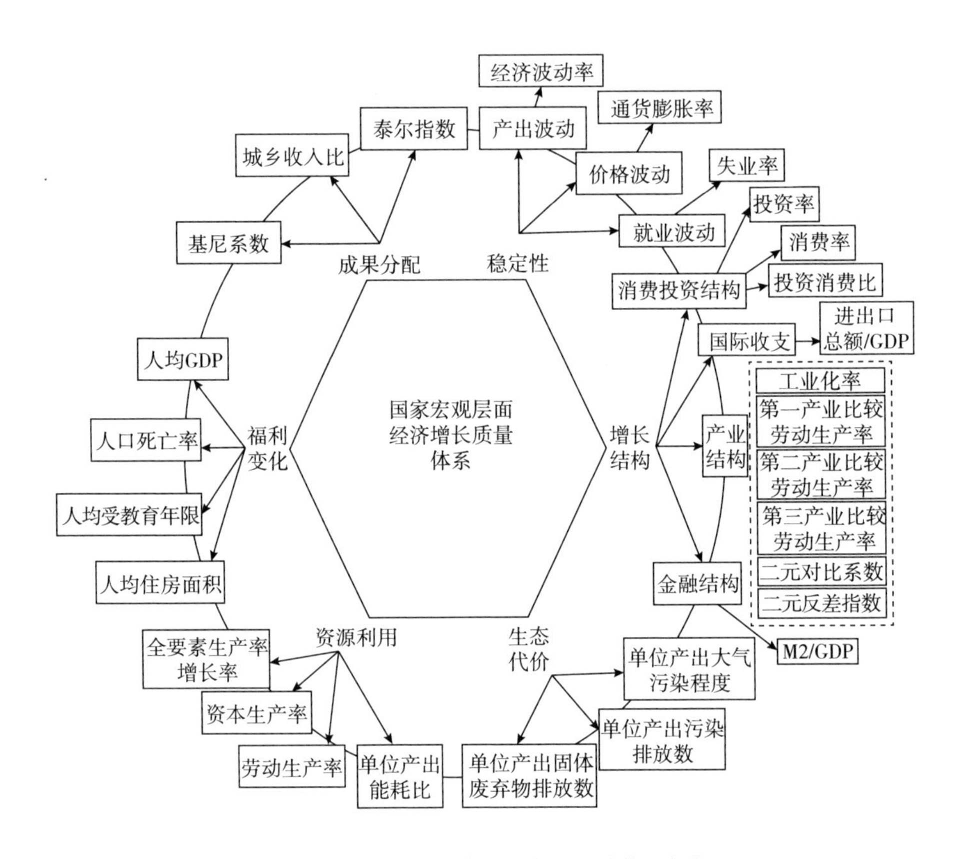

图 3-21　中国经济高质量发展评价体系框架

从政府层面来看，已有北京、上海、天津、广东、浙江、江苏、湖北、湖南等 10 多个省份结合本地经济发展提出经济高质量发展的指标体系。从各地研究机构来看，国家统计局科学研究所的张云云等（2019）学者依据经济发展质量的内涵，指出经济高质量发展要兼顾经济的数量增长和经济、社会、政治、文化和生态环境的全面进步是数量和质量、速度和效益的统一，并进一步立足于经济发展的内涵、基础、动力、目的和可持续发展视

角，从省份层面构建经济效益、创新发展、人民生活和可持续发展的 4 个维度 17 个指标。如图 3-22 所示。

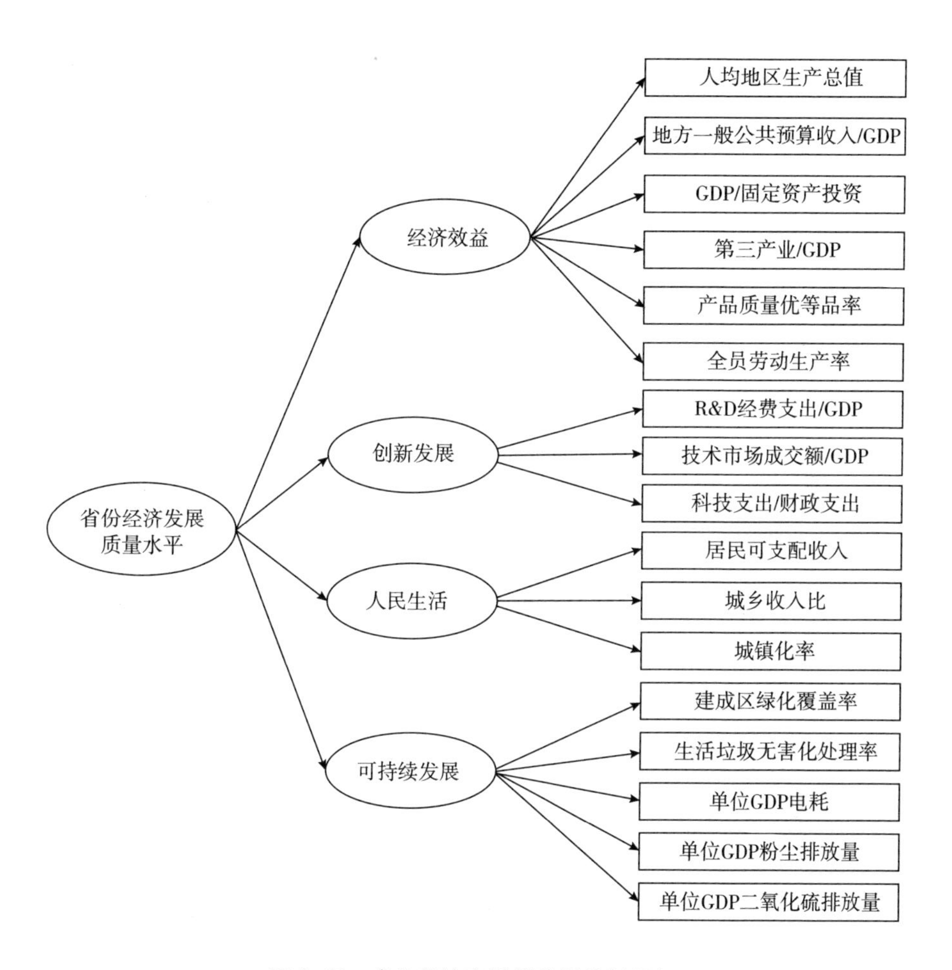

图 3-22　省份经济高质量发展分析框架

截至 2020 年底，我国共有建制市 685 个。其中直辖市 4 个、地级市 293 个（含副省级城市 15 个）和县级 388 个。在新华网站、壹城智库以城市作为推动经济高质量发展的主要单元，结合数据可得性和指标设置的科学性，从创新发展、协调发展、绿色发展、开放发展、共享发展、安全发展的 6 个目标层维度构建了 18 个准则层 44 个具体指标的城市高质量发展评价指标体系①（见图 3-23）。

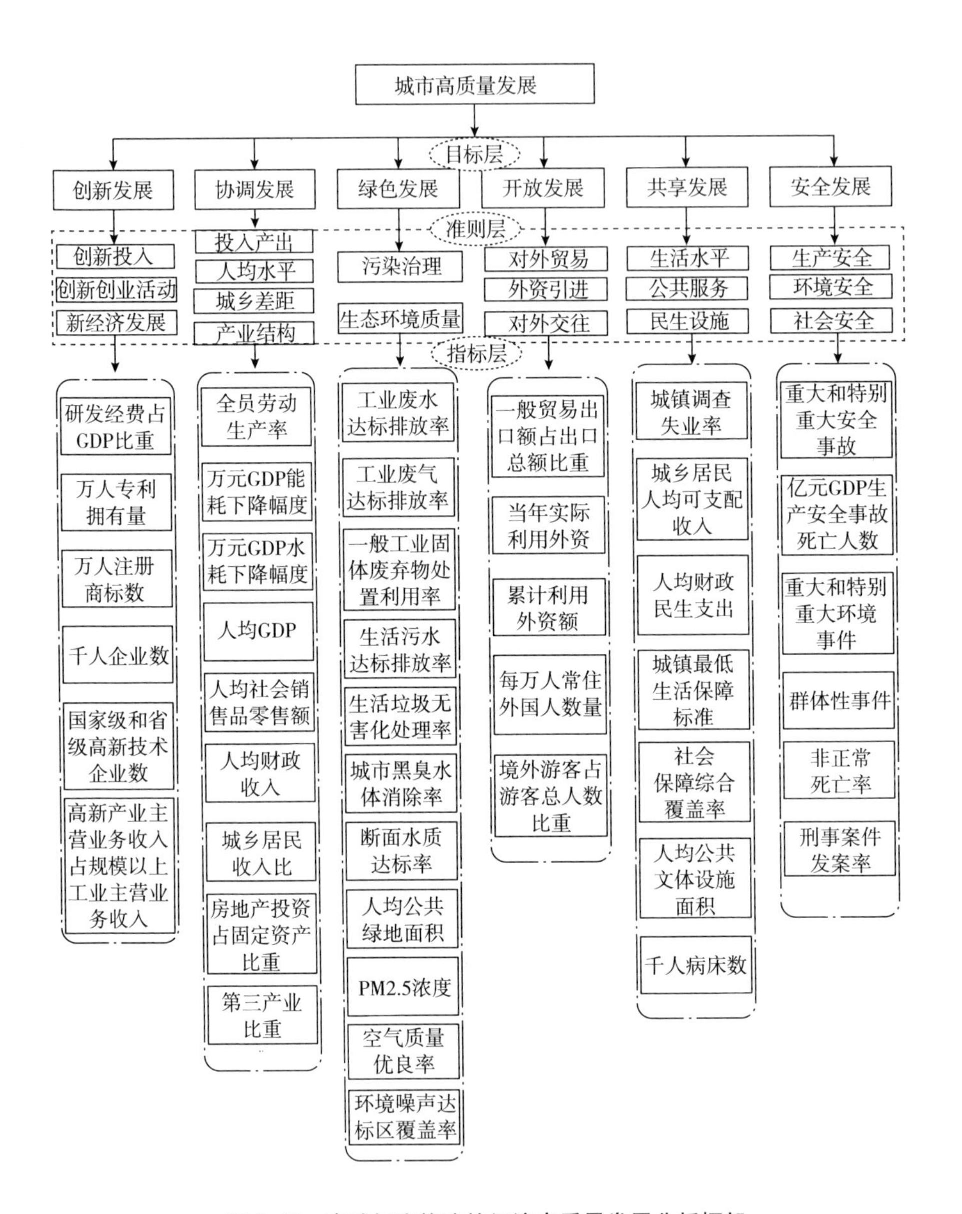

图 3-23　壹城智库构建的经济高质量发展分析框架

① 资料来源：http：//www.xinhuanet.com/money/2020-12/26/c_1126911398.htm。

评价指标体系的构建包括自上而下和自下而上两种方式，自上而下是按照经济高质量内涵进行的，理论性强，但存在指标数据缺失的问题；自下而上是对以往指标进行总结归纳后，选择高频指标构建指标体系，但难免受到质疑。本书基于已有研究，充分结合自上而下与自下而上两种方式，分别从经济、社会和生态三大子系统结合DPSIR分析框架构建经济高质量发展评价指标体系，结合经济高质量发展内涵，借鉴同类指标体系，以党中央《关于推进高质量发展的意见》（征求意见稿）的精神为指导，在遵循系统性、全面性、统一性、科学性、代表性和可得性的基本原则前提下，借鉴西北大学任保平、钞小静、师博等学者团队关于经济高质量发展的评价体系，选择城市常用的主流表征指标，设计基于生态、经济和社会三维视角，构建“驱动力（Driving）—压力（Pressure）—状态（Status）—影响（Impact）—响应（Response）”的DPSIR体系框架，立足系统理论和动力学理论串联起资源、环境、社会、经济、政策因果链的相互作用和联系机制，凸显五个维度子系统之间的因果性和互动性。

1998年，DPSIR模型框架首次被欧洲环境署（EEA）用来评估环境管理与政策，该模型在PSR（压力—状态—响应）基础上，结合联合国可持续发展委员会DPR发展而来，现广泛运用于可持续发展和生态环境等评价与决策支持。具体而言，社会经济和人类活动是驱动各子系统发生变化的潜在因素，通过对环境、资源和发展施加压力，导致经济、社会和生态的状态发生变化，进而引起对各子系统状态的影响，人类社会对此作出一定的响应，从而对驱动力、压力、状态和影响产生闭环的联动影响机制。DPSIR模型框架通过对涉及生态、经济和社会具体指标之间因果链条阐释，系统综合地表现出人类社会与生态系统之间的互动，是实现可持续发展和高质量发展的科学性分析框架。如图3-24所示。

在城市经济高质量发展评价模型中，驱动力（D）包括经济增长动力、社会进步动力和生态系统持续运行动力；压力（P）包括发展竞争压力、资源消耗压力和生态破坏压力；状态（S）包括经济、社会和生态的

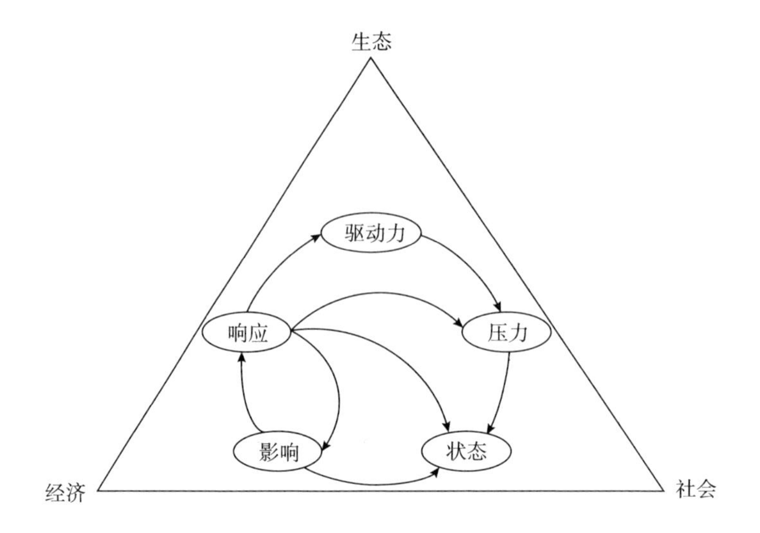

图 3-24　基于三维视角的 DPSIR 框架体系

发展和维系状态；影响（I）包括经济、社会和生态所产生的影响变化；响应（R）是基于“创新、协调、绿色、开放和共享”新发展理念所做出的行动响应（见图 3-25）。

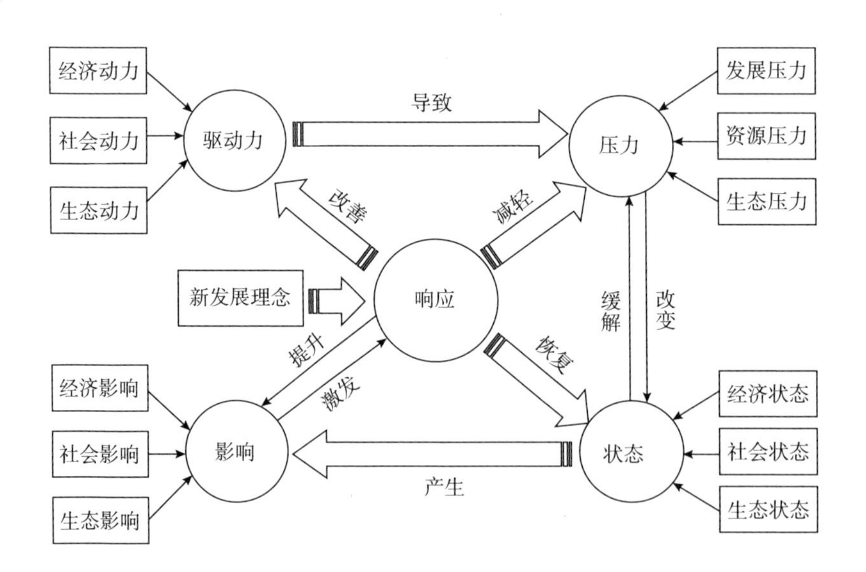

图 3-25　基于 DPSIR 框架的城市经济高质量发展互动体系

通过参考中国知网中检索“经济高质量发展评价”“指标体系”精确主题词方面下载和引用频次较高的核心文献，充分参考任保平等团队的评价指标体系，将所涉及的所有城市指标进行综合统计筛选，并通过与相关领域专家学者多次咨询与讨论，在综合考量城市数据连续且可得性的前提下，笔者分别从驱动力、压力、状态、影响和响应5个维度构建了17个二级指标和71个三级表征指标（见表3-8），力求囊括城市经济发展的主要方面，进一步拓展和丰富了经济高质量发展指标体系。

表3-8 中国城市经济高质量发展指标体系

目标层	维度层	领域层	指标名称	指标衡量方式	单位	性质
经济高质量发展	驱动力	经济动力	GDP 增速	GDP 增速	%	+
			投资率	全社会固定资产投资存量/GDP	%	+
			每万人汽车拥有量	城市汽车拥有量/年末人口数	辆/万人	+
			居民消费水平	限额以上批发零售贸易业商品销售总额/总人口	元/万人	+
		社会动力	城镇化水平	城镇人口/年末总人口	%	+
			政府支持力度	一般公共预算支出/GDP	%	+
			人口增长率	人口自然增长率	%	-
			就业水平	在岗职工人数/辖区总人口	%	+
		生态动力	碳排放强度（目标约束）	单位 GDP 的二氧化碳排放量	吨/元	-
			单位 GDP 电耗	单位 GDP 的电力消耗量	千瓦时/元	-
			单位 GDP 能耗	单位 GDP 的能源消耗量	标准煤/元	-
			单位 GDP 水耗	单位 GDP 的供水消耗量	立方米/元	-
	压力	经济压力	内贸依存度	社会消费品零售总额/GDP	%	+
			金融发展水平	金融机构存贷款余额/GDP	%	+
			职工平均工资	职工平均工资	元	+
			居民收入水平	城乡居民储蓄年末余额	万元	+
		社会压力	城乡差距水平	城区人均 GDP/区域 GDP	%	-
			失业率	年末城镇登记失业人员数/户籍总人口	%	-

续表

目标层	维度层	领域层	指标名称	指标衡量方式	单位	性质
经济高质量发展	压力	社会压力	人口密度	年末总人口/区域面积	人/平方千米	+
			房地产开发投资水平	房地产开发投资完成额/GDP	%	-
		生态压力	能源消费总量	供气总量（人工、天然气）、液化石油气供气总量、全社会用电量根据系数估计计算	万吨标准煤	-
			单位工业产值废水排放量	工业废水排放量/规模以上工业总产值	立方米/元	-
			单位工业产值二氧化硫排放量	工业二氧化硫排放量/规模以上工业总产值	吨/元	-
			单位工业产值烟尘排放量	工业烟尘排放量/规模以上工业总产值	吨/元	-
	状态	经济状态	经济发展总量	国内生产总值（GDP）	万元	+
			经济发展水平	人均国内生产总值（人均 GDP）	元	+
			经济结构比例	三产增加值/二产增加值	%	+
			经济发展效率	全要素生产率	—	+
		社会状态	制造业就业比例	制造业从业人员数/年末单位从业人数	%	+
			规模以上工业企业	规模以上工业企业数	个	+
			社会沟通水平	移动电话年末用户/年末人口数	户/万人	+
			公共服务供给水平	公共管理和社会组织从业人员数/年末单位从业人数	%	+
		生态状态	人均绿化面积	绿化面积/年末总人口	平方米/人	+
			人均公园绿地面积	公园绿地面积/年末总人口	平方米/人	+
			人均水资源量	辖区供水量/城镇人口	立方米/人	+
			建成区绿化覆盖率	建成区绿化面积/建成区面积	%	+
	影响	经济影响	流动资产	流动资产合计	万元	+
			财政自给率	城市财政支出/财政收入	%	-
			劳动生产率	GDP/年末单位从业人数	元/人	+
			内资企业数	内资企业数	个	+

续表

目标层	维度层	领域层	指标名称	指标衡量方式	单位	性质
经济高质量发展	影响	社会影响	失业保险参保人数	失业保险参保人数	人	+
			规模以上工业企业主营收入利润率	规模以上工业企业利润总额/规模以上工业总产值	%	+
			每万人电信业务总量	电信业务总量/年末总人口	元/万人	+
			在校大学生数	普通高等学校在校学生数	人	+
		生态影响	气温水平变化	城市平均气温变化量	℃	-
			降水水平变化	城市累计降水量变化量	毫米	-
			碳排放量	排放清单根据国家统计局最新能源数据修订版（2015年）编制，2018年和2019年数据由省级碳排放量根据工业产值分解到市级，按照前三年变化率拟合	万吨	-
			人均建设面积	建成区面积/城镇人口	人/平方米	-
	响应	创新驱动	科学投入比重	科学支出/财政支出	%	+
			专利申请量	专利申请量	件	+
			教育投资比重	教育支出/财政支出	%	+
			创新创业指数	中国区域创新创业发展指数报告	-	+
		区域协调	城乡居民消费差距	辖区社会消费品零售总额/社会消费品零售总额	%	-
			教育就业率	教育从业人员数/年末单位从业人数	%	+
			人均城市道路面积	城市道路面积/年末总人口	平方米/人	+
			每万人拥有公共交通车辆	拥有公共交通车辆/年末总人口	辆/万人	+
			每万人邮政业务量	邮政业务量/年末总人口	处/万人	+
		绿色发展	生活垃圾无害化处理率	生活垃圾无害化处理率	%	+
			一般工业固体废弃物综合利用率	一般工业固体废弃物综合利用率	%	+
			污水处理厂集中处理率	污水处理厂集中处理率	%	+
			环保人员就业占比	水利、环境和公共设施管理业从业人员数/年末单位从业人数	%	+

续表

目标层	维度层	领域层	指标名称	指标衡量方式	单位	性质
经济高质量发展	响应	对外开放	外资投资水平	实际利用外资/GDP	%	+
			外汇旅游收入	外汇旅游收入	万美元	+
			对外贸易水平	(出口总值+进口总值)/GDP	%	+
			贸易活跃水平	限额以上批发零售贸易企业数	个	+
		共享成果	每万人拥有医生数	拥有医生数/年末总人口	人	+
			每万人拥有床位数	拥有床位数/年末总人口	张	+
			每万人公共图书馆图书总藏量	公共图书馆图书总藏量/年末总人口	册/万人	+
			城镇基本医疗保险参保人数	城镇基本医疗保险参保人数	人	+
			城镇职工基本养老保险参保人数	城镇职工基本养老保险参保人数	人	+
			互联网普及率	国际互联网用户数/年末总人口	%	+

注:“+”和“-”分别表示正向指标和负向指标。

城市经济发展作为一个“经济—社会—生态”的复杂人地系统,驱动力(Driving)是城市经济高质量发展的需求、动力和力量,是经济、社会和生态的发展动力,共计3个子维度12个表征指标。经济动力立足于发展速度、消费、投资视角,选择GDP增速、投资率、居民消费水平和每万人汽车拥有量衡量。经济增长速率反映了经济自身增长能力和活力,保持一定的GDP发展速率是经济高质量发展的动力。社会动力是指推动社会进步发展的力量和多种因素,主要选取城镇化、政府支持、人口增长和就业方面,用人口城镇化率、地方财政支出比例、人口自然增长率和就业水平来表征。生态动力指促进城市生态优化、人与自然和谐相处、经济与生态融合发展、城市绿色低碳发展的因素,选取碳排放强度、单位GDP电耗、单位GDP能耗和单位GDP水耗指标测度。

压力(Pressure)是指城市经济高质量所面临的内部和外部的一切因素,经济、社会和生态在不断联系、制约的相互作用发展过程中,必然面

临各种压力和障碍。在驱动力的推动下，带来经济系统的内部压力、外部压力、直接压力和间接压力等，共计3个子维度12个表征指标。经济压力包括内需不足、金融风险和人民生活改善方面，选取内贸依存度、金融发展水平、职工平均工资和城乡居民储蓄余额。社会压力包括城乡差距、社会失业率、人口和房地产开发方面内容，选择城区人均GDP与区域人均GDP比例、城镇登记失业率、人口密度和房地产开发投资完成额占GDP比重等指标反映。生态压力主要来源于能源消费和工业发展伴随的废水、废气、烟尘等污染物，主要指标有估算的能源消费总量、单位工业产值的废水排放量、单位工业产值的二氧化硫排放量、单位工业产值的烟尘排放量。

状态（Status）是指城市经济高质量发展过程中，面对驱动力和压力引起经济状态的发展变化，主要用于描述不同时空尺度和维度关键变量的动态变化，共计3个子维度12个表征指标。城市经济、社会和生态是一个相互影响、互相耦合的闭环过程。经济状态从经济规模、人均水平、结构和效率维度进行测度，包括国内生产总值、人均国内生产总值、第三产业与第二产业的增加值比例和全要素生产率。社会状态从制造业就业、产业发展、社会沟通、公共服务维度进行衡量，包括制造业就业状况、规模以上工业企业数量、移动电话用户比例和公共服务从业比例。生态状态从城市绿化水平、公园休闲、水资源情况等指标进行描述，具体指标包括人均绿化面积、人均公园绿化面积、人均供水量和建成区绿化覆盖率。

影响（Impact）是指城市经济在外界驱动力、压力和引发状态变化后，从而带来的一系列积极和消极的影响，这些影响可能对经济发展阶段、领域、方向和道路产生一定的经济、社会和生态效应，共计3个子维度12个表征指标。经济影响立足地方财政自给能力、社会劳动生产率、企业资产流动和内资企业数量，选取地方财政支出与收入比例、单位GDP的从业人数、企业流动资产合计和内资企业数等具体指标。社会影响立足工业企业盈利情况、失业保险参保状态、社会信息流动和大学高等教育方面，选取规模以上工业企业利润率、失业保险参保人数、电信业务比例和在校大学生等表征指标。生态影响立足在一系列的经济社会和人口发展的驱动力、压力和状态变化后，城市生态系统在年度平均温度、降水量、碳排放量和土地建设等方面的影响，具体衡量指标包括平均气温变化量、累计降水变化量、碳排放量和城镇人均建设面积。

响应（Response）是指在驱动力、压力、状态和影响的因果链条发酵和推动下，为适应新时代新格局背景下城市经济高质量发展变化所采取的相关措施，主要围绕“创新、协调、绿色、开放、共享”五大发展新理念，城市所采取的一系列举措促推城市创新驱动能力、区域协调发展、绿色发展转型、全方位对外开放和人民共享发展成果和红利，共计5个子维度23个表征指标。创新驱动主要包括提高地方科学投入支出比重，提升科学专利水平，增大教育支出投资比例，营造良好的创新创业发展氛围，具体指标为科学支出占财政支出比例、专利申请量、教育支出占财政支出比例、城市区域创新创业发展指数。区域协调发展主要为缩小城乡居民消费水平差距，提升教育就业水平，提升城市公共交通便利水平，提高快递服务效率和质量，具体指标为辖区占区域社会消费品零售总额比例、教育从业人员比例占年末单位从业人员比重、城市人均道路面积、每万人拥有公共交通车辆和邮政业务量。绿色发展主要立足于提高生活垃圾无害化处理率、一般工业固体废弃物综合利用率和污水处理厂集中处理率，增加环保人员就业比例。对外开放为提高对外贸易水平、外资投资水平，增加外汇旅游收入水平，激发贸易活跃繁荣，以进出口总额占GDP比例、实际利用外资占GDP比例、外汇旅游收入和限额以上批发零售贸易企业数等指标考量。共享成果考虑城市医疗、文化、养老和互联网便利化等方面，主要指标包括每万人拥有医生数、每万人拥有床位数、每万人公共图书馆图书总藏量、城镇基本医疗保险参保人数、城镇职工基本养老保险参保人数和国际互联网普及率。

3.3.2 测度方法与数据来源

3.3.2.1 经济高质量发展的测度方法

城市是经济高质量发展的主要阵地与地区增长中心，关于经济高质量发

展评价方法，学术界有多种方法，主要有层次分析法、熵权法、因子分析、主成分分析、模糊分析、生态位、灰色关系、集对分析、物元法等主观、客观或者主客观结合的综合评价方法。本部分主要对经济高质量发展的评价方法和赋权进行设定，步骤包括数据的预处理、评价模型选择、权重确定和综合结果测度。权重指具体指标对评价结果的贡献大小，选取组合权重的评价方法对指标进行赋权，分别通过变异系数法和熵权法确定指标的权重，两种方法均为客观赋权法，综合两种方法的权重取均值，可以较好地避免主观赋权的好恶偏向，更加科学客观地评价测度城市经济高质量发展水平。

在传统方法中，对面板数据进行评价，有两种方式：一种是逐年对评价指标体系进行测算，虽然在同一年份可以进行横向对比，但不同时间序列的纵向比较没有可比性；另一种是进行不同评价对象的时序评价分析，解决了纵向时序的可比性，但不同对象的横向比较存在困难。本部分根据周小亮和吴武林（2018）的研究，采取定基极差法，以 2009 年为基准年，以极差标准化法的类似数学运算进行无量化处理，实现评价对象兼具横向和时序纵向维度的可比性。定基组合权重的具体计算步骤为：

第一，运用极差法进行评价指标体系中的第 t 年的各指标初始化数据标准化处理，消除不同指标在数量级和量纲上的不可比性。指标分为正向和负向指标，正向指标指效益型指标，负向指标指负成交量指标。

$$Y_{ij}^{t}=\begin{cases}\dfrac{x_{ij}^{t}-\min(x_{ij}^{t})}{\max(x_{ij}^{t})-\min(x_{ij}^{t})}, & x_{ij}^{t}\text{ 为正向指标}\\ \dfrac{\max(x_{ij}^{t})-x_{ij}^{t}}{\max(x_{ij}^{t})-\min(x_{ij}^{t})}, & x_{ij}^{t}\text{ 为负向指标}\end{cases}\quad i\in[1,n],\ j\in[1,m] \tag{3-11}$$

其中，i 表示城市，j 表示具体测度指标；x_{ij}^{t} 表示初始化指标值，Y_{ij}^{t} 表示指标的标准化值；$\max(x_{ij}^{t})$、$\min(x_{ij}^{t})$ 分别表示初始值的最小值与最大值。

第二，运用变异系数法计算各指标标准差 S_j^t、变异系数 V_j^t 和权

重 W_{j1}^{t}。

$$S_j^t = \sqrt{\frac{\sum_{i=1}^{n}(Y_{ij}^t - \overline{Y_{ij}^t})^2}{n}} \tag{3-12}$$

$$V_j^t = S_j^t / Y_{ij}^t \tag{3-13}$$

$$W_{j1}^t = \frac{V_j^t}{\sum_{j=1}^{m} V_j^t} \tag{3-14}$$

第三，计算各指标的信息熵 H_j^t 和权重 W_{j2}^t。

$$H_j^t = \ln\frac{1}{n}\sum_{i=1}^{n}\left[\left(\frac{Y_{ij}^t}{\sum_{i=1}^{n}Y_{ij}^t}\right)\ln\left(\frac{Y_{ij}^t}{\sum_{i=1}^{n}Y_{ij}^t}\right)\right] \tag{3-15}$$

$$W_{j2}^t = \frac{(1 - H_j^t)}{\sum_{j=1}^{m}(1 - H_j^t)} \tag{3-16}$$

其中，$H_j^t \in [0, 1]$ 信息熵越小，表示指标的离散程度越大，表明指标所能提供的信息量越大，指标权重就大；反之权重则越小。

第四，结合变异系数法和熵权法分别计算的权重 W_{j1}^t 和 W_{j2}^t，计算组合权重值 W_j^t，式（3-17）中 λ 为偏好系数且 $\lambda \in (0, 1)$。参考张玉玲等（2011）的研究，当以组合权重模型的偏差平方和最小为目标函数时，组合赋权的偏好系数 λ 取 0.5。

$$W_j^t = \lambda W_{j1}^t + (1-\lambda)\ W_{j2}^t \tag{3-17}$$

第五，以 2009 年为初始年份，再次用定基极差法处理原始数据。

$$X_j^t = \frac{x_j^t - x_{jmin}^{2009}}{x_{jmax}^{2009} - x_{jmin}^{2009}} \tag{3-18}$$

其中，X_j^t 表示通过定基极差法求得的指标 j 在第 t 年的无量纲化值；x_j^t 表示原始值；x_{jmin}^{2009} 和 x_{jmax}^{2009} 分别表示初始年份的最小值和最大值。

第六，用组合权重法确定的权重 W_j^t 和定基极差法测出的 X_j^t 进行加权求和，计算城市经济高质量发展的综合指数 S_j^t。

$$S_j^t = \sum_{j=1}^{m} W_j^t \times X_j^t \tag{3-19}$$

3.3.2.2　经济高质量发展指标来源

综合考量数据的科学性、可得性与连续性，本书选取 2009~2019 年全国 284 个地级市作为研究对象（不包括西藏、港澳台地区），个别地级市因数据缺失严重或行政区划调整等原因进行删减。数据主要来源于《中国城市统计年鉴》(2010-2020 年)、《中国区域经济统计年鉴》(2010-2020 年)、《中国环境统计年鉴》(2010-2020 年)、《中国城市建设统计年鉴》(2010-2020 年)、考察期内国家统计局、各地级市统计年鉴、国民经济与社会统计公报以及统计网站等，其中部分数据来源于中经网数据库、WIND 数据库，历年缺失数据根据线性插值法和 ARIMA 运算予以补齐。

3.3.3　经济高质量发展测度结果与演化特征

3.3.3.1　经济高质量发展的总体时序特征

为了更好地分析中国经济高质量发展水平的动态演进趋势，本书利用 Kernel 核密度刻画经济高质量发展水平的变动特征，并分别绘制出 2009 年、2011 年、2013 年、2015 年、2017 年和 2019 年的 Kernel 核密度曲线（见图 3-26）。核密度方法本质是利用概率统计学，在给定样本的集合中求取随机变量的分布密度函数，以此判断样本的离散程度，刻画其动态演变特征。

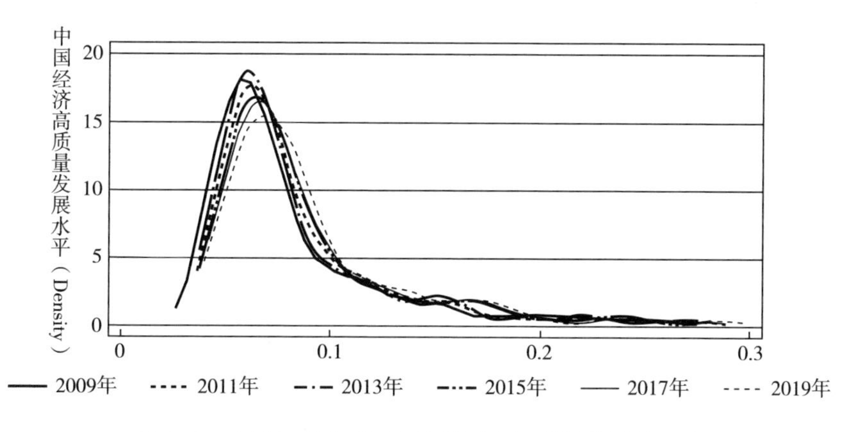

图 3-26　2009~2019 年中国经济高质量发展指数核密度

从 Kernel 核密度图的波峰位置移动来看，首先，2009~2019 年中国经济高质量发展的核密度曲线随着时间的推移曲线波峰逐渐向右推进，但峰值均集中于 0.1 左侧，显示出中国经济发展质量水平虽逐年提高但仍有较大的上升空间。其次，从波峰峰度来看，中国经济高质量发展核密度曲线波峰先向尖峰形状变化，后转变为宽峰形态，说明我国城市经济发展质量水平受到国内外不确定的因素影响，发展水平并不稳定。究其原因，2008 年全球金融危机以后，我国大水漫灌式的经济投资刺激，虽然短时间刺激经济平稳高速发展，但政策主导式的投资加重了消费与投资结构失衡，导致地方高杠杆的借贷风险与不良债务，过剩产能不能有效化解，存在一定的金融风险。2015 年以后，中央政府陆续提出供给侧结构性改革、经济新常态、三大攻坚战和高质量发展等战略，预防系统性金融危机，提升资源配置效率，提高全要素生产率，改善人民生活水平，促进经济高质量发展。最后，从波峰形态来看，2009~2019 年中国城市经济高质量发展核密度图呈现单峰发展趋势，双峰或多峰略显端倪，但不明显，保持“右侧长尾”，意味着随着时间推移，表明较高经济高质量发展的城市比重低，集聚效应继续凸显，整体城市发展差距较大，具有“强者恒强，弱者恒弱”的马太效应。区域间经济发展质量的差距虽略微缩小，但“赶超效应”甚微。

进一步来看，2009~2019 年中国城市经济高质量发展平均水平整体呈稳步上升趋势。2009 年中国城市经济高质量发展水平均值为 0.0929，2019 年增长至 0.1093，增长率为 17.65%。按照经济高质量发展评价体系 DPSIR 框架分为驱动力指数、压力指数、状态指数、影响指数、响应指数，五个子系统指数均呈波动上升态势，按照由大到小排序依次为响应指数、影响指数、状态指数、驱动力指数和压力指数，从增长率来看，压力指数的增长率最高，驱动力指数的增长率较低（见表 3-9 和图 3-27）。

表 3-9 2009~2019 年中国城市经济高质量发展分维度指数演变

年份	经济高质量发展	驱动力指数	压力指数	状态指数	影响指数	响应指数
2009	0.0929	0.0124	0.0059	0.0192	0.0195	0.0359

续表

年份	经济高质量发展	驱动力指数	压力指数	状态指数	影响指数	响应指数
2010	0.0941	0.0125	0.0064	0.0193	0.0196	0.0364
2011	0.0988	0.0123	0.0065	0.0195	0.0213	0.0392
2012	0.1038	0.0128	0.0066	0.0199	0.0218	0.0426
2013	0.1027	0.0126	0.0079	0.0185	0.0218	0.0420
2014	0.1070	0.0127	0.0082	0.0209	0.0222	0.0431
2015	0.1066	0.0127	0.0073	0.0212	0.0222	0.0432
2016	0.1077	0.0128	0.0074	0.0214	0.0225	0.0436
2017	0.1083	0.0128	0.0076	0.0214	0.0226	0.0438
2018	0.1089	0.0129	0.0077	0.0216	0.0226	0.0440
2019	0.1093	0.0130	0.0077	0.0217	0.0228	0.0442
均值	0.1036	0.0127	0.0072	0.0204	0.0217	0.0416

资料来源：笔者根据经济高质量发展评价体系测算所得。

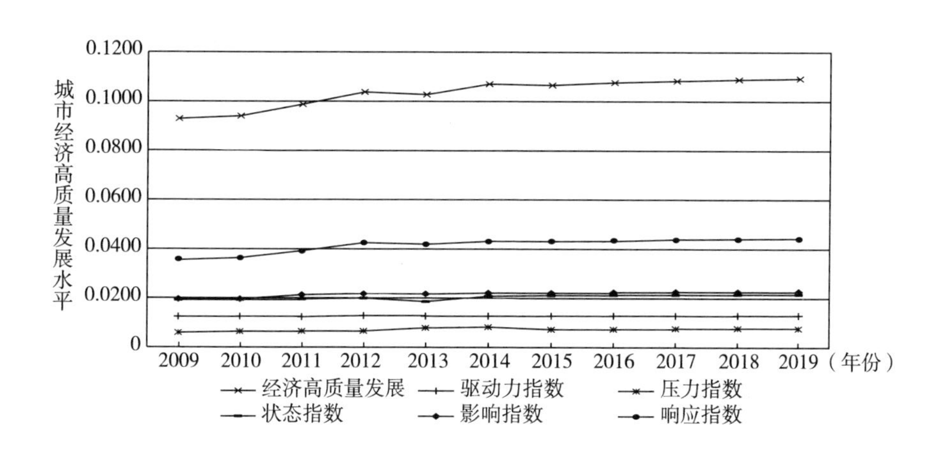

图 3-27　2009~2019 年中国经济高质量发展指数时间趋势

3.3.3.2　经济高质量发展的区域空间特征

深入探讨中国 284 个地级市经济高质量发展的四大板块的区域空间特征。按照中国四大板块的分类，将区域划分为东部、中部、西部和东北地区。考察期内东部、中部和西部地区城市经济高质量发展总体呈现波动上升向好发展的态势，东北地区城市经济高质量发展水平表现为波动下降趋势。考察期内年均指数按照由高到低排名依次为东部地区（0.1518）>中部地区（0.0822）>东北地区（0.0804）>西部地区（0.0734）（见表3-10和图3-28）。

表3-10　2009~2019年中国四大板块城市经济高质量指数时间演变

年份	东部地区	中部地区	西部地区	东北地区
2009	0.1421	0.0743	0.0658	0.0794
2010	0.1433	0.0749	0.0680	0.0813
2011	0.1469	0.0783	0.0710	0.0826
2012	0.1515	0.0812	0.0742	0.0850
2013	0.1470	0.0778	0.0708	0.0806
2014	0.1488	0.0804	0.0723	0.0800
2015	0.1553	0.0845	0.0753	0.0806
2016	0.1514	0.0839	0.0746	0.0770
2017	0.1595	0.0859	0.0772	0.0789
2018	0.1595	0.0892	0.0786	0.0799
2019	0.1647	0.0935	0.0798	0.0792
均值	0.1518	0.0822	0.0734	0.0804

资料来源：笔者根据经济高质量发展水平后测算所得。

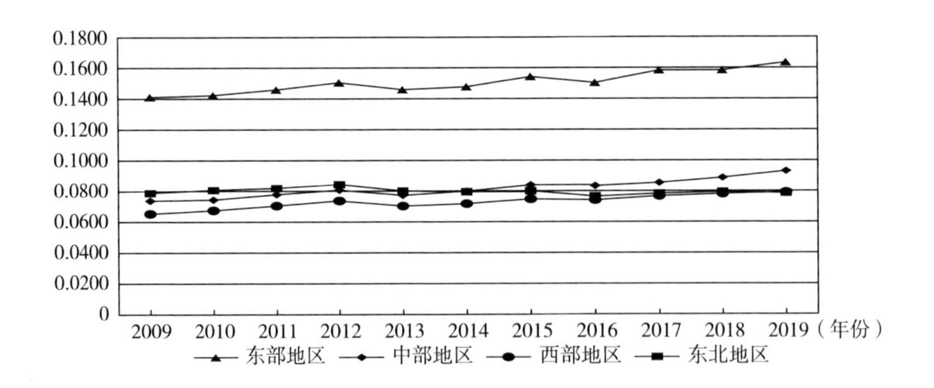

图3-28　2009~2019年中国四大板块经济高质量发展指数时间演变趋势

从区域差距来看，东部地区城市经济发展质量水平遥遥领先，与中

部、东北地区和西部地区地级市的差距较大。2009~2013年四大板块的发展趋势保持一致；2013~2019年开始出现分化发展，中部地区逐渐拉开与西部和东北地区的差距，与东部地区经济发展保持一致，东北地区经济发展质量逐渐下降，西部地区经济发展质量有所提升，且与东北地区的经济发展质量差距逐渐缩小。

具体而言，东部地区是经济高质量发展的“领头羊”，城市经济发展质量由2009年的0.1421上升至2019年的0.1647，研究期经济发展质量平均指数为0.1518；中部地区地级市经济发展质量由2009年的0.0743上升到2019年的0.0935，研究期平均指数为0.0822；西部地区地级市经济发展质量由2009年的0.0658上升到2019年的0.0798，研究期平均指数为0.0734；东北地区地级市经济发展质量由2009年的0.0794上升到2012年的0.0850，再波动下降到2019年的0.0792，研究期平均指数为0.0804。

3.3.3.3　经济高质量发展的城市群特征

与前文相似，对18个城市群经济高质量发展水平进行评价（见表3-11、图3-29和图3-30）。

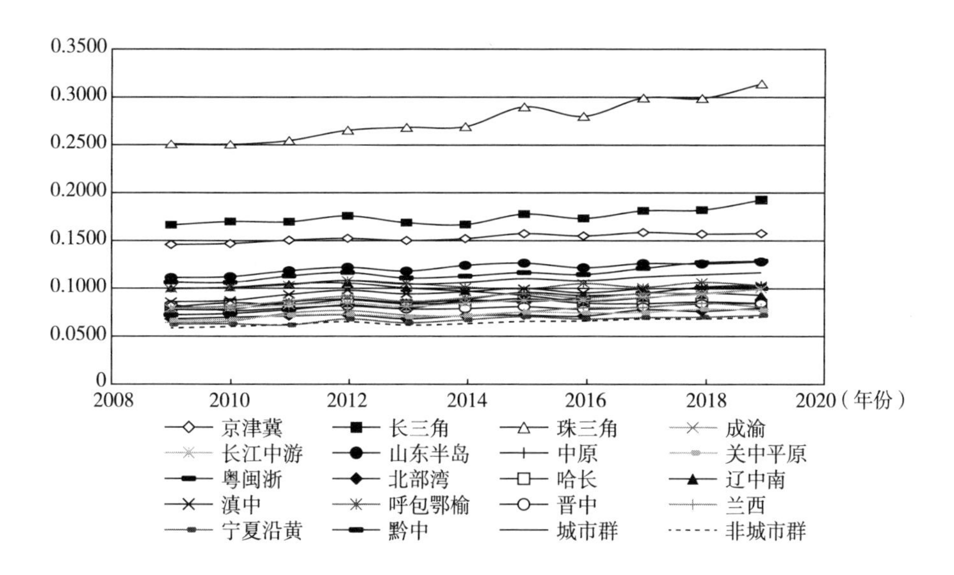

图3-29　2009~2019年中国18个城市群经济高质量发展水平时间演变趋势

表 3-11　2009~2019 年中国 18 个城市群经济高质量发展水平时序演变

年份	京津冀	长三角	珠三角	成渝	长江中游	山东半岛	中原	关中平原	粤闽浙	北部湾	哈长	辽中南	滇中	呼包鄂榆	晋中	兰西	宁夏沿黄	黔中	城市群	非城市群
2009	0. 1462	0. 1668	0. 2511	0. 0798	0. 0795	0. 1119	0. 0783	0. 0670	0. 1068	0. 0685	0. 0809	0. 1004	0. 0864	0. 0998	0. 0833	0. 0647	0. 0631	0. 0728	0. 1004	0. 0590
2010	0. 1474	0. 1703	0. 2508	0. 0819	0. 0801	0. 1129	0. 0788	0. 0681	0. 1068	0. 0704	0. 0853	0. 1014	0. 0878	0. 1013	0. 0774	0. 0662	0. 0636	0. 0744	0. 1014	0. 0606
2011	0. 1509	0. 1701	0. 2549	0. 0872	0. 0830	0. 1191	0. 0862	0. 0724	0. 1137	0. 0717	0. 0836	0. 1053	0. 0941	0. 1042	0. 0799	0. 0747	0. 0624	0. 0783	0. 1051	0. 0629
2012	0. 1528	0. 1762	0. 2656	0. 0921	0. 0854	0. 1227	0. 0893	0. 0735	0. 1173	0. 0729	0. 0884	0. 1061	0. 0984	0. 1089	0. 0821	0. 0773	0. 0686	0. 0832	0. 1089	0. 0656
2013	0. 1506	0. 1692	0. 2686	0. 0870	0. 0815	0. 1188	0. 0857	0. 0708	0. 1116	0. 0687	0. 0842	0. 1008	0. 0946	0. 1060	0. 0790	0. 0727	0. 0646	0. 0798	0. 1052	0. 0621
2014	0. 1526	0. 1673	0. 2694	0. 0905	0. 0850	0. 1247	0. 0890	0. 0723	0. 1136	0. 0720	0. 0856	0. 0976	0. 0969	0. 1018	0. 0794	0. 0715	0. 0678	0. 0878	0. 1069	0. 0636
2015	0. 1578	0. 1781	0. 2900	0. 0950	0. 0880	0. 1271	0. 0962	0. 0759	0. 1173	0. 0725	0. 0896	0. 0932	0. 1004	0. 1000	0. 0813	0. 0760	0. 0711	0. 0867	0. 1109	0. 0660
2016	0. 1553	0. 1736	0. 2801	0. 0904	0. 0878	0. 1223	0. 0929	0. 0749	0. 1152	0. 0715	0. 0850	0. 0872	0. 0958	0. 1059	0. 0788	0. 0803	0. 0686	0. 0905	0. 1087	0. 0664
2017	0. 1590	0. 1816	0. 2994	0. 0954	0. 0914	0. 1268	0. 0952	0. 0754	0. 1217	0. 0782	0. 0846	0. 0906	0. 1000	0. 1021	0. 0811	0. 0806	0. 0702	0. 0954	0. 1127	0. 0686
2018	0. 1575	0. 1825	0. 2990	0. 0955	0. 0943	0. 1264	0. 1022	0. 0790	0. 1278	0. 0767	0. 0863	0. 0953	0. 1010	0. 1072	0. 0845	0. 0850	0. 0707	0. 1014	0. 1151	0. 0687
2019	0. 1580	0. 1930	0. 3141	0. 1004	0. 0998	0. 1285	0. 1044	0. 0778	0. 1294	0. 0801	0. 0850	0. 0935	0. 1028	0. 1041	0. 0849	0. 0812	0. 0725	0. 1008	0. 1172	0. 0706
均值	0. 1535	0. 1753	0. 2766	0. 0905	0. 0869	0. 1219	0. 0908	0. 0734	0. 1165	0. 0730	0. 0853	0. 0974	0. 0962	0. 1038	0. 0811	0. 0755	0. 0676	0. 0865	0. 1084	0. 0649
均值排名	3	2	1	10	11	4	9	16	5	17	13	7	8	6	14	15	18	12		
2019 排名	3	2	1	10	11	5	6	17	4	16	13	12	8	7	14	15	18	9		

资料来源：笔者根据经济高质量发展指标测算所得。

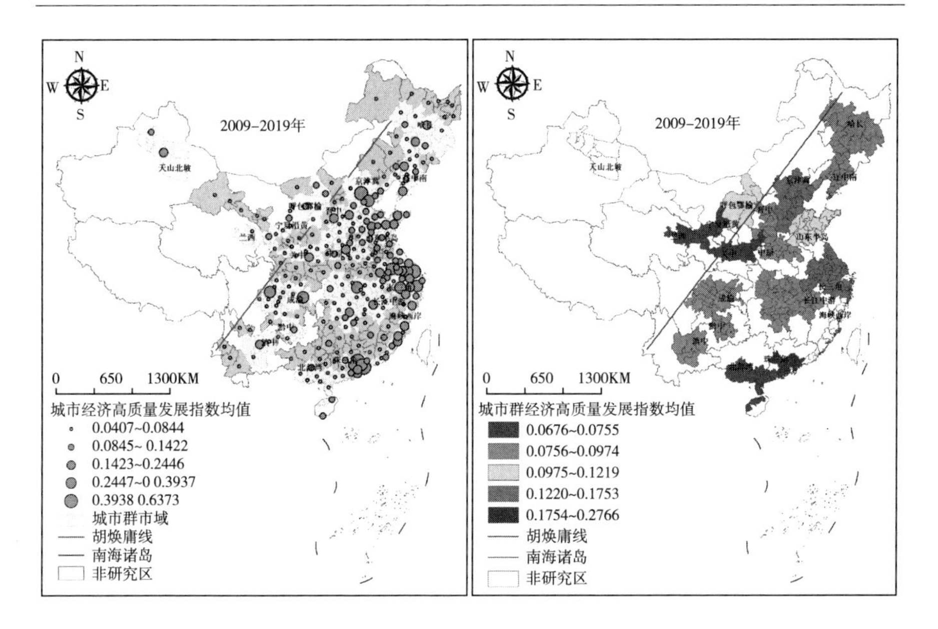

图 3-30 2009~2019 年中国 284 个城市和 18 个城市群的经济高质量发展水平

注：此图根据国家测绘地理信息局标准地图（GS（2019）1697 号）绘制，底图无修改。

第一，从时间发展特征来看，2009~2019 年 18 个城市群的经济高质量发展水平整体呈现不断提升向好的波动趋势，城市群经济发展质量平均水平从 2009 年的 0.1004 增长至 2019 年的 0.1172，增长率为 16.73%，考察期内年均水平为 0.1084；非城市群经济发展质量平均水平由 2009 年的 0.0590 增长至 2019 年的 0.0706，增长率为 19.66%，也呈现不断改善提高的发展势头，年均水平为 0.0649。城市群与非城市群的地级市经济高质量发展水平的差距略微有所扩大，但基本保持稳定。从时序变化趋势来看，大多城市群的经济发展质量存在一定的 V 型波动性，比如京津冀、长三角、山东半岛、关中平原、北部湾、滇中、晋中、宁夏沿黄；呼包鄂榆城市群经济发展质量呈现出 M 型的大幅波动态势；珠三角、成渝、长江中游、中原、粤闽浙、兰西、黔中城市群的经济发展质量呈现稳步提升特征；东北地区城市群存在波动性的下降趋势，比如哈长、辽中南。

第二，城市群经济高质量发展水平在空间格局上总体存在国家级城市群高于区域性城市群和地方性城市群的区域特征。从城市群排序来看，2009~2019年城市群经济高质量发展的综合均分从大到小依次为珠三角>长三角>京津冀>山东半岛>粤闽浙>呼包鄂榆>辽中南>滇中>中原>成渝>长江中游>黔中>哈长>晋中>兰西>关中>北部湾>宁夏沿黄，2019年18个城市群的排名略有变化，但基本保持一致。

第三，中原和西南地区的城市群经济高质量发展的势头较好。以考察期内城市群的经济高质量发展年均指数0.1084为分界点，高于0.1084的城市群有珠三角、长三角、京津冀、山东半岛和粤闽浙，这5个城市群均位于东部沿海地区，地理区位较为优越；其他城市群的经济发展质量指数均低于均值0.1084，且彼此之间的差距较小。按照增长率变化大小，2009~2019年经济高质量发展最快的城市群为黔中，增长率为38.46%。其次为中原城市群，增长率为33.33%，再次为成渝城市群，增长率为25.81%；相较而言，考察期内经济高质量发展最慢的城市群为辽中南，增长率为-6.87%。其次为晋中城市群，增长率为1.92%，倒数第三为呼包鄂榆城市群，增长率为4.31%。因此，东北地区、山西中部地区的城市群经济高质量发展需要进一步找准自身定位和深化改革，激活内生发展动力，加强区域联动与合作，解决不平衡不充分的短板问题。

3.3.4 经济高质量发展的空间分类与格局演变

3.3.4.1 经济高质量发展的空间分类

与前文做法一致，利用ArcGIS技术中的自然间断点分级法（Jenks），考量2009~2019年中国284个地级市的经济高质量指数处于0.0350~0.6924，2009年，来宾市的经济高质量发展指数最低，为0.0350，2019年，上海市的经济高质量发展最高，为0.6924。将经济高质量发展水平分为5个级别，具体为引领型（0.3936~0.6924）、跟随型（0.2143~0.3935）、赶超型（0.1217~0.2142）、平庸型（0.0748~0.1216）、滞后型（0.0350~0.0747）。

由图 3-31 可知，2009~2019 年中国 284 个地级市的经济发展质量稳中有升，经济发展质量较高的区域位于胡焕庸线以东地区，呈现出东部沿海城市高于中西部地区，南方地区高于北方地区的空间格局，长江经济带周边的省份经济发展质量优于黄河流域地区的省份。具体而言，考察期内 284 个地级市的经济高质量发展分类基本保持稳定，经济高质量发展引领型的城市主要位于东部沿海地区和国家级城市群，经济高质量发展跟随型的城市位于东部沿海地区和个别内陆地区。经济高质量发展赶超型城市大多位于山东、浙江、福建、广东等沿海地区和少数内陆地区，内陆城市大多为省会城市、副省级城市和省域副中心城市。经济高质量发展平庸型城市主要位于江苏、山东、河北、江西、湖南、河南、湖北和陕西等省份的部分地级市。剩余的大多数城市处于滞后性的经济高质量发展水平层次，主要位于东北、西部和西南地区等欠发达地区。

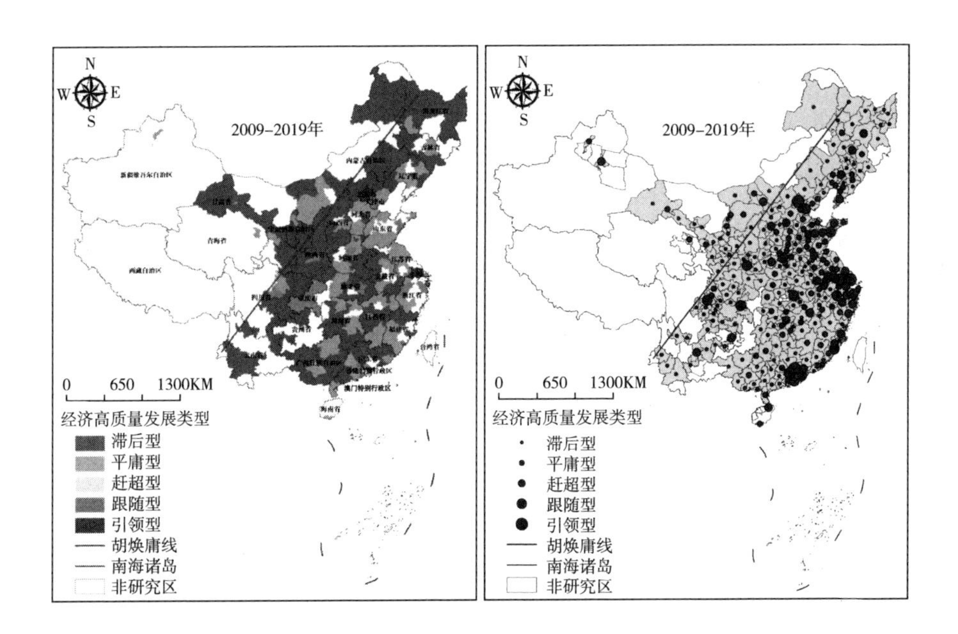

图 3-31　2009~2019 年中国 284 个地级市经济高质量发展类型分布

注：此图根据国家测绘地理信息局标准地图（GS（2019）1697 号）绘制，底图无修改。

考察期内城市经济高质量发展整体呈现“头轻脚重”的金字塔形结构。对2009~2019年中国284个地级市的经济高质量发展指数进行取均值处理，经济高质量发展引领型城市5个，占考察城市样本数量的1.76%；跟随型城市15个，占考察城市样本数量的5.28%；赶超型城市33个，占考察城市样本数量的11.62%；平庸型城市82个，占考察城市样本数量的28.87%；滞后型城市149个，占考察城市样本数量的52.47%。因此，从经济高质量发展平均指数分类来看，超过一半的城市经济发展质量还较低，赶超型水平以上的城市占比为18.66%，还未达到1/5。

从四大板块的城市分布数量来看（见表3-12），较高经济发展质量水平的城市主要分布在东部地区，中部地区次之，西部和东北地区较少，在四大板块分布上呈现“不均衡不协调”的特征。经济高质量发展的领跑型城市有5个，全部位于东部发达沿海地区，表明东部地区是经济高质量发展的“领头雁”。经济高质量发展的跟随型城市有15个，东部地区有10个（占比为66.67%），中部地区有2个（占比为13.33%）和西部地区有3个（占比为20%），表明良好经济发展质量水平的城市分布主要集中在东部地区，中部和西部地区也存在一部分，东北地区没有。经济高质量发展赶超型城市有33个，东部地区有19个（占比为57.58%），中部地区有6个（占比为18.18%），西部地区有4个（占比为12.12%）和东北地区有4个（占比为12.12%）。

表3-12　2009~2019年中国284个地级市经济高质量发展水平分类与区域分布

类型/城市数	范围阈值	东部地区	中部地区	西部地区	东北地区
引领型（5个）	[0.3936, 0.6924)	5（100%）：上海、北京、深圳、广州、苏州	—	—	—
跟随型（15个）	[0.2143, 0.3935)	10（66.67%）：东莞、天津、杭州、南京、宁波、佛山、厦门、青岛、无锡、珠海	2（13.33%）：武汉、郑州	3（20%）：重庆、成都、西安	—

续表

类型/城市数	范围阈值	东部地区	中部地区	西部地区	东北地区
赶超型（33个）	[0.1217，0.2142)	19（57.58%）：济南、福州、常州、中山、温州、嘉兴、金华等	6（18.18%）：长沙、合肥、太原、南昌、洛阳、芜湖	4（12.12%）：昆明、乌鲁木齐、贵阳、呼和浩特	4（12.12%）：沈阳、大连、长春、哈尔滨
平庸型（82个）	[0.0748，0.1216)	37（45.12%）：江门、临沂、泰州、唐山、湖州、扬州、威海、三亚等	23（28.05%）：马鞍山、株洲、新乡、铜陵、宜昌、湘潭、赣州、蚌埠等	13（15.85%）：兰州、包头、克拉玛依、鄂尔多斯、银川、桂林、柳州等	9（10.98%）：阜新、大庆、鞍山、本溪、吉林、盘锦等
滞后型（149个）	[0.0350，0.0747)	15（10.07%）：莆田、清远、茂名、张家口、南平、潮州等	49（32.89%）：黄山、永州、商丘、郴州、张家界、宣城、黄石等	64（42.95%）：咸阳、遵义、榆林、攀枝花、石嘴山、乐山等	21（14.09%）：辽阳、牡丹江、丹东、通化、齐齐哈尔、鹤岗等

注：由于城市数量较多，个别地级市省略。

经济高质量发展平庸型城市有82个，其中东部地区有37个（占比为45.12%），中部地区有23个（占比为28.05%），西部地区有13个（占比为15.85%）和东北地区有9个（占比为10.98%），说明较低经济发展质量水平的城市主要分布在东部地区，中部地区次之，西部和东北地区较少。经济高质量发展滞后型城市有149个，其中东部地区有15个（占比为10.07%），中部地区有49个（占比为32.89%），西部地区有64个（占比为42.95%）和东北地区有21个（占比为14.09%），表明较差水平的经济发展质量城市主要集中于西部、中部和东北地区，东部地区较少。

从四大板块的纵向分布来看，东部地区城市经济高质量发展呈现出“两边小，中间大”的橄榄形结构；中西部地区和东北地区城市呈现出“头轻脚重”的金字塔形结构。对于经济高质量发展的分类或地区分布形态，比较理想的结构应该为“头重脚轻”的倒金字塔结构。所以，城市经济高质量发展要立足双循环的新发展格局，以点带线，以线集圈成带，协同推动产业、区域间的关联创新与融合发展，打通内需、消费、市场和产业等内部循环，推动新时代城市经济高质量发展。

3.3.4.2 经济高质量发展的格局演变

与前文做法一致，进一步探讨2009~2019年中国284个地级市经济高质量发展的空间格局演变方向、中心、形状和集聚分布（见表3-13和图3-32）。结果表明，2009~2019年284个地级市经济发展质量空间分布总体呈现"东（略偏北）—西（略偏南）"的空间格局，分布形状呈椭圆分布，长轴远大于短轴。

表3-13 2009~2019年中国284个地级市标准差椭圆参数

年份	椭圆面积（10^6 平方千米）	中心经度	中心纬度	长半轴（千米）	短半轴（千米）	旋转角（度）	重心位置	迁移距离（千米）与方向
2009	25.43	115.06	32.98	10.84	7.47	15.86	河南信阳市	—
2012	25.72	114.96	32.99	10.83	7.56	16.16	河南驻马店市	9.40（西）
2016	25.77	114.82	32.87	10.75	7.63	15.05	河南信阳市	17.21（西南）
2019	25.52	114.79	32.64	11.61	9.77	14.40	河南信阳市	24.44（南）

资料来源：根据ArcGIS10.2测算得出。

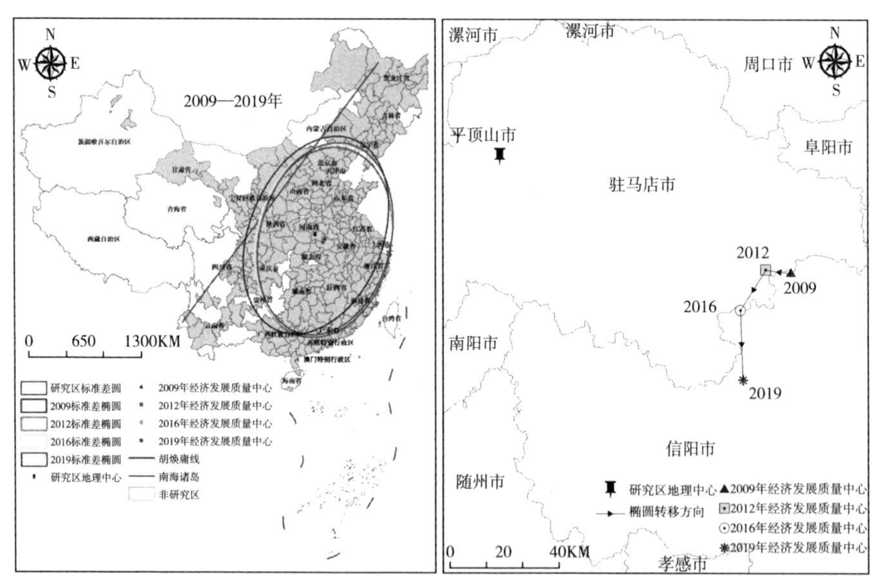

图3-32 2009~2019年中国284个地级市经济发展质量时空分布格局

注：此图根据国家测绘地理信息局标准地图（GS（2019）1697号）绘制，底图无修改。

研究期284个地级市的经济发展质量水平的总体分布范围有所扩大，呈现先扩大后缩小的变化态势，经济质量较高的城市主要位于胡焕庸线东南部，与我国经济发展、人口分布的总体格局基本一致。从标准差椭圆的面积大小和分布范围变化看，由2009年的25.43×10^6平方千米扩大为2016年的25.77×10^6平方千米，然后略微缩小为2019年的25.52×10^6平方千米。整体而言，标准差椭圆的面积扩大了0.09×10^6平方千米，增加了0.35%。

从长轴和短轴的变化情况来看，2009~2019年研究样本城市经济高质量发展的长轴和短轴逐渐变长，标准差椭圆的旋转角先变大后减小，呈顺时针旋转，说明区域空间经济发展质量存在空间分异性。具体而言，长半轴由2009年的10.84千米减小为2012年的10.83千米，再减少到2016年的10.75千米，再上升到2019年的11.61千米，总体增长了0.77千米。短半轴由2009年的7.47千米增加为2012年的7.56千米，再增加至2016年的7.63千米和2019年的9.77千米，总体增长了2.3千米。因此，城市经济高质量发展呈现浑圆发展，这归功于国家对承东启西和连南贯北方向经济区域协调发展战略。旋转角先从2009年的15.86°增大到2012年的16.16°再减小至2019年的14.40°，表明中国城市经济发展质量在空间上向西南方向集聚发展。

从标准椭圆的中心时序移动方向来看，城市经济高质量发展的分布中心“一路南移”，整体向西南方向移动。具体而言，从研究样本经济高质量发展的分布中心看，2009年，首先由河南省北部的信阳市息县（东经115.06°E，北纬32.98°）向西移动9.40千米至2012年河南省驻马店市正阳县（东经114.96°，北纬32.99°）；其次，2016年再向西南迁移17.21千米到河南省的信阳市息县（东经114.82°，北纬32.87°）；最后，2019年向南移动24.44千米到达河南省信阳市的罗山县（东经114.79°，北纬32.64°）（见图3-32）。原因在于西南地区第四极“成渝经济圈”的发展崛起，以及珠三角、大湾区城市群等地区经济发展质量的大幅提升，拉动椭圆圈中心位置快速向西南方向移动。

3.4 本章小结

本章通过对284个地级市共计3090份政府工作报告进行手动整理和微词云大数据文本词频分析，结合成熟的环境规制成效指标，构建了命令控制型、市场调节型和公众引导型环境规制强度。运用空间Moran's I指数、核密度、热点分析、标准差椭圆等多种ArcGIS技术和方法对考察期内多种污染物的集聚特征事实、时空演变规律进行分析，利用主成分和地理集中度方法测度综合污染集聚度。立足于经济、社会和生态三大子系统结合DPSIR分析框架构建经济高质量发展评价指标体系，运用组合权重熵权法测算了2009~2019年我国284个地级市的经济高质量发展指数，并通过Kernel核密度、ArcGIS技术、标准差椭圆等方法，从时序变化、四大板块、城市群、空间分类、格局演变等视角分析了城市环境规制强度、污染集聚与经济高质量发展的时空演进特征与格局演化规律，为下文探讨三者间关系机理的实证检验奠定数据基础。主要结论如下：

第一，研究期中国284个地级市总体环境规制强度整体呈现不断升高的变化趋势，不同类型的环境规制强度呈现分异分化趋势。①在四大板块方面，不同类型环境规制强度均存在东部地区>中部地区>西部地区>东北地区的特征。②从城市群变化来看，整体环境规制强度呈现“先降低后提高”的变化趋势，城市群高于非城市群，但两者的差距逐渐缩小。城市群的总体环境规制强度存在一定的W字形和波浪形的波动性。③总体环境规制强度的综合均分从大到小依次为滇中>珠三角>长三角>京津冀>呼包鄂榆>山东半岛>黔中>晋中>粤闽浙>兰西>中原>宁夏沿黄>北部湾>长江中游>关中平原>成渝>哈长>辽中南。城市群环境规制强度水平在空间格局上总体存在北方高于南方，国家级城市群>区域性城市群>地方性城市群的特征。

第二，研究期中国284个城市环境污染呈现局部污染集聚特征，污染范围和规模的改善效果明显，总体改善率为10.35%，污染改善率由高到低依次为工业二氧化硫排放量>工业废水排放量>城市PM2.5浓度>工业烟尘排放量；不同类型的污染物而言，空间聚集分布的位置、程度具有分异性，城市综合污染集聚存在显著的梯度差异和两极分化趋势。①从四大板块方面空间特征来看，考察期内综合污染集聚度均值东部地区>中部地区>西部地区>东北地区。②从城市群排序来看，考察期内城市群污染集聚度均值从大到小依次为中原>长三角>京津冀>珠三角>山东半岛>晋中>粤闽浙>关中平原>长江中游>辽中南>成渝>滇中>呼包鄂榆>黔中>兰西>宁夏沿黄>北部湾>哈长。华北地区的污染集聚较高，东北、华南地区和西北地区的污染集聚相对较低。总体上北方地区污染集聚水平高于南方地区，这与能源依赖、产业集聚、地理位置、气候条件、地形地貌、环境规制等因素有关。③考察期内城市污染集聚整体空间格局分布呈现“东（略偏北）—西（略偏南）”的方向“浑圆”扩张发展，存在分化的非均衡变动。从标准差椭圆的中心移动看，污染集聚的中心整体向西北方向移动。究其原因，这与区域环境规制强度、产业转移有关。

第三，考察期内中国城市经济高质量发展平均水平整体呈稳步上升趋势。①Kernel核密度曲线表明，从时间发展趋势来看，城市经济高质量发展水平逐年提升，区域空间差异与不均衡性有所扩大。较高经济高质量发展城市比重较低，与较低水平经济发展质量地区差距明显，具有一定的“马太效应”，且赶超效应较弱。②经济高质量发展评价的5个子系统中，按照由大到小排序依次为响应指数、影响指数、状态指数、驱动力指数和压力指数，但压力指数增长率最高，表现出经济高质量发展的内生驱动力有待激发的状态。③在区域空间特征方面，经济高质量发展水平四大板块中东部地区>中部地区>东北地区>西部地区，南方地区高于北方地区，城市群经济发展质量优于非城市群，城市群经济高质量发展水平从大到小依次为珠三角>长三角>京津冀>山东半岛>粤闽浙>呼包鄂榆>辽中南>滇中>中原>成渝>长江中游>黔中>哈长>晋中>兰西>关中>北部湾>宁夏沿黄，总体呈现“东高西低、南高北低”的发展格局。④从空间分类视角来看，高质量经济发展分类呈现“金字塔”结构，引领型经济高质量类型抱团且地位稳固，跟随型和赶超型次之，平庸型和滞后型城市最多。塔尖的引领型城市主要为直辖市、省会城市、副省级城市和计划单列市，塔座低端的滞后型城市大多数位于西部地区、东北地区、省界城市或资源枯竭型城市，并且彼此之间水平相差悬殊。⑤从空间分布范围与中心演化来看，城市经济高质量发展整体空间格局分布呈现“东（略偏北）—西（略偏南）”的方向，存在分异化的非均衡变动，分布范围稍微呈现东西方向的“浑圆”协调发展。经济高质量发展平均中心整体向西南地区偏移，特别是向南移动距离较大，这与近些年来施行的成渝经济圈、珠三角、港珠澳大湾区等重大区域战略有关。

第4章　环境规制对经济高质量发展的影响分析

目前学术界关于环境规制与经济发展的关系存在成本抑制论、创新促进论和不确定（非线性关系）的三种观点。基于前人丰富的研究基础，本书以手动整理的政府工作报告进行大数据文本词频统计，扩展和丰富了环境规制测度指标，研究的主要问题为我国命令控制型、市场调节型和公众引导型环境规制工具是否能够促进城市经济高质量发展？这种作用机制是否存在区域异质性特征和空间溢出性？异质性环境规制是否存在政策滞后性、交互作用以及门槛效应？基于前文第3章测度的环境规制强度和城市经济高质量指数，探讨异质性环境规制对经济高质量发展在整体、区域、时间、协同方面的影响机制。

4.1　模型设定与变量说明

4.1.1　计量模型设定

4.1.1.1　基准回归

为进一步检验环境规制对城市经济高质量发展的影响，引入环境规制二次方项，检验两者的非线性关系，基准回归模型为：

$$HED_{it}=\alpha_0+\alpha_1 ER_{it}+\alpha_3 X_{it}+\mu_i+\varepsilon_{it}$$

$$HED_{it}=\alpha_0+\alpha_1 ER_{it}+\alpha_2 ER_{it}^2+\alpha_3 X_{it}+\mu_i+\varepsilon_{it} \quad (4-1)$$

其中，HED 表示城市经济高质量发展水平；ER 表示命令控制型（cer）、市场调节型（eer）和公众引导型（ver）环境规制；ER^2 表示环境规制二次项，根据一次、二次项系数正负符号表征二者关系（见表 4-1）；X 表示其他控制变量集，包括人均 GDP（pgdp）、对外开放度（fdi）、金融发展水平（fin）、人口规模（pop）、技术创新水平（rd），并对以上控制变量取对数，以消除异方差；i 表示地级市截面单位；t 表示年份；α_0 ~ α_3 表示待估系数；μ_i 表示固定效应；ε 表示随机扰动项。

表 4-1 关系类型

系数 α_1（≠0）	系数 α_2（≠0）	ER 与 HED 关系
$\alpha_1>0$	$\alpha_2<0$	呈倒 U 型曲线关系
$\alpha_1<0$	$\alpha_2>0$	呈正 U 型曲线关系

4.1.1.2 空间计量模型

城市经济高质量发展是城市建设和发展的重要指标，存在一定的空间相关性和空间效应。一般计量经济学模型忽视了环境规制、经济发展的空间交互分割的区际特点，且以往回归假设研究对象相互独立，系数结果为平均效应，多为“均值回归”，导致估计结果出现偏差（余永泽，2015），LeSage 和 Pace（2009）指出空间计量模型能够捕捉到时空锁定导致的系统性偏差。因此，本章引入空间误差、滞后和杜宾模型，揭示环境规制对城市经济高质量发展的影响机理。

基准空间计量模型设定：

$$\begin{cases} HED_{it} = \alpha + \rho \sum_{j=1,\ i \neq j}^{N} W_{ij} HED_{it} + \beta_1 ER_{it} + \gamma_1 \sum_{j=1,\ i \neq j}^{N} W_{ij} ER_{ijt} + \beta_2 X_{it} + \\ \qquad \gamma_2 \sum_{j=1,\ i \neq j}^{N} W_{ij} X_{ijt} + \mu_t + \nu_i + \varepsilon_{it} \\ \varepsilon_{it} = \lambda \sum_{j=1,\ i \neq j}^{N} W_{ij} \varepsilon_{it} + \mu_{it} \end{cases} \tag{4-2}$$

其中，i 表示城市，t 表示年份。ER_{it} 表示地区 i 在 t 时间的命令控制型（cer）、市场调节型（eer）和公众引导型（ver）环境规制，X 为控制变量向量。ρ 指空间自回归系数，表示空间溢出效应；λ 指空间自相关系数。在通过显著性的前提下，ρ 大于 0 时表明周边城市对本地经济高质量发展存在空间溢出效应；ρ 小于 0 时表明周边城市对本地经济高质量发展存在空间集聚效应，W_{ij} 代表 n×n 空间权重矩阵，一般有 0-1 相邻矩阵、地理距离矩阵和经济距离矩阵，μ_t、ν_i 分别是时间效应与地区效应，ε_{it} 为残差项。

4.1.1.3　门槛模型

为了检验环境规制对城市经济高质量发展的实际效果，确定合理环境规制的区间范围。设定命令控制型环境规制为核心解释变量，市场调节型和公众引导型环境规制作为门槛变量，探究不同类型环境规制政策的面板门槛模型，明确环境规制的拐点区间与阈值，设定的门槛模型如下：

$$HED_{it} = \alpha_0 + \alpha_1 cer_{it} \times eer(eer_{it} \leq \gamma_1) + \alpha_2 cer_{it} \times eer(\gamma_1 < eer_{it} \leq \gamma_2) + \alpha_3 cer_{it} \times eer(eer_{it} > \gamma_2) + \theta X_{it} + \mu_i + \varepsilon_{it} \tag{4-3}$$

$$HED_{it} = \alpha_0 + \beta_1 cer_{it} \times ver(ver_{it} \leq \gamma_1) + \beta_2 cer_{it} \times ver(\gamma_1 < ver_{it} \leq \gamma_2) + \beta_3 cer_{it} \times ver(ver_{it} > \gamma_2) + \theta X_{it} + \mu_i + \varepsilon_{it} \tag{4-4}$$

其中，HED_{it} 表示城市经济高质量指数；cer_{it}、eer_{it} 和 ver_{it} 分别表示命令控制型、市场调节型和公众引导型环境规制强度，为核心解释变量；X_{it} 表示相关控制变量，一般命令控制型环境规制是一种刚性较强的环境规制，所以将 eer_{it} 和 ver_{it} 作为环境规制门槛；γ 表示环境规制门槛值，

α_1、α_2 和 α_3 与 β_1、β_2 和 β_3 表示不同环境规制强度区间的斜率；μ_i 表示固定效应；ε_{it} 表示随机干扰项。

4.1.2 变量说明与数据来源

4.1.2.1 变量说明

（1）被解释变量。

经济高质量发展指数是本章的被解释变量，第 3 章已对该指标进行详细说明。基于经济、生态和社会三个维度和 DPSIR 框架构建城市经济高质量发展评价指标体系，并运用组合熵权法进行评价测度。

（2）核心解释变量。

环境规制是核心解释变量，包括命令控制型、市场调节型和公众引导型环境规制，具体测算详见第 3 章。

（3）控制变量。

鉴于本书经济高质量发展是一个多维度综合指标，经济高质量发展是以提高经济全要素生产率为核心要义。依据 Cobb-Douglas 数学模型和 Solow 经济增长模型，经济发展质量离不开人口、技术、投资等要素的投入。根据 1969 年戈德史密斯首次提出的“金融结构论”，后来经济学家麦金农和肖提出“金融深化”论，体现出金融发展对经济发展也具有重要作用。基于此，本章选取了人均 GDP（pgdp）、技术创新水平（rd）、外商直接投资（fdi）、金融发展水平（fin）和人口规模（pop）五个控制变量，通过控制这些因素，减轻控制变量对被解释变量的回归偏差影响。

地区经济发展水平对经济发展质量具有重要影响，根据马克思“量变引起质变”的原理，一个地区经济发展水平越高，经济发展的韧性、基础和潜力就越强，对经济高质量发展具有重要支撑作用。借鉴上官绪明和葛斌华（2020）的研究，本书用人均国内生产总值（人均 GDP）加以表征，并利用平减指数剔除价格等因素对 GDP 的影响，预期符号为正。

技术创新能够驱动产业转型升级，通过专利赋能提高商品的质量品质，提高附加值和国际竞争力，是持续提升经济增长效率与质量的法宝。借鉴马昱等（2020）的研究，本书技术创新水平（rd）选取发明专利申请量作为城市技术创新的替代变量，预期符号为正。

金融发展可以激发市场活力，稳定通货膨胀、投资水平和汇率变动，避免不稳定因素的内外部冲击，促进地区经济发展质量的可持续发展。借鉴唐琳等（2020）的研究，本书金融发展水平（fin）采用金融机构存贷款余额与地区 GDP 的比例来衡量，预期符号为正。

依据新古典增长理论和污染光环效应以及我国改革开放的经济经验，外资对我国经济发展至关重要，我国开放的大门只会越来越大，伴随外资的先进生产模式、管理模式和技术溢出，在一定程度上能降低地区污染水平，提高生产率，促进就业水平，增强经济发展活力和提升经济增长率。参考李娜娜和杨仁发（2019）的研究，本书外资水平（fdi）用实际利用外商投资额表示，预期符号为正。

根据人力资本理论，人是最活跃的第一生产要素。一定的区域人口规模以生产、消费、就业等方式推动经济内循环发展，形成强大市场规模，促进经济高质量发展。本书人口规模（pop）使用市辖区年均户籍人口数表征，预期符号为正。

4.1.2.2 数据来源

本部分采用 2009~2019 年全国 284 个地级市作为研究对象（因数据缺失及撤市并区原因，不包括铜仁、哈密、巢湖、日喀则、林芝、山南以及港澳台地区的城市数据），数据主要来源于《中国城市统计年鉴》（2010~2020 年）、《中国区域经济统计年鉴》（2010~2020 年）、《中国环境统计年鉴》（2010~2019 年）、《中国城市建设统计年鉴》（2010~2020 年）、考察期内国家统计局、各地级市统计年鉴、国民经济与社会统计公报以及统计网站等，其中部分数据来源于中经网数据库、Wind 数据库，缺失数据以线性插值法和 ARIMA 运算予以补齐，变量描述性统计如表 4-2 所示。

表 4-2　变量描述性统计

解释变量	观测数	均值	标准差	最小值	最大值
HED	3124	0.100	0.083	0.035	0.682
cer	3124	0.412	0.181	0.000	1.000
eer	3124	0.340	0.177	0.000	1.000
ver	3124	0.136	0.150	0.000	1.000
lnpgdp	3124	10.592	0.623	8.410	13.056
lnfdi	3124	11.728	2.002	3.008	16.835
lnfin	3124	2.344	1.182	0.588	21.301
lnpop	3124	4.629	0.869	-2.303	7.813
lnrd	3124	7.355	1.768	2.303	12.474

4.2　实证结果

4.2.1　相关性检验

通过对涉及变量进行 Person 线性相关性和方差膨胀系数（VIF）检验，避免变量之间的多重共线性，检验结果如表 4-3 所示。结果发现，大多数变量的相关系数小于 0.5。同时，在 VIF 检验中 rd 的方差膨胀因子系数（VIF=3.23）最大，命令控制型环境规制（cer）、市场调节型环境规制（eer）和公众参与型环境规制（ver）的方差膨胀系数 VIF 分别为 1.23、1.18 和 1.89，其他变量的方差膨胀因子均小于 10，平均 VIF 为 1.89，严重的多重共线性并不存在。

表 4-3　相关系数

解释变量	HED	cer	eer	ver	pgdp	fdi	fin	pop	rd
HED	1								
cer	0.210***	1							

续表

解释变量	HED	cer	eer	ver	pgdp	fdi	fin	pop	rd
eer	0.239***	0.300***	1						
ver	0.710***	0.325***	0.277***	1					
lnpgdp	0.564***	0.143***	0.108***	0.494***	1				
lnfdi	0.597***	0.070***	0.204***	0.508***	0.513***	1			
lnfin	0.455***	0.254***	0.090***	0.494***	0.219***	0.125***	1		
lnpop	0.561***	0.186***	0.177***	0.540***	0.283***	0.453***	0.310***	1	
lnrd	0.683***	0.237***	0.236***	0.626***	0.683***	0.650***	0.370***	0.549***	1

注：***、**和*分别表示在1%、5%和10%的水平上显著。本书余同。

4.2.2　基准模型分析

为了考察异质性环境规制对城市经济高质量发展的影响，根据前文设定的基准模型进行回归，对数据指标进行平稳性 ADF 检验，结果均通过。通过 Hausman 检验和 R^2 值比较，选择时间和个体双固定效应模型，结果如表 4-4 所示。

表 4-4　基准回归结果

解释变量	模型 1	模型 2	模型 3	模型 4	模型 5	模型 6
cer	0.0090*** (3.29)	0.0171*** (3.17)	—	—	—	—
cer^2	—	-0.0118* (-1.74)	—	—	—	—
eer	—	—	-0.0028* (-2.41)	-0.0176*** (-3.46)	—	—
eer^2	—	—	—	0.0294*** (4.34)	—	—
ver	—	—	—	—	0.0166*** (6.94)	-0.0139*** (-2.93)
ver^2	—	—	—	—	—	0.0391*** (7.21)

续表

解释变量	模型 1	模型 2	模型 3	模型 4	模型 5	模型 6
pgdp	0.0095*** (9.34)	0.0094*** (9.19)	0.0098*** (9.60)	0.0098*** (9.63)	0.0090*** (8.85)	0.0092*** (9.11)
fdi	0.0016*** (8.22)	0.0016*** (8.21)	0.0017*** (8.48)	0.0017*** (8.53)	0.0017*** (8.59)	0.0017*** (8.59)
fin	0.0007** (2.55)	0.0007*** (2.62)	0.0006** (2.29)	0.0006** (2.20)	0.0007** (2.38)	0.0007** (2.53)
pop	0.0050*** (5.33)	0.0050*** (5.39)	0.00497*** (5.34)	0.0050*** (5.32)	0.00482*** (5.23)	0.0050*** (5.43)
rd	0.0011*** (3.06)	0.0010*** (2.97)	0.0011*** (3.22)	0.0011*** (3.22)	0.0011*** (3.10)	0.0012*** (3.60)
_cons	-0.0526*** (-5.89)	-0.0517*** (-5.77)	-0.0554*** (-6.21)	-0.0556*** (-6.24)	-0.0487*** (-5.47)	-0.0500*** (-5.67)
地区固定	是	是	是	是	是	是
年份固定	是	是	是	是	是	是
R^2	0.5911	0.5880	0.5632	0.5697	0.6134	0.6191
F	169.81	146.09	168.31	147.78	178.24	162.95

进行命令控制型、市场调节型和公众引导型环境规制对经济发展质量指数的回归，并引入各个环境规制强度二次项进行估计。从单一作用来看，根据模型1、模型3和模型5的回归结果，命令控制型、公众引导型环境规制对经济高质量发展在1%的显著性水平下起正向促进作用，符合规制经济学的公共利益理论和激励理论。市场调节型环境规制对经济高质量发展作用在10%的显著性水平下为负向抑制作用，存在规制的俘获效应和约束效应，验证了假设H1a、假设H1b和假设H1c。

在代入各类环境规制的二次项后，模型2的回归结果表明，命令控制型环境规制对经济高质量发展的一次项系数为正，二次项系数为负，分别通过1%和10%的显著性检验，表明命令控制型环境规制与经济高质量发展水平两者间呈现倒U型曲线关系。表明排污标准、总量控制和限期整改等环境政策，一开始的确可以强制企业进行设备的更新换代，提高“三高”企业或产业的全要素生产率，但随着命令型环境规制政策的层层加码和过

度严苛，受限于技术进步、资金等因素，反而会阻碍地区经济发展质量的进一步提高。因此，适度强度的命令控制型环境规制才能促进企业提高全要素生产率，促进产业绿色低碳转型，进而提高区域经济发展质量。

模型4的回归结果表明，市场调节型环境规制对经济高质量发展的一次项系数为-0.0176，二次项系数为0.0294，均通过1%显著性检验，说明两者之间存在U型曲线关系，即短期内市场型环境规制不利于经济高质量发展，但随着环境强度的增强，反而能够促进经济高质量发展。可能的原因在于在实行市场调节型环境规制的前期，排污费、排污权交易、环保税等规制政策在一定程度上加重了企业的治理成本，挤占了以扩大产量和规模为途径的利润、补贴等资金，可能并没有全部用于地区产业升级或技术改造，个别企业可能存在“漂绿”欺瞒或谎报行为，这样大大降低了企业产品利润和竞争力，从而拉低了产业发展水平。但是，随着政府对企业的市场激励规制的力度和补贴逐渐增大，进一步提高了企业积极性和能动性，给予企业信心持续进行技术创新投入和产出，产生了可持续的市场竞争力，高科技产品大量占有市场，抵消了规制成本，从而对经济高质量发展产生促进影响。因此，提高市场调节型环境规制的强度，才能充分调动被规制主体的能动性、积极性和创新性，从而促进区域经济高质量发展。

模型6的回归结果表明，公众引导型环境规制对经济高质量发展的一次项显著为负，二次项显著为正，说明公众引导型环境规制与经济高质量发展水平两者间呈现U型曲线关系。即在公众引导型环境规制力度较弱时，并不能对城市经济发展质量产生促进作用，但是当跨过一定临界点或阈值后，公众引导型环境规制能够有效促进城市经济发展质量的提高。可能的原因在于，公众引导型环境规制对区域经济高质量发展需要人民的广泛关注和倒逼监督，只有在人民、媒体等广泛热议下，公众媒体的广泛参与和监督，才能引起政府、企业的足够重视，坚持以人民为中心的思想，促进政府下定决心提高经济发展效率，倒逼企业投入资金，内化污染外部性成本，促进技术进步与产业升级，实施绿色清洁型生产模式，改善了区域生态环境质量，推动区域经济高质量发展。

综上所述，相比于市场调节型环境规制，考察期内命令控制型、公众引导型环境规制对经济高质量发展的促进效果更好，市场调节型环境规制的影响效果可能受到规制强度大小、地区市场分割、市场机制不健全等方面影响，没有达到预期最佳效果。所以，充分发挥环境规制的“提质增效”作用，需要关注环境规制的实施强弱和时效的配合，前期应以命令控制型环境规制为主，后期辅以市场调节型和公众引导型环境规制，才能更好地发挥环境规制“提质增效”的协同作用。

关于控制变量的作用，从系数正负值来看，经济发展水平（pgdp）、外资水平（fdi）、金融发展水平（fin）、人口规模（pop）和技术创新水平（rd）均通过1%的显著性检验，有利于促进城市经济高质量发展。具体来看，第一，城市经济发展水平越高，地区经济高质量发展越高，人民的人均收入越高，人民对城市的认同感越强，对政府治理的信任感和满意度越高。第二，引导外资投资高新技术、智能制造和其他资金密集型产业，能够吸纳城市劳动力就业，培育形成一批产业技术技能型专业人才，通过先进技术和管理模式的溢出，促进产业结构升级优化，提高城市全要素生产率。第三，通过调整金融发展结构，优化融资结构，比如大数据金融、第三方支付、互联网金融等，促进金融与经济发展的持续繁荣，充分发挥金融的稳定、活力、兴旺作用，促进产业与经济持续健康发展。第四，一定规模的城市人口促进新型城镇化发展，形成市场消费“内循环”的市场需求，以市场需求牵引产业供给，发挥人才竞争和集聚规模效应，提高区域经济韧性，这些均助力经济高质量发展。第五，技术创新能够带来先进生产力变革，提高构建专利竞争壁垒，提高核心竞争力，实现品牌溢价和增加值，进而培育地区发展新动能和优势，优化区域产业体系，获得产业链中高端价值链的上游利润。

4.2.3 稳健性检验

4.2.3.1 替换方法

为了检验基准回归的稳健性，通过替换方法进行稳健性检验。通过两

个方面进行可靠性检验：第一，改变估计模型，采用 Bootstrap 方法将样本作为一个整体，以“有放回”的抽样自主样本对整体进行统计推断，得到有效的估计量；第二，采用 PCSE 检验方法（Panel Corrected Standard Errors，面板校正标准误），修正研究样本的异方差、组内自相关以及截面同期相关，以期得到更加严谨的结果。

如表 4-5 所示，模型 1 至模型 3 和模型 4 至模型 6 分别为 Bootstrap 法（默认指定的 reps=50 次）和 PCSE 法检验结果，观察主要变量的符号方向以及显著性水平。实证结果显示，命令控制型环境规制与经济高质量发展水平之间存在倒 U 型关系，市场调节型、公众引导型环境规制与经济高质量发展之间呈现 U 型关系，回归结果与基准模型保持一致，验证了本书结果的可靠性和稳健性。

表 4-5 稳健性检验结果 1

解释变量	Bootstrap 法检验估计			PCSE 法检验估计		
	模型 1	模型 2	模型 3	模型 4	模型 5	模型 6
cer	0.0243** (2.5320)	—	—	0.0150*** (3.9264)	—	—
cer^2	-0.0164 (-0.9550)	—	—	-0.0194*** (-3.6075)	—	—
eer	—	-0.0159** (-2.2702)	—	—	-0.0078*** (-2.6449)	—
eer^2	—	0.0287*** (2.8548)	—	—	0.0121*** (2.7329)	—
ver	—	—	-0.0179* (-1.4834)	—	—	-0.0069** (-2.0657)
ver^2	—	—	0.0467** (2.1626)	—	—	0.0133* (1.7491)
pgdp	0.0084*** (5.2390)	0.0108*** (5.7278)	0.0101*** (5.5600)	0.0090*** (13.9539)	0.0099*** (16.1835)	0.0086*** (14.2161)
fdi	0.0021*** (7.6355)	0.0022*** (7.3240)	0.0022*** (7.9040)	0.0015*** (14.4367)	0.0016*** (13.8857)	0.0019*** (17.1101)

续表

解释变量	Bootstrap 法检验估计			PCSE 法检验估计		
	模型 1	模型 2	模型 3	模型 4	模型 5	模型 6
fin	0.0010* (1.9452)	0.0008 (1.6364)	0.0009* (1.8892)	0.0008*** (5.3257)	0.0006*** (3.2373)	0.0008*** (4.9308)
pop	0.0087*** (4.2903)	0.0078*** (3.2441)	0.0079*** (3.9107)	0.0039*** (7.4125)	0.0031*** (5.6408)	0.0042*** (8.9929)
rd	0.0012** (2.1976)	0.0013** (2.4046)	0.0014** (2.4839)	0.0016*** (7.5788)	0.0019*** (8.5000)	0.0021*** (9.8336)
_cons	-0.0671*** (-4.1976)	-0.0752*** (-3.9956)	-0.0694*** (-4.1418)	-0.0710*** (-11.2927)	-0.0697*** (-11.2105)	-0.0753*** (-12.7858)
地区固定	是	是	是	是	是	是
年份固定	是	是	是	是	是	是
R^2	0.5950	0.5451	0.6019	—	—	—
Wald chi2	303.07	203.27	319.33	1080.59	1028.50	1449.10

4.2.3.2 替换指标

依据第 3 章环境规制的测度，将命令控制型、市场调节型和公众引导型环境规制替换为常用的成效数据，即分别为城市生活垃圾无害化处理率、污水处理厂集中处理率的加权合成的综合指数、城市环保税收入和百度指数年平均数，进行基准模型回归，具体结果如表 4-6 所示，与基准回归结果保持一致。

表 4-6 稳健性检验结果 2

解释变量	模型 1	模型 2	模型 3	模型 4	模型 5	模型 6
cer	0.0012*** (6.25)	0.0011*** (2.16)	—	—	—	—
cer^2	—	-0.0001* (-1.70)	—	—	—	—
eer	—	—	-0.0023** (-4.13)	-0.0014*** (-3.12)	—	—
eer^2	—	—	—	0.0052** (2.15)	—	—

续表

解释变量	模型 1	模型 2	模型 3	模型 4	模型 5	模型 6
ver	—	—	—	—	0.0006*** (7.54)	-0.0012*** (-8.84)
ver^2	—	—	—	—	—	0.0029*** (5.37)
_cons	-0.0242*** (-2.96)	-0.0205*** (-2.42)	-0.0249*** (4.13)	-0.0245*** (-3.01)	-0.0053** (-5.63)	-0.0054*** (-5.62)
控制变量	控制	控制	控制	控制	控制	控制
地区固定	是	是	是	是	是	是
年份固定	是	是	是	是	是	是
R^2	0.6797	0.6794	0.6775	0.6770	0.6974	0.6872
F	344.79	344.98	347.26	349.12	33253	329.09

4.2.4　异质性分析

4.2.4.1　四大板块视角

基于东部、中部、西部和东北地区的四大板块，重新构建研究样本，分别进行异质性环境规制对经济高质量发展的回归检验。表 4-7、表 4-8、表 4-9 和表 4-10 分别表示东部、中部、西部和东北地区城市的回归结果，以检验假设 H1a、假设 H1b 和假设 H1c。

表 4-7 回归结果显示，东部地区城市回归结果与基准模型结果并不完全一致。无论是否加入二次项，命令控制型环境规制对经济高质量发展的影响虽为正向，但未通过显著性检验，表明考察期命令控制型环境规制对东部地区城市经济发展质量的实际效果并不明显。市场调节型环境规制对经济高质量发展整体呈现负向抑制影响，加入二次项后，一次项回归系数显著为负（$p<5\%$），二次项回归系数显著为正（$p<10\%$），表明市场调节型环境规制与经济高质量发展之间呈现 U 型非线性关系，但考察期间整体处于拐点左侧。所以需要加大市场调节型环境规制强度，从而促进经济高质量发展。公众引导型环境规制对经济高质量发展整体呈现正向促进

影响，加入二次项后，一次项回归系数显著为负（p<5%），二次项系数显著为正（p<1%），表明公众引导型环境规制与经济高质量发展之间也呈现U型非线性关系，考察期间整体处于拐点右侧。原因在于，东部地区经济发展进入较高水平阶段，市场运行体制机制较为成熟，总体迈过“有数量增长无质量提升”的阶段。另外，近年来国家实施了东部地区工业转型和产业转移政策，“三高”企业逐步向中部、西部地区转移，东部地区主要以外贸、金融、服务和高科技等产业为主，命令控制型环境规制对经济高质量发展的效果不明显。相较而言，以市场调节型、公众引导型方式的环境规制更能通过市场机制激发进行技术研发、创新和产业升级，促进低碳清洁的新能源、互联网、大数据等产业的快速发展，从而提高资源配置效率，营造区域市场竞争的营商氛围，改善了人居环境质量，促进经济高质量发展。

表 4-7 东部地区城市回归结果

解释变量	模型 1	模型 2	模型 3	模型 4	模型 5	模型 6
cer	0.0015 (0.33)	-0.0022 (-0.22)	—	—	—	—
cer^2	—	0.0044 (0.40)	—	—	—	—
eer	—	—	-0.0054* (-1.68)	-0.0181** (-2.45)	—	—
eer^2	—	—	—	0.0163* (1.91)	—	—
ver	—	—	—	—	0.0159*** (3.44)	-0.0222** (-2.29)
ver^2	—	—	—	—	—	0.0506*** (4.44)
pgdp	0.0062** (2.54)	0.0062** (2.56)	0.0059** (2.44)	0.0058** (2.40)	0.0050** (2.02)	0.0048** (1.98)
fdi	0.0034*** (4.43)	0.0034*** (4.39)	0.0033*** (4.35)	0.0034*** (4.43)	0.0035*** (4.57)	0.0034*** (4.48)

续表

解释变量	模型 1	模型 2	模型 3	模型 4	模型 5	模型 6
fin	0.0006 (0.63)	0.0006 (0.62)	0.0005 (0.50)	0.0003 (0.33)	0.0004 (0.45)	0.0007 (0.72)
pop	0.0020 (1.02)	0.0019 (1.01)	0.0019 (1.02)	0.0020 (1.08)	0.0019 (1.00)	0.0022 (1.17)
rd	0.0046*** (5.11)	0.0046*** (5.12)	0.0047*** (5.22)	0.0047*** (5.28)	0.0045*** (5.13)	0.0049*** (5.56)
_cons	-0.0096 (-0.41)	-0.0099 (-0.42)	-0.0057 (-0.24)	-0.0044 (-0.19)	0.0008 (0.03)	0.0029 (0.12)
地区固定	是	是	是	是	是	是
年份固定	是	是	是	是	是	是
R^2	0.6193	0.6196	0.5972	0.5942	0.6510	0.6714
F	48.82	41.83	49.43	43.02	51.44	47.88

表 4-8 和表 4-9 回归结果显示，中部地区和西部地区城市样本的回归结果与基准回归整体上保持一致。命令控制型、公众引导型环境规制显著促进了经济高质量发展，市场调节型环境规制不利于经济高质量发展。西部地区市场调节型环境规制对城市经济高质量发展的作用不显著，作用较小，可能由于西部地区市场调节型环境规制的实施范围和企业数量较少。究其原因，由于中西部地区的资源禀赋优势，经济对煤炭、石油、钢铁、有色、电力、化工等资源型产业具有路径依赖作用，对经济发展贡献较大，在短期内无法转变。从控制变量来看，中部地区技术创新对经济高质量发展的系数不显著，西部地区的技术创新对经济高质量发展的系数显著为负，也反映出中西部地区大力推动科技研究与创新，加快产业关键核心技术攻关和研发的迫切性。

表 4-8 中部地区城市回归结果

解释变量	模型 1	模型 2	模型 3	模型 4	模型 5	模型 6
cer	0.0125*** (2.73)	0.0113 (1.06)	—	—	—	—

续表

解释变量	模型 1	模型 2	模型 3	模型 4	模型 5	模型 6
cer^2	—	0.0025 (0.12)	—	—	—	—
eer	—	—	-0.0124*** (-4.34)	-0.0125* (-1.95)	—	—
eer^2	—	—	—	0.0001 (0.01)	—	—
ver	—	—	—	—	0.0114*** (3.35)	-0.0168** (-2.49)
ver^2	—	—	—	—	—	0.0339*** (4.84)
pgdp	0.0096*** (4.96)	0.0096*** (4.95)	0.0101*** (5.35)	0.0101*** (5.34)	0.0104*** (5.47)	0.0107*** (5.69)
fdi	0.0026*** (4.84)	0.0026*** (4.84)	0.0031*** (5.70)	0.0031*** (5.67)	0.0028*** (5.08)	0.0029*** (5.33)
fin	0.0026*** (3.96)	0.0026*** (3.96)	0.0028*** (4.31)	0.0028*** (4.30)	0.0027*** (4.12)	0.0026*** (3.98)
pop	0.0066*** (4.27)	0.0066*** (4.27)	0.0057*** (3.67)	0.0057*** (3.64)	0.0068*** (4.36)	0.0065*** (4.26)
rd	0.0004 (0.60)	0.0004 (0.61)	0.0005 (0.86)	0.0005 (0.86)	0.0002 (0.27)	0.0003 (0.50)
_cons	-0.0894*** (-5.32)	-0.0895*** (-5.31)	-0.0962*** (-5.86)	-0.0963*** (-5.86)	-0.0999*** (-6.05)	-0.1010*** (-6.21)
地区固定	是	是	是	是	是	是
年份固定	是	是	是	是	是	是
R^2	0.6732	0.6728	0.6403	0.6403	0.7156	0.7147
F	104.31	89.30	107.68	92.18	105.41	96.25

表 4-9 西部地区城市结果

解释变量	模型 1	模型 2	模型 3	模型 4	模型 5	模型 6
cer	0.0263*** (3.27)	0.0072 (0.41)	—	—	—	—
cer^2	—	0.0845 (1.23)	—	—	—	—

续表

解释变量	模型 1	模型 2	模型 3	模型 4	模型 5	模型 6
eer	—	—	-0.000433 (-0.17)	-0.0073 (-1.42)	—	—
eer^2	—	—	—	0.0102 (1.53)	—	—
ver	—	—	—	—	0.0210*** (5.63)	-0.0093 (-1.13)
ver^2	—	—	—	—	—	0.0406*** (4.13)
pgdp	0.0121*** (8.71)	0.0121*** (8.75)	0.0125*** (8.94)	0.0126*** (8.99)	0.0113*** (8.14)	0.0115*** (8.38)
fdi	0.0005** (2.14)	0.0005** (2.13)	0.0005** (2.16)	0.0005** (2.21)	0.0005** (2.09)	0.0005** (2.10)
fin	0.0023*** (4.37)	0.0022*** (4.24)	0.0021*** (3.87)	0.0020*** (3.80)	0.0020*** (3.87)	0.0020*** (4.04)
pop	0.0038*** (2.83)	0.0038*** (2.78)	0.0037*** (2.69)	0.0036*** (2.66)	0.0033** (2.47)	0.0034** (2.55)
rd	-0.0012** (-2.54)	-0.0011** (-2.42)	-0.0011** (-2.34)	-0.0011** (-2.35)	-0.0010** (-2.23)	-0.0009* (-1.93)
_cons	-0.0731*** (-6.10)	-0.0731*** (-6.10)	-0.0758*** (-6.29)	-0.0757*** (-6.29)	-0.0638*** (-5.31)	-0.0654*** (-5.50)
地区固定	是	是	是	是	是	是
年份固定	是	是	是	是	是	是
R^2	0.5104	0.5078	0.4702	0.4626	0.5989	0.5891
F	56.11	48.34	53.65	46.40	60.98	55.72

表 4-10 的回归结果表明，东北地区城市的回归结果与基准模型略有差异。命令控制型环境规制与基准模型则保持一致。值得关注的是，东北地区市场调节型、公众引导型环境规制与经济高质量发展之间呈现倒 U 型非线性关系。原因在于东北地区作为我国老工业基地，具有一定的产业发展基础，适当的市场激励手段的确可以减轻产业生产成本，促进产业转型和发展效率的提高。由于近年来东北地区人才的流失，作为人

口流出地，控制变量中人口规模和科技创新对经济发展质量的作用系数为负，所以东北地区应该重视对人口的吸引和调控，让人才“引得来、留得住和发展好”。

表 4-10 东北地区城市回归结果

解释变量	模型 1	模型 2	模型 3	模型 4	模型 5	模型 6
cer	0.0433*** (2.81)	0.1060*** (3.11)	—	—	—	—
cer^2	—	-0.3820** (-2.06)	—	—	—	—
eer	—	—	0.0100*** (2.67)	0.0366*** (4.18)	—	—
eer^2	—	—	—	-0.0486*** (-3.35)	—	—
ver	—	—	—	—	0.00124* (0.09)	0.0482* (1.76)
ver^2	—	—	—	—	—	-0.139** (-1.98)
pgdp	0.00573*** (2.66)	0.00518** (2.40)	0.00459** (2.12)	0.00405* (1.89)	0.00530** (2.43)	0.00492** (2.26)
fdi	0.00164*** (5.29)	0.00162*** (5.24)	0.00162*** (5.19)	0.00159*** (5.17)	0.00170*** (5.38)	0.00174*** (5.50)
fin	0.000348 (1.07)	0.000435 (1.33)	0.000361 (1.10)	0.000522 (1.60)	0.000249 (0.76)	0.000208 (0.64)
pop	-0.0166** (-2.46)	-0.0166** (-2.47)	-0.0155** (-2.29)	-0.0174** (-2.58)	-0.0176** (-2.55)	-0.0171** (-2.49)
rd	-0.000494 (-0.64)	-0.000507 (-0.66)	-0.000123 (-0.16)	0.000125 (0.16)	-0.000384 (-0.49)	-0.000473 (-0.61)
_cons	0.0784** (2.20)	0.0831** (2.33)	0.0833** (2.34)	0.0942*** (2.67)	0.0873** (2.41)	0.0876** (2.43)
地区固定	是	是	是	是	是	是
年份固定	是	是	是	是	是	是
R^2	0.2812	0.2773	0.2706	0.2906	0.3299	0.2858
F	11.76	10.78	11.60	11.85	10.20	9.38

4.2.4.2　城市群视角

（1）城市群与非城市群。

基于城市群与非城市群样本的回归结果比较①，城市群与非城市群的回归结论与基准回归保持一致，但前者的影响作用大于后者，如表 4-11 所示。原因在于，相对于城市群样本，非城市群的经济发展基础较为薄弱，经济规模和人口规模小，城市之间的经济的关联性、互动性和协同性较弱，产业分工和合作少，城镇化水平较低，在经济发展与环境保护的抉择中存在一定矛盾，存在晋升锦标赛激烈的地方竞争，地方政府落实命令控制型、市场调节型环境规制的积极性不高。此外，由于城市群的向心集聚效应，优势资源和要素被吸引，"三高"产业或企业向非城市群转移，产生区域间的污染转移，因此，环境规制的效果大打折扣，不如预期。

表 4-11　环境规制对经济高质量发展的影响

解释变量	城市群			非城市群		
	模型 1	模型 2	模型 3	模型 4	模型 5	模型 6
cer	0.0171*** (3.1736)	—	—	0.0102* (1.5821)	—	—
cer^2	-0.0118* (-1.7408)	—	—	-0.0252*** (-3.0537)	—	—
eer	—	-0.0065* (-1.9076)	—	—	0.0025 (0.6752)	—
eer^2	—	0.0048 (1.0849)	—	—	-0.0013 (-0.2835)	—
ver	—	—	-0.0139*** (-2.9292)	—	—	-0.0222** (-2.2819)
ver^2	—	—	0.0391*** (7.2098)	—	—	0.0603** (2.4197)

① 根据"十四五"规划，我国有 19 个城市群，其他地级市为非城市群样本。本书城市群中地级市样本 199 个，非城市群中地级市样本 85 个。

续表

解释变量	城市群			非城市群		
	模型 1	模型 2	模型 3	模型 4	模型 5	模型 6
pgdp	0.0094*** (9.1930)	0.0098*** (9.6337)	0.0092*** (9.1144)	0.0081*** (7.1622)	0.0081*** (7.1024)	0.0086*** (7.6001)
fdi	0.0016*** (8.2123)	0.0017*** (8.5332)	0.0017*** (8.5855)	0.0010*** (5.7991)	0.0010*** (5.6109)	0.0010*** (5.6769)
fin	0.0007*** (2.6214)	0.0006** (2.1998)	0.0007** (2.5325)	0.0016*** (3.7505)	0.0017*** (3.8373)	0.0017*** (3.9828)
pop	0.0050*** (5.3917)	0.0049*** (5.3188)	0.0050*** (5.4338)	0.0036*** (2.9992)	0.0036*** (2.9924)	0.0036*** (2.9327)
rd	0.0010*** (2.9716)	0.0011*** (3.2196)	0.0012*** (3.6027)	0.0003 (0.8106)	0.0003 (0.8874)	0.0003 (0.9385)
_cons	-0.0517*** (-5.7711)	-0.0556*** (-6.2364)	-0.0500*** (-5.6708)	-0.0506*** (-5.0106)	-0.0505*** (-4.9806)	-0.0546*** (-5.3966)
地区固定	是	是	是	是	是	是
年份固定	是	是	是	是	是	是
R^2	0.2654	0.5635	0.2872	0.3980	0.4103	0.3907
F	146.09	144.44	162.95	68.26	65.09	66.19

（2）三大典型城市群。

根据前文城市经济高质量发展的评价结果，选取排名前三的珠三角、京津冀和长三角城市作为研究样本，探讨不同类型环境规制对三大城市群经济高质量发展的影响，具体回归结果如表 4-12 所示。回归结果表明，三大城市群样本的模型回归结果与城市群的基准模型结果保持一致。

表 4-12　三大城市群环境规制对经济高质量发展的影响

解释变量	经济高质量发展		
	模型 1	模型 2	模型 3
cer	0.0233*** (4.3901)	—	—

续表

解释变量	经济高质量发展		
	模型 1	模型 2	模型 3
cer^2	-0.0252*** (-3.4375)	—	—
eer	—	-0.0167*** (-3.7850)	—
eer^2	—	0.0291*** (5.0250)	—
ver	—	—	-0.0147*** (-3.2849)
ver^2	—	—	0.0342*** (6.5763)
_cons	-0.0682*** (-8.4863)	-0.0684*** (-8.5115)	-0.0708*** (-8.9122)
控制变量	控制	控制	控制
地区固定	是	是	是
年份固定	是	是	是
R^2	0.3044	0.3071	0.3178
F	147.07	149.01	156.61
N	528	528	528

4.3 扩展分析

4.3.1 不同类型环境规制对经济高质量发展的空间效应

考虑到城市地理、经济、交通和政策上的合作和联动性，不同区域的交互作用愈加显著，一个城市的经济高质量发展可能受到周边城市的溢出辐射影响。与此同时，环境规制作为一种政策工具，施行后产生的影响具有一定的外部性、模仿性和扩散性，超越地域距离和区划约束，出现本地区的环境规制政策可能影响周边地区经济发展质量，周边地区也可能存在

"搭便车"等现象。所以，采用一般性的面板回归模型，可能会导致回归结果产生偏差。

首先，根据地理学第一定律"相近相似"的原则，构建了反地理距离的空间权重。其次，分别对核心解释变量和被解释变量进行莫兰指数检验，结果 p 值均通过显著性检验，证明存在空间自相关性，说明城市经济高质量发展会受到周边地区影响，存在一定的空间效应，如表 4-13 所示。

表 4-13 核心变量的全局 Moran' I 指数

年份	经济高质量发展（HED）		命令控制型环境规制（cer）		市场调节型环境规制（eer）		公众引导型环境规制（ver）	
	Moran' I	Z value	Moran' I	Z value	Moran' I	Z value	Moran' I	Z value
2009	-0.025***	-10.234	-0.015***	-5.234	-0.008**	-1.957	-0.011***	-3.528
2010	-0.025***	-10.094	-0.007**	-1.979	-0.017***	-5.992	-0.014***	-4.835
2011	-0.025***	-10.153	-0.009**	-2.980	-0.013***	-4.414	-0.011***	-3.349
2012	-0.025***	-10.119	-0.022***	-8.641	-0.009**	-2.345	-0.009**	-2.571
2013	-0.024***	-9.308	-0.017***	-6.429	-0.011***	-3.268	-0.019***	-7.142
2014	-0.023***	-9.180	-0.012***	-4.149	-0.017***	-6.080	-0.008**	-2.229
2015	-0.023***	-8.882	-0.026***	-10.500	-0.018***	-6.747	-0.009**	-2.720
2016	-0.022***	-8.560	-0.025***	-10.182	-0.013***	-4.409	-0.016***	-5.863
2017	-0.022***	-8.740	-0.023***	-9.242	-0.006	-1.057	-0.011***	-3.475
2018	-0.022***	-8.662	-0.023***	-9.062	-0.006	-1.161	-0.012***	-3.747
2019	-0.023***	-9.107	-0.024***	-9.633	-0.006*	-1.283	-0.008**	-1.841

进一步地，选择合适的空间计量模型是保证回归结果稳健性和可靠性的前提。Anselin 和 Bera（1998）提出空间滞后模型（SAR）和空间误差（SEM）模型能够控制空间效应，借鉴 Elhorst（2014）具体到一般和一般到具体的模型优选思路，参考韩峰和谢锐（2017）的研究，拉格朗日乘数法（LM）检验确定空间计量模型优于 OLS 模型，Wald、LR 检验法判别空间杜宾模型（SDM）为最佳适用模型。通过 Hausman 检验，模型拒绝原假设采用固定模型，比较极大似然比（LR）、Wald 检验和拟合系数 R^2 大小比较，确定时间、个体双重固定效应的 SDM 模型较为合适。表 4-14 列出 SAR、SEM 和 SDM 的模型结果进行比较。

表 4-14 空间计量回归结果

解释变量	命令控制型环境规制（cer）			市场调节型环境规制（eer）			公众引导型环境规制（ver）		
	SAR	SEM	SDM	SAR	SEM	SDM	SAR	SEM	SDM
cer	0.0093*** (3.5637)	0.0094*** (3.5965)	0.0102*** (3.8678)	—	—	—	—	—	—
eer	—	—	—	-0.0012 (-0.6016)	-0.0011 (-0.5763)	-0.0006 (-0.2880)	—	—	—
ver	—	—	—	—	—	—	0.0218*** (9.3733)	0.0218*** (9.3449)	0.0211*** (8.9804)
pgdp	0.0082*** (6.9313)	0.0083*** (6.9540)	0.0083*** (6.9628)	0.0085*** (7.1797)	0.0086*** (7.2050)	0.0087*** (7.2649)	0.0077*** (6.5304)	0.0077*** (6.5500)	0.0078*** (6.5655)
fdi	0.0019*** (10.2967)	0.0019*** (10.3322)	0.0019*** (10.3945)	0.0019*** (10.4673)	0.0020*** (10.5013)	0.0020*** (10.6544)	0.0020*** (10.8170)	0.0020*** (10.8358)	0.0020*** (10.9305)
fin	0.0001 (0.4335)	0.0001 (0.4552)	0.0002 (0.5359)	0.0001 (0.3981)	0.0001 (0.4166)	0.0001 (0.4886)	0.0000 (0.1237)	0.0000 (0.1284)	0.0000 (0.1167)
pop	0.0041*** (4.6655)	0.0041*** (4.6174)	0.0040*** (4.5106)	0.0041*** (4.7297)	0.0041*** (4.6813)	0.0041*** (4.6135)	0.0038*** (4.3697)	0.0038*** (4.3395)	0.0038*** (4.3417)
rd	0.0003 (0.7498)	0.0003 (0.7325)	0.0002 (0.6723)	0.0003 (0.8440)	0.0003 (0.8283)	0.0003 (0.7920)	0.0003 (0.8984)	0.0003 (0.8790)	0.0003 (0.7995)

续表

解释变量	命令控制型环境规制（cer）			市场调节型环境规制（eer）			公众引导型环境规制（ver）		
	SAR	SEM	SDM	SAR	SEM	SDM	SAR	SEM	SDM
ρ	-0.8729*** (-2.5868)	—	-0.8105** (-2.3550)	-0.8599** (-2.5467)	—	-0.8019** (-2.3326)	-0.8256** (-2.4505)	—	-0.6480* (-1.8440)
λ	—	-0.8773*** (-2.9246)	—	—	-0.8563*** (-2.8398)	—	—	-0.8031** (-2.5640)	—
w×cer	—	—	0.3743** (2.1707)	—	—	—	—	—	—
w×eer	—	—	—	—	—	0.2302** (2.2173)	—	—	—
w×ver	—	—	—	—	—	—	—	—	-0.3006** (-2.5281)
R^2	0.5956	0.5705	0.5211	0.5676	0.5434	0.2023	0.6314	0.6097	0.4660
Log-like	10738.030	10738.584	10742.511	10731.877	10732.296	10736.180	10775.081	10775.199	10779.939
N	3124	3124	3124	3124	3124	3124	3124	3124	3124

注：Log-like 为 Log-likelihood，个别结果未列，留存备索。

结果显示，命令控制型、公众引导型环境规制能够显著促进城市经济高质量发展，市场调节型环境规制对城市经济高质量发展作用不显著，回归结果基本与基准模型保持一致。ρ系数显著为负，表明经济高质量发展具有负向的空间溢出效应，即城市间经济高质量发展存在“以邻为壑”和“一荣俱损”的空间交互特征，表明周边城市对本地经济高质量发展存在空间虹吸效应，这种作用大于辐射溢出的涓滴效应，不利于本地经济发展质量的提升。立足集聚经济学和集聚阴影理论，一定区域内的某一中心（省会）城市经济发展到一定规模和优势，会对周边地级市产生人才、资金和资源等各类要素的虹吸集聚效应，对周边城市的经济发展起到“抽血”作用，不利于周边城市经济水平的发展，产生一定的阴影作用。其他变量的影响与基准模型保持一致，在此不再赘述。

由于相邻地区存在复杂的交互信息，仅通过回归系数分析可能对回归结果产生偏差。通过偏微分方程将影响效应分解为直接效应和间接效应，可以更好地解释回归结果，见表4-15的空间SDM模型分解。直接效应指本地环境规制对本地经济发展质量的影响，间接效应指邻近地区环境规制对本地经济发展质量的影响，也称空间溢出效应，总效应为直接效应与间接效应的总和。

表4-15　空间SDM模型下的效应分解结果

解释变量	直接效应			溢出效应			总效应		
cer	0.0094*** (3.5146)	—	—	0.2114* (1.7578)	—	—	0.2209* (1.8318)	—	—
eer	—	-0.0010 (-0.5109)	—	—	0.1342* (1.8385)	—	—	0.1332* (1.8182)	—
ver	—	—	0.0217*** (9.0445)	—	—	-0.2029* (-1.8955)	—	—	-0.1812* (-1.6867)
控制变量	控制	控制	控制	控制	控制	控制	控制	控制	控制
地区固定	是	是	是	是	是	是	是	是	是
年份固定	是	是	是	是	是	是	是	是	是

续表

解释变量	直接效应			溢出效应			总效应		
R^2	0.5211	0.2023	0.4660	0.5211	0.2023	0.4660	0.5211	0.2023	0.4660
Log-like	10742.511	10736.180	10779.939	10742.511	10736.180	10779.939	10742.511	10736.180	10779.939
N	3124	3124	3124	3124	3124	3124	3124	3124	3124

注：括号为 z 检验结果。

报告结果表明，命令控制型环境规制对经济高质量发展的直接和间接影响系数均显著为正，表现出一定的促进提升作用；相较而言，溢出效应高于直接效应，表明周边环境规制的提高，通过标尺效应，能更好地促进本地经济质量的提升。市场调节型环境规制对经济高质量发展直接影响系数不显著，溢出影响系数显著为正，总效应影响系数显著为正，表明市场调节型环境规制对经济高质量发展存在一定的空间溢出促进作用。公众引导型环境规制对经济高质量发展的直接效应显著为正，间接效应显著为负，总效应显著为负。表明周边地区的公众引导型环境规制越强，迫使产业向邻地转移，反而不利于本地经济高质量发展。

以上结果表明，不仅本地命令控制型环境规制提高了本地经济高质量发展，邻近地区的命令控制型环境规制也助力本地经济高质量发展。表明命令控制型环境规制具有“以邻为睦”和“近朱者赤”的空间溢出性。自从 2007 年将环保约束目标列入官员晋升考核后，出于地方竞争和激励作用，相邻城市采取了比较趋同的环保措施，改善城市环境质量，提升经济发展质量。表明邻近地区的市场调节型环境规制对本地经济高质量发展具有一定的空间溢出作用。本地公众引导型环境规制对本地经济高质量发展起促进作用，邻近地区公众引导型环境规制却不利于本地经济的高质量发展，因此公众引导型环境规制要注意跨区域影响，各地的经济发展状态具有分异性，要根据本地实际情况采取差异化的针对性环境政策。

4.3.2 不同类型环境规制对经济高质量发展的滞后作用

城市环境规制政策治理和经济高质量发展是一场“持久战”，需要保

持战略定力。对于政策而言，应该充分考虑其时滞效应，即当年所颁布的环境政策，可能在当年就呈现出一定效果，也可能在之后的几年才能发挥作用。根据前人研究和现实经验，选择滞后一期、滞后二期和滞后三期作为自变量代入基准模型，从而得到以下模型。

$$HED_{it}=\alpha_0+\alpha_1 cer_{it-k}+\alpha_2 eer_{it-k}+\alpha_3 ver_{it-k}+X_{it}+\mu_i+\varepsilon_{it}，k=1，2，3 \tag{4-5}$$

针对环境规制与经济高质量发展的滞后时期问题，各类环境规制在不同的滞后期对经济高质量发展的影响各有差异，如表 4-16 所示。在环境规制政策施行的当期，命令控制型、公众参与型环境规制对经济高质量发展均呈现出显著促进影响，市场调节型环境规制起显著的负向抑制作用。

表 4-16　环境规制强度的多期影响效应估计

解释变量	经济高质量发展		
	模型 1	模型 2	模型 3
cer	0.0277*** (8.5042)	0.0135*** (3.9143)	0.0102*** (2.8697)
eer	-0.0091*** (-4.8662)	-0.0044** (-2.2451)	-0.0039* (-1.9115)
ver	0.0196*** (7.7522)	0.0140*** (5.6246)	0.0164*** (6.4906)
cer（-1）	0.0043 (1.2550)	0.0111*** (3.1007)	-0.0008 (-0.2099)
eer（-1）	-0.0033* (-1.6462)	-0.0065*** (-3.1549)	-0.0004 (-0.1588)
ver（-1）	0.0247*** (9.6378)	0.0186*** (7.4127)	0.0167*** (6.6281)
cer（-2）	—	0.0132*** (3.9251)	0.0198*** (5.5802)
eer（-2）	—	-0.0042** (-2.0207)	-0.0053** (-2.4421)
ver（-2）	—	0.0223*** (8.5119)	0.0171*** (6.5057)

续表

解释变量	经济高质量发展		
	模型 1	模型 2	模型 3
cer（-3）	—	—	0.0176*** （5.1500）
eer（-3）	—	—	-0.0069*** （-3.2073）
ver（-3）	—	—	-0.0064** （-2.3344）
控制变量	控制	控制	控制
地区固定	是	是	是
年份固定	是	是	是
R^2	0.6102	0.6459	0.6337
F	49.95	30.95	23.99

从滞后三期中的效果来看，命令控制型环境规制对经济发展质量呈现倒N型的正向促进作用。从滞后二期的效果来看，命令控制型环境正向促进经济高质量发展的影响系数最大，为0.0198。究其原因，命令控制型环境规制当期虽然对经济产生正向影响，但滞后一期的影响效果不明显，对区域经济发展可能会产生短暂的阵痛调整，待企业完全符合国家排污标准后，区域经济发展质量显著提升，但之后的影响作用会有所下降，体现出命令控制型环境规制对经济高质量发展影响效果的直接性、强制性和逐渐退坡性。

市场调节型环境规制在滞后前两期整体对经济高质量发展呈现显著负向加强作用。可能由于市场调节型环境规制在实施初期挤占了企业投资与利润，并不能有效促进经济高质量发展。全国市场机制不健全，地方保护主义，产权不明确，基层监管不力，政治企业集团利益同盟等原因，造成环境政策难以有效实施，影响为负向作用。所以，市场调节型环境规制在初期体现出“成本遵循”的抑制作用。

公众引导型环境规制对城市经济高质量的影响作用反映出显著的倒 V 字型，在滞后二期达到最大正向影响效应，滞后三期影响方向变为负向。说明公众、媒体等广泛参与在一定的时间内的确促进了地区环保意识的觉醒，倒逼地区产业绿色转型升级，促进了经济发展质量的提升，但如果长时间不加约束的舆论攻势，反而不利于经济高质量发展。

综上所述，不同类型环境规制工具对经济发展质量的时效影响也各有差异，命令控制型环境规制“见效快”，但存在一定衰减效应。市场调节型环境规制具有长期持续性，公众引导型环境规制可能存在“物极必反”的双重性。

4.3.3　不同类型环境规制对经济高质量发展的交互作用

考虑到现实中不同类型环境规制并不是单一发挥作用，往往是不同种类环境规制之间的相互作用、影响和协同发力。根据“搭便车”理论和协同治理理论，不同环境规制政策间可能存在替代性和互补性，从而产生“1+1>2”或“1+1<2”的治理效果。因此，参考张国兴等（2021）的研究，在基准模型基础上加入三种类型环境规制的交互项，探究环境规制的协同作用。

$$HED_{it} = \alpha_0 + \alpha_1 cer_{it} + \alpha_2 eer_{it} + \alpha_3 ver_{it} + \alpha_4 cer \times eer_{it} + \alpha_5 cer \times ver_{it} + \alpha_6 eer \times ver_{it} + \alpha_7 cer \times eer \times ver_{it} + X_{it} + \mu_i + \varepsilon_{it} \tag{4-6}$$

在单一情况下，不同类型环境规制的影响与基准模型保持一致（见表 4-17）。当加入两两交互项后，发现命令控制型、市场调节型和公众引导型环境规制交互项对经济高质量发展表现为显著的正向促进作用。当加入三类环境规制的交互项后，三类环境规制对经济高质量发展的作用均显示出正向提升作用，相比回归系数而言，发挥作用更大。说明环境规制之间的协同可以一定程度弥补市场调节型环境规制的不足，即环境规制间的协同作用能够产生“1+1>2”甚至“1+1+1>3”的作用，从而发挥出积极的显著影响。

表 4-17　不同环境规制工具的交互效应估计结果

解释变量	模型 1	模型 2	模型 3
cer	0. 0303 *** (8. 8706)	0. 0021 * (1. 6688)	-0. 0016 (-0. 9956)
eer	-0. 0024 * (-1. 5339)	0. 0009 (0. 5878)	0. 0034 * (1. 8489)
ver	0. 0377 *** (13. 1075)	-0. 0160 *** (-4. 2316)	-0. 0342 *** (-5. 7309)
cer×eer	—	0. 0044 * (1. 9073)	0. 0062 * (1. 8238)
cer×ver	—	0. 0245 *** (3. 0515)	0. 0714 *** (5. 0980)
eer×ver	—	0. 0179 * (1. 9084)	0. 0709 *** (4. 3048)
cer×eer×ver	—	—	0. 1199 *** (4. 1973)
控制变量	控制	控制	控制
_ cons	0. 0619 *** (180. 3198)	-0. 0774 *** (-13. 7360)	-0. 0757 *** (-13. 4255)
Method	FGLS	FGLS	FGLS
地区固定	是	是	是
年份固定	是	是	是
Wald chi2	305. 12	1802. 38	1832. 71

4. 3. 4　不同类型环境规制对经济高质量发展的门槛作用

前文基准模型已证明异质性单一环境规制对经济高质量发展存在非线性影响。在现实中，往往是多种类型环境规制一起发挥作用，在特定的环境强度区间内，不同环境规制对经济高质量发展存在不同的影响。因此，通过设计命令控制型环境规制政策作为主变量，市场调节型、公众引导型环境规制为门槛变量，重点检验主变量在门槛变量处于不同环境规制强度的区间时，对城市经济高质量发展的影响效果。

命令控制型环境规制政策设置为主变量的原因在于，以法律法规、标准等为主的环境规制在政策施行期间具有一定的强制性和刚性，可选择、可操作的弹性和灵活性几乎为零，而且这些政策不可能“朝令夕改”，探究其合理区间不符合现实情况。而对于市场调节型、公众引导型环境规制，企业可以自主选择排污费、产权交易等，从成本和收益视角权衡决定决策行为。公众引导型环境规制取决于新闻、媒体等舆论的宣传和公民本身对事件的容忍程度，这些均可以通过一定手段加以调控、疏导和引导。

通过 Stata17.0 软件的 Bootstrap 自抽样的方法（BS300 次）对门槛效应进行检验，结果如表 4-18 所示。结果表明，当市场调节型环境规制为门槛变量时，在 1%显著性水平下，命令控制型环境规制对经济高质量发展的影响存在单一门槛，在 95%置信区间的门槛值为 0.4794。当公众引导型环境规制为门槛变量时，命令控制型环境规制对经济高质量发展的影响存在双重门槛，分别在 1%、5%显著水平下，在 95%置信区间的门槛值分别为 0.3645 和 0.5617。具体如图 4-1 和图 4-2 所示。

表 4-18　门槛变量选择及检验结果

门槛变量	模型	F 值	p 值	临界值		
				1%	5%	10%
eer	单一门槛	40.81***	0.0000	27.6880	17.2499	13.0909
	双重门槛	11.17	0.1733	30.3381	18.8517	13.5514
	三重门槛	8.55	0.2233	24.8463	17.1747	12.1749
ver	单一门槛	181.38***	0.0000	41.0190	26.6320	20.8622
	双重门槛	32.33**	0.0367	55.6089	30.4196	21.4216
	三重门槛	4.97	0.7400	49.7167	39.4581	27.6684

在确定门槛数量和门槛值后，对门槛模型进行估计，可得市场调节型和公众引导型环境规制门槛模型回归结果。在市场调节型环境规制强度的门槛效应下，命令控制型环境规制强度对经济高质量发展均显著为正，表示命令控制型与市场调节型环境规制的协同有利于经济高质量发展，且随

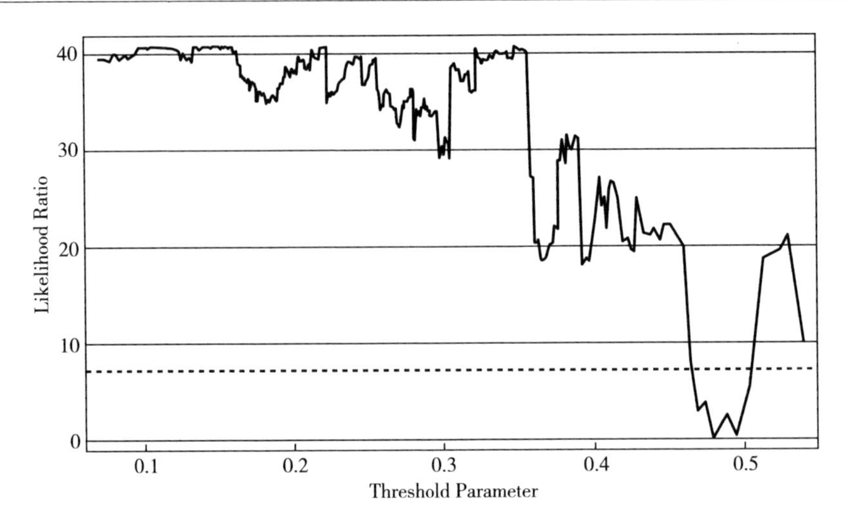

图 4-1 市场调节型环境规制门槛效应的置信区间

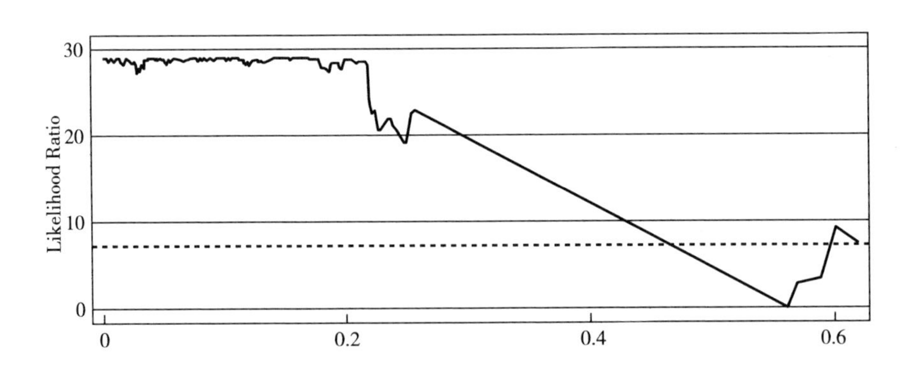

图 4-2 公众引导型环境规制门槛效应的置信区间

着市场调节型环境规制强度的加大，促进作用有所提升。具体而言，当市场调节型环境规制强度小于 0.4794 时，在 5%显著水平下，命令控制型环境规制对经济发展质量的影响系数为 0.0068；当市场调节型环境规制强度大于 0.4794 时，在 1%显著水平下，命令控制型环境规制有助于经济发展质量的提升，系数为 0.043，后者的促进作用高于前者（0.0068<0.043）。因此，增强市场调节型环境规制强度，有利于助推城市经济的高质量发展，如表 4-19 所示。

表4-19　市场激励门槛模型回归结果

解释变量	系数	T值	标准差	95%的置信区间	
pgdp	0.0092***	9.04	0.0010	0.0072	0.0111
fdi	0.0016***	8.27	0.0002	0.0012	0.0020
fin	0.0007**	2.46	0.0003	0.0001	0.0012
pop	0.0048***	5.17	0.0009	0.0030	0.0066
rd	0.0011***	3.26	0.0003	0.0004	0.0018
_cons	-0.0480***	-5.40	0.0089	-0.0654	-0.0306
cer（eer≤0.4794）	0.0068**	2.49	0.0028	0.0014	0.01223
cer（eer>0.4794）	0.0430***	6.93	0.0062	0.0308	0.0551

根据市场调节型环境规制强度的门槛区间，将城市分类为弱市场调节型城市（eer≤0.4794）、强市场调节型城市（eer>0.4794）。从2019年284个地级市的市场调节型环境规制强度来看，大多数城市处于弱市场调节型强度区间，对经济高质量发展的促进作用较小。比如东北、甘肃、陕西等省份的城市，占研究样本的86.62%；少数城市属于强市场调节型。比如北京、南京、大同、宁波、郑州、重庆等城市，城市的分布较为零散，占研究样本的13.38%，具体如表4-20所示。

表4-20　2019年市场激励环境规制门槛值的样本分组结果　单位：%

分组	门槛变量值	各组包含城市	样本容量	占比
弱市场调节型	eer≤0.4794	七台河市、三亚市、三明市、三门峡市、上饶市、东莞市、东营市、中卫市、中山市、临汾市、临沂市、临沧市、丹东市、丽水市、丽江市、乌兰察布市、乌海市、乌鲁木齐市、九江市、云浮市、亳州市、伊春市、佳木斯市、保定市、保山市、信阳市、克拉玛依市、六安市、六盘水市、兰州市、内江市、包头市、北海市、十堰市、南充市、南平市、双鸭山市、合肥市、吉安市、吉林市、吕梁市、吴忠市、周口市、呼伦贝尔市、咸宁市、咸阳市、广元市、广安市、广州市、庆阳市、廊坊市等	246	86.62

续表

分组	门槛变量值	各组包含城市	样本容量	占比
强市场调节型	eer>0.4794	乐山市、佛山市、北京市、南京市、南宁市、南通市、南阳市、呼和浩特市、大同市、威海市、宁波市、安康市、宣城市、巴中市、常州市、平顶山市、梅州市、汉中市、洛阳市、济宁市、湘潭市、漯河市、潍坊市、盘锦市、石嘴山市、聊城市、自贡市、辽阳市、运城市、遂宁市、郑州市、郴州市、重庆市、防城港市、青岛市、鹤壁市、鹤岗市、齐齐哈尔市	38	13.38

当公众引导型环境规制强度为门槛变量时，检验命令控制型环境规制对经济高质量发展的影响作用。当公众引导型环境规制强度小于0.3645时，命令控制型环境规制对经济发展质量的影响系数为负，但不显著。当公众引导型环境规制强度介于0.3645~0.5617或大于0.5617时，命令控制型环境规制有助于加强经济发展质量的提升。因此，公众对城市生态文明建设的广泛关注、热议、参与和监督，有助于提高整个社会的环保意识，督促政府、企业和个人等主体的环保决策行为。通过信息公开和程序透明，加强舆论的正面引导，为政策的落实与执行做好铺垫，从而能够更好地发挥命令控制型环境规制的积极作用。具体如表4-21所示。

表4-21　公众引导门槛模型回归结果

解释变量	系数	T值	标准差	95%的置信区间	
pgdp	0.0084***	8.48	0.0010	0.0064	0.0103
fdi	0.0016***	8.51	0.0002	0.0013	0.0020
fin	0.0005**	1.96	0.0003	0.0000	0.0011
pop	0.0047***	5.25	0.0009	0.0030	0.0065
rd	0.0014***	4.08	0.0003	0.0007	0.0020
_cons	-0.0411***	-4.74	0.0087	-0.0582	-0.0241
cer（ver≤0.3645）	-0.0010	-0.37	0.0028	-0.0065	0.0044

续表

解释变量	系数	T 值	标准差	95%的置信区间	
cer（0.3645<ver≤0.5617）	0.0343***	7.56	0.0045	0.0254	0.0431
cer（ver>0.5617）	0.0580***	12.60	0.0046	0.0490	0.0670

按照公众引导型环境规制强度从低到高的门槛区间，将城市分类为弱公众引导型城市（ver≤0.3645）、中等公众引导型城市（0.3645<ver≤0.5617）和强公众引导型城市（ver>0.5617）。从 2019 年 284 个地级市的公众引导型环境规制强度来看，占研究样本 95.77%的大多数城市公众引导型环境规制强度处于较弱强度区间，对经济高质量发展作用不显著，应当加强舆论引导，提高人民对生态文明建设的参与、关注和监督，比如东北、甘肃、陕西等大多数中西部城市；2.47%的部分城市样本处于中等强度区间，比如乌鲁木齐、南昌、呼和浩特、太原、杭州、济南、西安；公众引导型环境规制对城市经济高质量发展起促进作用，但影响作用有限；1.76%的少数城市样本属于强公众引导型，比如上海、北京、广州、武汉、郑州等城市，这些城市公众引导型环境规制对经济高质量的正向影响较大，政府应当因势利导，发挥有为政府的督查与治理水平，促进经济绿色高质量转型发展。具体如表 4-22 所示。

表 4-22　2019 年公众引导环境规制门槛值的样本分组结果

分组	门槛变量值	各组包含城市	样本容量	占比%
弱公众引导	ver≤0.3645	七台河市、中卫市、六盘水市、安康市、安顺市、定西市、宜宾市、宝鸡市、崇左市、巴彦淖尔市、平凉市、抚顺市、攀枝花市、昭通市、鄂尔多斯市、酒泉市、重庆市、金昌市、锦州市、长春市、阜新市、防城港市、陇南市、雅安市、鞍山市、鸡西市、鹤岗市、黑河市、齐齐哈尔市等	272	95.77
中等公众引导	0.3645<ver≤0.5617	乌鲁木齐市、南昌市、呼和浩特市、太原市、杭州市、济南市、西安市	7	2.47
强公众引导	ver>0.5617	上海市、北京市、广州市、武汉市、郑州市	5	1.76

此外，将市场调节型和公众引导型环境规制对城市经济高质量发展的影响效果进行横向对比，结果显示，市场调节型环境对命令控制环境规制影响经济高质量发展的调节作用明显大于公众引导型环境规制，主要表现在：第一，在市场调节型环境规制的门槛调节下，命令控制型环境规制对城市经济高质量发展均呈现促进作用；第二，从2019年的城市分布数量来看，处于中等、强公众引导型环境规制的城市数量较少，影响范围有限，因此，市场调节型环境规制是促进城市经济高质量发展水平的重要手段与工具。

4.4 本章小结

本章在前文的相关数据基础上，重点探讨环境规制对城市经济高质量发展的作用和两者之间的关系，利用固定效应模型、空间计量、滞后模型、交互模型和门槛模型，基于2009~2019年284个地级市数据，分别就异质性环境规制对经济高质量发展的区域异质性、空间效应、政策滞后性、交互作用以及门槛效应进行了充分讨论。得出以下研究结论：

第一，在单一政策作用下，命令控制型、公众引导型环境规制对经济高质量发展起正向的促进影响，市场调节型环境规制对经济高质量发展起负向的抑制作用。在加入二次项后，命令控制型环境规制与经济高质量发展水平两者间呈现倒U型关系，市场调节型、公众引导型环境规制与经济高质量发展水平两者间呈现U型关系。以上结论验证了假设H1a、假设H1b和假设H1c。考察期命令控制型、公众引导型环境规制“提质增效”的效果较好，市场调节型环境规制强度需要进一步提升。经济发展水平（pgdp）、外资水平（fdi）、金融发展水平（fin）、人口规模（pop）和技术创新水平（rd）均有利于促进城市经济高质量发展。在采取Bootstrap方法和PCSE检验方法后，回归结果依旧稳健和可靠。

第二，在四大板块区域异质性方面，东部地区城市与基准回归并不完全一致，命令控制型环境规制对经济高质量发展的作用不明显，市场调节型、公众引导型环境规制对经济高质量发展分别呈现负向抑制和正向促进影响，与经济高质量发展之间呈现 U 型关系。研究也发现，考察期间市场调节型环境规制需要加大力度，公众引导型环境规制现阶段处于拐点右侧。中部地区和西部地区城市样本的回归结果与基准回归整体上保持一致。东北地区城市的回归结果与基准模型略有差异，市场调节型、公众引导型环境规制与经济高质量发展之间呈倒 U 型的非线性关系。基于城市群视角，城市群的回归结论与基准回归保持一致。非城市群市场调节型环境规制对经济高质量发展的影响不显著，命令控制型、公众引导型环境规制回归结果与基准模型保持一致。

第三，各类环境规制在不同的滞后期对经济高质量发展的影响各有差异。从滞后三期来看，命令控制型环境规制对经济发展质量呈现倒 N 型的正向作用；市场调节型环境规制整体对经济高质量发展呈现显著负向作用，需要加强力度；公众引导型环境规制对城市经济高质量的影响作用呈现显著的倒 V 型，在滞后二期达到最大正向影响效应，滞后三期影响方向变为负向。

第四，在空间效应方面，命令控制型环境规制对本地和邻地城市经济高质量发展均具有正向的促进效应。市场调节型环境规制对本地经济高质量发展作用不显著，但对邻地经济高质量发展具有一定的正向溢出影响。公众引导型环境规制对邻地经济高质量发展具有负向的空间溢出作用。对于不同类型环境规制影响经济高质量发展的效果，空间溢出效应大于本地直接效应。

第五，在交互作用方面，不同类型环境规制政策间的协同作用会产生“1+1>2”甚至“1+1+1>3”的协同治理效果，从而可以更好地发挥提升经济发展质量的效果。在门槛作用方面，当市场调节型环境规制为门槛变量时，在 1%显著性水平下，命令控制型环境规制对经济高质量发展存在单一门槛影响；当公众引导型环境规制作为门槛变量时，命令控制型环境规制对其存在双重门槛效应。市场调节型环境规制促推经济高质量发展的门槛值为 0.4794，2019 年 13.38%的城市跨过此门槛值；公众引导型环境规制促进经济高质量发展的门槛值为 0.3645 和 0.5617，2019 年 4.23%的城市跨过 0.3645 的门槛值。横向比较来看，市场调节型环境规制对城市经济高质量发展促进影响大于公众引导型环境规制。

第5章　环境规制对污染集聚的影响分析

“十四五”时期，中国生态文明建设进入了“减污降碳”和“提质增效”协同的重要战略窗口期，打好污染防治攻坚战，实现生态环境质量改善由量变到质变的蜕变，对于推进“美丽中国”的生态文明建设具有重要意义。

本书第3章发现，我国环境污染呈现局部污染集聚现象，污染浓度、范围和规模的改善效果明显，总体改善率为10.35%，环境规制政策是否存在“减污”的治理效果，目前学术界并未得到一致的结论。借鉴前人丰富的研究基础，本节研究的主要问题为我国命令控制型、市场调节型和公众引导型环境规制工具是否能够改善降低城市污染集聚？这种作用机制是否存在区域异质性特征和空间溢出性？异质性环境规制是否存在政策滞后性、交互作用以及门槛效应？基于第3章测度的环境规制强度和城市污染集聚的数据，探讨异质性环境规制对污染集聚在整体、区域、时间、协同方面的作用机制，探讨不同类型环境规制对污染集聚的影响机制。

5.1 模型构建与变量说明

5.1.1 计量模型设定

5.1.1.1 基准回归

为进一步检验环境规制对城市污染集聚的影响，引入环境规制二次方项，检验两者的非线性关系，基准回归模型为：

$$PC_{it}=\alpha_0+\alpha_1 ER_{it}+\alpha_3 X_{it}+\mu_{it}+year_{it}+\varepsilon_{it}$$

$$PC_{it}=\alpha_0+\alpha_1 ER_{it}+\alpha_2 ER_{it}^2+\alpha_3 X_{it}+\mu_{it}+year_{it}+\varepsilon_{it} \tag{5-1}$$

其中，被解释变量 PC 表示城市综合污染集聚，污染物主要包括 PM2.5 污染聚集（hc）、工业二氧化硫污染集聚（gc）、工业废水污染集聚（wc）和工业粉尘污染集聚（sc），ER 指命令控制型（cer）、市场调节型（eer）和公众引导型（ver）环境规制，根据一次、二次项系数正负符号表征两者关系（见表 5-1）。X 表示其他控制变量集，控制变量有经济发展水平（pgdp）、绿色技术创新水平（gip）、能源消费集中度（icd）、人口密度（pd）、人均道路面积（road）和降水量（up），并对以上控制变量取对数，以消除异方差。i 表示地级市截面单位；t 表示年份；$\alpha_0\sim\alpha_3$ 表示待估系数；μ_{it} 表示固定效应；$year_{it}$ 表示时间固定效应；ε_{it} 表示随机扰动项。

表 5-1 关系类型

系数 α_1（$\neq 0$）	系数 α_2（$\neq 0$）	ER 与 PC 关系
$\alpha_1>0$	$\alpha_2<0$	呈倒 U 型曲线关系
$\alpha_1<0$	$\alpha_2>0$	呈正 U 型曲线关系

5.1.1.2 空间计量模型

城市环境污染伴随城市社会经济发展中人类生产和生活的各类改造活

动，大规模的资源利用和城市建设，所超排的固体废弃物、废水、二氧化硫、烟尘等各类污染物超过了城市生态的承载力和自净能力，导致环境污染集聚在一定区域，给城市人民的身体健康、生活和生产带来严重影响和后果。传统计量经济学模型忽视了污染集聚的动力学流动、气溶胶传播、物质循环和空间交互分割等空间特点，假设研究对象相互独立，系数结果为平均效应，多为“均值回归”，导致一般回归估计结果具有一定偏差，往往会有所高估（屈小静等，2018）。因此，本书引入空间误差、空间滞后和空间杜宾模型等常用空间计量模型，揭示环境规制对城市污染集聚的影响机理。

基准空间计量模型设定：

$$\begin{cases} PC_{it} = \alpha + \rho \sum_{j=1,\ i\neq j}^{N} W_{ij}PC_{it} + \beta_1 ER_{it} + \gamma_1 \sum_{j=1,\ i\neq j}^{N} W_{ij}ER_{ijt} + \beta_2 X_{it} + \\ \qquad \gamma_2 \sum_{j=1,\ i\neq j}^{N} W_{ij}X_{ijt} + \mu_t + \nu_i + \varepsilon_{it} \\ \varepsilon_{it} = \lambda \sum_{j=1,\ i\neq j}^{N} W_{ij}\varepsilon_{it} + \mu_{it} \end{cases} \tag{5-2}$$

其中，i 表示城市；t 表示年份；ER_{it} 表示地区 i 在 t 时间的命令控制型（cer）、市场调节型（eer）和公众引导型（ver）环境规制；X 表示控制变量向量；ρ 指空间自回归系数，表示空间溢出效应；λ 表示空间自相关系数。在通过显著性的前提下，ρ 大于 0 时表明周边城市对本地污染集聚存在空间溢出效应；ρ 小于 0 时表明周边城市对本地污染集聚存在空间集聚效应，W_{ij} 代表 n×n 空间权重矩阵，一般有 0-1 相邻矩阵、地理距离矩阵和经济距离矩阵，μ_t、ν_i 分别是时间效应与地区效应，ε_{it} 为残差项。

5.1.1.3 门槛模型

为了检验环境规制对城市污染集聚的影响效果，确定合理环境规制的区间范围。设定命令控制型环境规制为核心解释变量，市场调节型和公众引导环境规制作为门槛变量，探究不同类型环境规制政策的面板门槛模型，明确环境规制的拐点区间与阈值，设定的门槛模型如下：

$$PC_{it}=\alpha_0+\alpha_1 cer_{it}\times eer(eer_{it}\leqslant\gamma_1)+\alpha_2 cer_{it}\times eer(\gamma_1<eer_{it}\leqslant\gamma_2)+\alpha_3 cer_{it}\times eer(eer_{it}>\gamma_2)+\theta X_{it}+\mu_{it}+year_{it}+\varepsilon_{it} \quad (5-3)$$

$$PC_{it}=\alpha_0+\beta_1 cer_{it}\times ver(ver_{it}\leqslant\gamma_1)+\beta_2 cer_{it}\times ver(\gamma_1<ver_{it}\leqslant\gamma_2)+\beta_3 cer_{it}\times ver(ver_{it}>\gamma_2)+\theta X_{it}+\mu_{it}+year_{it}+\varepsilon_{it} \quad (5-4)$$

其中，PC_{it} 表示城市污染集聚度；cer_{it}、eer_{it} 和 ver_{it} 分别表示命令控制型、市场调节型和公众引导型环境规制强度，为核心解释变量；X_{it} 表示相关控制变量。命令控制型环境规制是一种刚性较强的强制性环境规制，所以将 eer_{it} 和 ver_{it} 作为环境规制门槛，γ 表示环境规制门槛值，α_1、α_2 和 α_3 与 β_1、β_2 和 β_3 表示不同环境规制强度区间的斜率，μ_{it} 表示地区固定效应，$year_{it}$ 表示时间固定效应，ε_{it} 表示随机干扰项。

5.1.2 变量说明与数据来源

5.1.2.1 变量说明

（1）被解释变量。

污染集聚度是本章的被解释变量，在第3章已对该指标测度进行详细说明。基于PM2.5浓度、工业二氧化碳排放量、工业废水排放量和工业烟尘排放量4种污染物运用主成分法测算污染综合指数，利用地理集中度公式计算可得污染集聚度。

（2）核心解释变量。

环境规制本章核心解释变量，包括命令控制型、市场调节型和公众引导型环境规制，具体测算详见第3章。

（3）控制变量。

鉴于本书综合污染集聚度是一个综合指标，包含多种污染物，污染集聚问题是人类经济活动和自然生态环境的相互作用和综合耦合的结果，可能受到经济、人口、投资、技术、能源、基础建设、自然气候等因素影响。基于此，根据IPAT模型、卡亚恒等式和STIRPAT模型，本书选取了城市经济发展水平（pgdp）、绿色技术创新水平（gip）、能源消费集中度（icd）、人口密度（pd）、基础建设（road）、降水量（up）6个控制变量，

减轻控制变量对被解释变量的遗漏变量偏差影响。

根据环境 EKC 理论和脱钩理论，地区经济发展规模对环境污染起重要影响，一个地区的污染水平会随着经济发展水平的发展先增高，跨过临界点后由高趋低，逐渐得以改善；但是面对能源资源稀缺，也可能存在一定的反弹效应。借鉴彭水军和包群（2006）的研究，本书用人均国内生产总值（人均 GDP）加以表征，并利用平减指数剔除价格等因素对 GDP 的影响，并加入人均 GDP 的平方项，检验是否符合环境 EKC 曲线，预期符号不确定。

根据技术创新理论，绿色技术创新能够提高生产和资源利用效率，避免资源浪费，提高绿色全要素生产率，驱动产业转型升级，降低企业或产业污染排放，对污染集聚程度产生影响。借鉴徐建中等（2022）的研究，本书绿色技术创新水平（rd）选取绿色发明专利申请量作为替代变量，预期符号为负。

地区能源的大量消费，不可避免地会产生大量的固态、液态和气态的污染物，根据产业集聚理论，因产业或企业产业链之间互补性，会在一定地理上相互联系、相互支撑，形成产业集聚或集群，会引起能源消费和污染物的集聚。借鉴汪洋（2020）的研究，本书用地理集中度的方法测度能源集中度，城市能源消费数据利用城市和能源统计年鉴中供气总量（人工、天然气）、液化石油气供气总量、全社会用电量根据系数估算（见第 3 章），预期符号为正。

根据托马斯・马尔萨斯关于“人口爆炸”的论述，人口规模和密度通过大量消耗资源，产生各类污染物，超过生态承载量对环境产生损坏。以“铁公基”为代表的传统基建带动房地产、基建和建材产业，不可避免地产生大量污染，造成污染局部集聚。参考孙慧和扎恩哈尔・杜曼（2021）的研究，人口密度用年末城市人口与区域面积的比例表示，基础建设水平用人均道路面积表示，预期符号为正。

依据生态系统理论，生态环境是人类社会和经济发展的基础，也受到经济社会发展的作用，两者的交互作用影响环境污染集聚程度。选取影响地区生态的降水量作为控制变量，降水和地表径流可以促进污染物的流动与循环，与空气中的悬浮颗粒、二氧化硫和烟尘等结合，对地区的温度、气象和植被覆盖等产生影响，能够净化空气和降解污染。本书用城市年均累计降水量（up）表征生态环境因素，预期符号为负。

5.1.2.2 数据来源

与前文研究尺度保持一致，将2009~2019年全国284个地级市作为研究对象（因数据缺失和撤市并区原因，不包括铜仁、哈密、巢湖、日喀则、林芝、山南、港澳台等城市数据），数据主要来源于《中国城市统计年鉴》(2010~2020年)、《中国区域经济统计年鉴》(2010~2020年)、《中国环境统计年鉴》(2010~2019年)、《中国城市建设统计年鉴》(2010~2020年)、各地级市统计年鉴、国民经济与社会统计公报以及统计网站等，部分数据来源于中经网、WIND数据库。根据线性插值法、ARIMA模型对历年缺失数据予以填补，变量描述性分析如表5-2所示。PM2.5浓度数据来源于加拿大达尔豪斯大学大气成分分析组（Atmospheric Composition Analysis Group），通过Arcgis10.2软件处理，匹配地级市得到PM2.5浓度均值数据（王占山等，2015）。工业相关污染指标来源于《中国城市统计年鉴》（2010~2020年）。降水量数据来源于中国地面气候资料日值数据集V3.0处理生成，具体处理方法为用Python将逐日站点数据清洗后保留经纬度与日均值，然后利用ArcGis进行展点与投影，利用反距离加权法进行插值，补全缺失城市数据，按行政区分区进行拼接得到逐日、逐月和逐年的平均值。

表5-2 变量描述性分析

解释变量		具体说明	平均值	标准差	最小值	最大值
被解释变量	PC	综合污染集聚	1.785	3.316	0.000	73.897
	hc	PM2.5污染集聚	2.010	1.949	0.018	14.674
	gc	工业二氧化硫污染集聚	1.712	2.043	0.000	19.667
	wc	工业废水污染集聚	2.036	3.786	0.005	51.010
	sc	工业烟尘污染集聚	1.601	3.350	0.005	85.143

续表

解释变量		具体说明	平均值	标准差	最小值	最大值
核心解释变量	cer	命令控制型环境规制	0.412	0.181	0.000	1.000
	eer	市场调节型环境规制	0.340	0.177	0.000	1.000
	ver	公众引导型环境规制	0.136	0.150	0.000	1.000
控制变量	pgdp	经济发展水平	10.592	0.623	8.410	13.056
	gip	绿色技术创新水平	7207.553	18537.764	0.000	261502.00
	icd	能源消费集中度	2.186	4.748	0.002	67.877
	pd	人口密度	572342.960	1356361.60	0.000	20475308
	road	人均道路面积	150.904	197.671	0.100	2472.000
	up	累计降水量	2.344	1.182	0.588	21.301

5.2　实证结果

5.2.1　相关性检验

为了排除变量之间的多重共线性的影响，本书使用处理后的样本数据测算了自变量和控制变量的相关系数以及方差膨胀因子，结果如表 5-3 和表 5-4 所示。结果表明，大多数变量的相关系数都比较小（在 0.5 以下），即便有个别相关系数较大，但各变量方差膨胀因子均小于 10，可以排除变量间多重共线性的影响。

表 5-3　相关系数

解释变量	pc	cer	eer	ver	gdp	gip	pd	road	up
pc	1.000								
cer	0.049***	1.000							
eer	0.063***	0.227***	1.000						

续表

解释变量	pc	cer	eer	ver	gdp	gip	pd	road	up
ver	0.197***	0.407***	0.308***	1.000					
gdp	0.257***	0.512***	0.359***	0.652***	1.000				
icd	0.353***	0.547***	0.121***	0.402***	0.493***				
gip	0.149***	0.515***	0.209***	0.530***	0.838***	1.000			
pd	0.361***	0.411***	0.185***	0.493***	0.515***	0.371***	1.000		
road	0.277***	0.211***	0.055***	0.320***	0.265***	0.216***	0.149***	1.000	
up	-0.013*	0.201***	0.057***	0.102***	0.117***	0.074***	0.270***	0.028	1.000

表 5-4 方差膨胀因子

解释变量	pc	cer	ver	eer	gdp	gip	pd	road	up	Mean VIF
VIF	2.553	1.759	1.957	1.004	5.927	3.765	2.966	1.693	1.167	2.346
1/VIF	0.392	0.568	0.511	0.996	0.169	0.266	0.337	0.591	0.857	

5.2.2 基准模型分析

为了考察异质性环境规制对城市污染集聚的影响，根据前文设定的基准模型进行回归。对数据指标进行平稳性 ADF 检验，结果均通过。通过 Hausman 检验和 R^2 值比较，选择时间和个体双固定效应模型，回归结果如表 5-5 所示。

表 5-5 基准回归结果

解释变量	模型 1	模型 2	模型 3	模型 4	模型 5	模型 6
cer	-0.0883*** (-5.6245)	-0.2059*** (-6.7921)	—	—	—	—
cer^2	—	0.1740*** (4.5302)	—	—	—	—
eer	—	—	0.0499** (1.6824)	0.0567*** (0.3039)	—	—

续表

解释变量	模型 1	模型 2	模型 3	模型 4	模型 5	模型 6
eer^2	—	—	—	-0. 0557*** (-0. 0159)	—	—
ver	—	—	—	—	-0. 0281** (-4. 7879)	0. 1678 (0. 1413)
ver^2	—	—	—	—	—	-3. 6715** (-2. 5566)
pgdp	-7. 1938*** (-4. 0077)	-7. 4322*** (-4. 1363)	-6. 5493*** (-3. 6008)	-6. 5488*** (-3. 5993)	-8. 1295*** (-4. 4171)	-8. 6153*** (-4. 6604)
$pgdp^2$	0. 2292*** (4. 1881)	0. 2383*** (4. 3453)	0. 2075*** (3. 7429)	0. 2075*** (3. 7414)	0. 2608*** (4. 6319)	0. 2737*** (4. 8455)
icd	0. 0077*** (5. 7497)	0. 0082*** (6. 1095)	0. 0064*** (4. 8420)	0. 0065*** (4. 8876)	0. 0066*** (4. 9669)	0. 0066*** (4. 9394)
gip	-0. 1225* (-1. 8540)	-0. 1499** (-2. 2344)	-0. 2808*** (-4. 3410)	-0. 2809*** (-4. 3397)	-0. 2539*** (-3. 9247)	-0. 2393*** (-3. 6879)
pd	0. 3513*** (18. 3018)	0. 3552*** (18. 4445)	0. 3188*** (16. 6541)	0. 3188*** (16. 6497)	0. 3368*** (17. 3412)	0. 3279*** (16. 6332)
road	0. 1175*** (13. 8748)	0. 1160*** (13. 6759)	0. 1108*** (12. 9534)	0. 1108*** (12. 9511)	0. 1190*** (13. 6950)	0. 1159*** (13. 2166)
up	-0. 5217*** (-5. 1778)	-0. 4945*** (-4. 8776)	-0. 6683*** (-6. 6250)	-0. 6683*** (-6. 6236)	-0. 6608*** (-6. 5737)	-0. 6502*** (-6. 4683)
Constant	56. 7569*** (3. 8594)	58. 3083*** (3. 9633)	52. 0396*** (3. 4919)	52. 0346*** (3. 4902)	63. 7562*** (4. 2396)	68. 0712*** (4. 5022)
地区固定	是	是	是	是	是	是
年份固定	是	是	是	是	是	是
R-squared	0. 2221	0. 2234	0. 2007	0. 2007	0. 2064	0. 2081
F	55. 08	51. 58	50. 56	45. 65	51. 22	45. 55
Number	284	284	284	284	284	284

从单一作用来看，根据模型 1、模型 3 和模型 5 的回归结果，命令控制型、公众引导型环境规制对污染集聚分别在 1%、5%显著性水平下起抑制缓解作用，市场调节型环境规制在 5%显著性水平下起加剧污染集聚的影响，不同类型环境规制对污染集聚的影响存在污染避难所、绿色悖论和

环境库兹涅茨曲线的差异效果，验证了假设 H2a、假设 H2b 和假设 H2c。说明考察期命令控制型和公众引导型环境规制的实施有效治理和缓解了污染集聚现象，有利于改善局部生态环境质量，但市场调节型环境规制却与之相反。可能的原因在于，由于非对称的区域环境政策和产业政策，以及政策落实强度和工具类别的不同，企业为降低污染成本，通过空间选址的方式，将企业或产业向环境规制较弱的区域转移，或者选择行政区域的交界处（行政边界一般环境规制较弱）规避政府的规制处罚。虽然缓解了市区的污染集聚，但反而以“搭便车”的方式在边界地区超排或偷排污染物，导致污染避难所效应和污染边界效应，造成城市整体的污染集聚呈加剧态势。命令控制型、公众引导型环境规制通过排污标准、政府网站留言、市长电话等形式，参与或监督企业的生产经营活动，倒逼企业减少污染排放，规劝厂址搬迁转移或更新环保设备，降低了污染在一定时空上的集聚状况。

在代入环境规制的二次项后，模型 2 的回归结果表明，命令控制型环境规制对污染集聚的一次项系数为负，二次项系数为正，均通过 1%水平的显著性检验，表明命令控制型环境规制与污染集聚两者间呈现 U 型曲线关系。表明排污标准、污染总量控制和限期整改等环境政策，刚开始的确可以强制约束企业通过设备的更新换代、改进技术和调节产能等方式，提高要素利用与配置的全要素生产率，促进环保低碳技术的改造和创新，助推产业绿色低碳转型，降低污染排放，在一定程度上起到了缓解污染集聚的效果。但随着命令型环境规制政策的层层加码和过度严苛，企业大力投入资金和人才进行技术研发创新的时间周期较短，强制性环境规制因难以落实施行会逐渐失效，企业为了生存下去，选择扩大产能、转移污染等方式，以此抵消或降低环境治理成本，造成地区污染集聚的提升。

模型 4 回归结果表明，市场调节型环境规制的一次项系数显著为正，二次项系数显著为负，表明市场调节型环境规制与污染集聚之间存在倒 U 型的非线性关系。究其原因，市场调节型环境规制对企业发挥减污作用存在一定的滞后性，只有当排污税或环保补贴达到一个临界点，才能促进企

业进行技术研发和创新，改进生产工艺流程和更新环保设备等。模型6回归结果表明，公众引导型环境规制的一次项系数为正，但并不显著，二次项系数显著为负，表明公众引导型环境规制与污染集聚之间不存在非线性关系。

关于控制变量的作用，从系数正负值来看，经济发展水平（pgdp）、绿色技术创新水平（gip）和降水量（up）在1%、10%水平下显著性，对污染集聚的回归系数为负，说明有利于污染集聚的降低。考察期经济发展水平的一次项显著为负，二次项显著为正，说明经济发展水平与污染集聚之间存在U型关系。究其原因，第一，城市经济发展水平越高，城市对污染治理的投入越大，公众对宜居环境的诉求越高，在一定阶段会改善污染集聚，符合环境EKC曲线。但随着城市经济发展水平的进一步提高，城市化率进一步提高，特别是近些年来户籍制度的进一步改革，一线等大规模城市对人口的吸引和集聚作用越来越明显，城市的集聚效应虽然驱动了地区全要素生产率、技术和收入水平的提高，但随着对汽车等产品的需求，上下班时间大城市交通堵塞严重，加剧尾气污染，城市热岛效应形成空气污染集聚，各类固体废弃物以及废水的大量排放，这些都不可避免地引起局部污染集聚的加剧。因此，城市经济发展对污染集聚也存在一定的回弹效应。第二，绿色环保技术水平的提高、推广和转化，发挥了产业结构优化效应和环境绿色改善效应，对污染物的处理和回收，可以提高资源循环利用效率，通过市场竞争淘汰落后产能企业，从而降低污染对生态环境的破坏，缓解污染集聚。第三，区域降水量可以结合气溶胶颗粒净化空气，促进水体污染扩散和自净，通过降低温度、影响出行、增加植被覆盖率等方式缓解城市污染集聚。

能源消费（icd）、人口密度（pd）、基础建设（road）均在1%显著性水平下对污染集聚的回归系数为正，说明加剧于城市污染集聚。另外，城市能源消费水平的增加，促进了大量资源的消耗和污染物的产生，以及通过影响城市小气候提高城市温度，有利于局部城市污染集聚。人口密度的提高，人类的生产、生活等各类活动越活跃，空气中的悬浮颗粒越多，加剧了城市生态失衡和环境污染的集聚，因此，城镇化发展要保持适宜的人口规模，才能有效缓解污染集聚。高水平的基础建设水平带动了房地产上游产业发展，增加了家庭或个人对汽车等产品的消费，大量建材垃圾等废弃物的产生，进一步加重污染集聚。

5.2.3 稳健性检验

5.2.3.1 替换方法

如表5-6所示，通过替换方法进行稳健性检验。模型1至模型3和模型4至模型6分别为缩尾处理和Bootstrap法（默认指定的reps = 50次）检验结果，观察主要变量的符号方向以及显著性水平。缩尾处理可以去除一些极端值对研究结果的影响，通过Bootstrap方法的有放回的抽样，尽可能用有限的样本准确估计研究结果。实证结果显示，命令控制型环境规制与城市污染集聚两者间呈现U型曲线关系，市场调节型、公众引导型环境规制对污染集聚起负向缓解作用，不存在非线性关系。实证结果与基准模型基本保持一致，验证了本书结果的可靠性和稳健性。

表5-6 稳健性检验结果1

解释变量	缩尾处理			Bootstrap法检验估计			工具变量
	模型1	模型2	模型3	模型4	模型5	模型6	模型7
cer	-0.3748*** (-8.3783)	—	—	-0.2072*** (-4.3882)	—	—	-0.3941*** (-6.3887)
cer^2	0.6319*** (6.0838)	—	—	0.1530** (2.1666)	—	—	0.50491*** (6.3215)
eer	—	0.0367* (1.9453)	—	—	0.0715*** (1.8320)	—	1.3571** (2.3521)
eer^2	—	-0.0731** (-2.0663)	—	—	-0.0598** (-2.0719)	—	-1.7911** (-2.2901)
ver	—	—	-0.0495* (-1.6276)	—	—	-0.03815* (-1.7556)	-2.2322*** (-9.1540)

续表

解释变量	缩尾处理			Bootstrap 法检验估计			工具变量
	模型 1	模型 2	模型 3	模型 4	模型 5	模型 6	模型 7
ver^2	—	—	0.0354 (0.8620)	—	—	0.0153 (0.4943)	2.3817*** (8.0426)
Constant	0.4201 (0.7395)	0.5230 (0.9317)	0.4888 (0.8614)	1.2038** (2.2993)	0.9716* (1.8826)	0.9979 (1.4842)	—
地区固定	是	是	是	是	是	是	是
年份固定	是	是	是	是	是	是	是
R-squared	0.1262	0.1492	0.1262	0.1119	0.1007	0.1006	0.1527~0.3806
F/Wald chi2	55.15	45.45	45.45	337.53	307.74	265.27	843.90~1517.09

借鉴陈诗一和陈登科（2018）的研究，为避免环境规制与污染集聚之间的内生性问题，可以选择空气流通系数①作为环境规制的工具变量，但考虑到本书的污染集聚不仅是空气污染，还包括工业废水、二氧化硫和烟尘，所以本书选取风速、高程、温度和湿度作为环境规制的工具变量。原理在于，当污染物排放相同时，严格的环境规制政策一般在风速低、高程低、温度高和湿度低的城市。稳健性检验结果与基准回归基本一致，证明了该结论具有稳健性。

5.2.3.2　替换指标

将命令控制型、市场调节型和公众引导型环境规制分别替换为城市生活垃圾无害化处理率、污水处理厂集中处理率的加权合成的综合指数、城市环保税收入和百度指数年平均数的成效指标，结果如表 5-7 所示，发现与基准回归结果保持一致。

表 5-7　稳健性检验结果 2

解释变量	模型 1	模型 2	模型 3	模型 4	模型 5	模型 6
cer	-0.0689*** (-5.0087)	-0.0764*** (-5.3178)	—	—	—	—

① 空气流通系数为边界层高与风速的乘积。

续表

解释变量	模型 1	模型 2	模型 3	模型 4	模型 5	模型 6
cer^2	—	0.0007*** (3.0328)	—	—	—	—
eer	—	—	0.0065* (1.2643)	0.0067*** (3.8365)	—	—
eer^2	—	—	—	-0.0302*** (-4.1366)	—	—
ver	—	—	—	—	-0.0037** (-4.1317)	0.0034* (3.6258)
ver^2	—	—	—	—	—	-0.0007** (-2.0781)
Constant	36.5544*** (3.4128)	36.4913*** (3.4063)	40.4803*** (4.5788)	37.2091*** (4.4547)	29.4898*** (3.0723)	30.2319*** (3.0389)
控制变量	是	是	是	是	是	是
地区固定效应	是	是	是	是	是	是
年份固定效应	是	是	是	是	是	是
R-squared	0.3799	0.3798	0.2899	0.2882	0.2888	0.2895
F	50.48	51.57	44.14	43.51	56.25	46.16
Number	284	284	284	284	284	284

5.2.4 异质性检验

5.2.4.1 四大板块视角

基于东部、中部、西部和东北地区的四大板块，重新构建城市研究样本，分别进行环境规制对污染集聚的回归分析。表5-8、表5-9、表5-10和表5-11分别表示东部、中部、西部和东北地区城市样本的回归结果，检验假设H2a、假设H2b和假设H2c。

表5-8回归结果显示，东部地区城市与基准回归基本保持一致。命令控制型、公众引导型环境规制整体上均有利于污染集聚的降低与改善，但市场调节型环境规制对污染集聚的影响不显著。说明市场调节型环境规

制失效，一些企业会通过设立分公司和异地办厂的方式向中西部地区进行污染转移。当然，东部地区的资源污染型企业相对较少，大多以资本和劳动密集型企业为主。加入二次项后，命令控制型环境规制与污染集聚之间依然显示出 U 型关系，市场调节型、公众引导型环境规制与污染集聚之间不存在非线性关系。

表 5-8　东部地区城市的回归结果

东部地区	模型 1	模型 2	模型 3	模型 4	模型 5	模型 6
cer	-0.0639*** (-3.3059)	-0.1332*** (-3.0248)	—	—	—	—
cer^2	—	0.0842* (1.7508)	—	—	—	—
eer	—	—	-0.0072 (-0.5908)	0.0259 (0.9606)	—	—
eer^2	—	—	—	-0.0530 (-1.3818)	—	—
ver	—	—	—	—	-0.0438** (-2.2141)	-0.0923** (-2.2155)
ver^2	—	—	—	—	—	0.0649 (1.3221)
Constant	3.1315*** (2.8113)	3.1283*** (2.8119)	2.7462** (2.4593)	2.8440** (2.5432)	2.7874** (2.5054)	2.6918** (2.4154)
控制变量	控制	控制	控制	控制	控制	控制
地区固定	是	是	是	是	是	是
年份固定	是	是	是	是	是	是
R-squared	0.1202	0.1234	0.1093	0.1113	0.1141	0.1159
F	14.56	13.31	13.07	11.84	13.71	12.39
Number	86	86	86	86	86	86

表 5-9 结果表明，中部地区命令控制型和公众引导型环境规制对污染集聚的影响效果与基准模型结果一致。市场调节型环境规制对污染集聚影响不显著，加入二次项后，二次项系数变为负值，依旧不显著。说明市

场调节型环境规制在中部地区对污染集聚的作用效果并不明显，并不能促进污染集聚的治理。原因在于，中部地区由于资源要素禀赋的优势，一般以发展煤炭、化工、石油和钢铁等产业为主，已形成了对社会经济发展的路径依赖和资源诅咒效应，导致“污染陷阱”的困境。另外，以排污费标准或2018年实施的环保税税率为例，当前的污染物治理成本均小于最优税率（费），无法完全弥补边际社会损失（唐明和明海蓉，2018）。当然，也可能由于相关制度不完善、信息不对称、市场分割和税率转嫁等原因，导致市场调节型环境规制未达到预期效果。

表 5-9 中部地区城市的回归结果

中部地区	模型 1	模型 2	模型 3	模型 4	模型 5	模型 6
cer	-0.0673* (-1.8845)	-0.2594*** (-3.1461)	—	—	—	—
cer^2	—	0.3937*** (2.5827)	—	—	—	—
eer	—	—	0.0018 (0.1414)	0.0376 (1.2383)	—	—
eer^2	—	—	—	-0.0556 (-1.3030)	—	—
ver	—	—	—	—	-0.0537** (-2.0764)	-0.0654 (-1.2748)
ver^2	—	—	—	—	—	0.0144 (0.2638)
Constant	2.6460** (2.2673)	2.5274** (2.1760)	2.4892** (2.1310)	2.5324** (2.1691)	2.2927* (1.9596)	2.2918* (1.9574)
控制变量	控制	控制	控制	控制	控制	控制
地区固定	是	是	是	是	是	是
年份固定	是	是	是	是	是	是
R-squared	0.1400	0.1472	0.1362	0.1381	0.1409	0.1409
F	16.12	15.17	15.61	14.08	16.23	14.42
Number	80	80	80	80	80	80

表 5-10 结果表明，西部地区命令控制型环境规制有利于污染集聚的治理改善，与基准模型结果保持一致。市场调节型环境规制对污染集聚起正向的促进作用，加入二次项后，一次项系数显著为正，二次项系数显著为负，说明市场调节型环境规制与污染集聚之间存在倒 U 型的非线性关系。究其原因，西部地区城市的经济发展水平相对落后，市场营商环境和市场机制建设不健全，地方政府对企业进行市场规制激励的手段工具较少，相关的税费、补贴政策制定不科学，存在违规收费和转嫁费用等问题。另外，环境监督落实较差，导致市场调节型环境规制加剧了污染集聚，形成“绿色悖论”。但随着市场规制强度的加强，会改善污染集聚的现象。公众引导型环境规制对污染集聚的影响不显著。可能由于西部区域地广人稀，“三高”企业选址的空间范围较大，对当地居民的影响较小，人口较少，公众对企业环保问题的监督或参与热情不高，规制力度有效。因此，西部地区应持续加强关于市场激励和公众引导的环境规制的治理体系建设与改革，促进区域污染集聚的治理。

表 5-10 西部地区城市的回归结果

西部地区	模型 1	模型 2	模型 3	模型 4	模型 5	模型 6
cer	-0.2977*** (-5.3580)	-0.7805*** (-6.6269)	—	—	—	—
cer^2	—	2.1350*** (4.6331)	—	—	—	—
eer	—	—	0.0157* (1.1948)	0.0673** (2.4278)	—	—
eer^2	—	—	—	-0.0858** (-2.1127)	—	—
ver	—	—	—	—	0.0103 (0.3841)	0.0147 (0.2517)
ver^2	—	—	—	—	—	-0.0060 (-0.0851)
Constant	-0.7234 (-0.8844)	-0.7574 (-0.9372)	-0.8888 (-1.0689)	-0.8767 (-1.0565)	-0.9810 (-1.1737)	-0.9734 (-1.1573)

续表

西部地区	模型 1	模型 2	模型 3	模型 4	模型 5	模型 6
控制变量	控制	控制	控制	控制	控制	控制
地区固定	是	是	是	是	是	是
年份固定	是	是	是	是	是	是
R-squared	0. 1927	0. 2130	0. 1662	0. 1707	0. 1649	0. 1650
F	24. 82	24. 99	20. 73	19. 00	20. 54	18. 24
Number	84	84	84	84	84	84

表 5-11 结果表明，东北地区命令控制型、市场调节型环境规制对污染集聚呈现负向抑制的减缓影响，与基准模型结果一致，公众引导型环境规制对污染集聚的影响系数为负，但并不显著。加入二次项后，市场调节型环境规制与污染集聚之间存在 U 型关系。说明对于东北地区的市场调节型环境规制要保持适度的精准性，若加大强度会加剧城市的污染集聚。要根据当地市场的供需情况，通过环境规制调节优化和合理配置资源，以适宜的市场竞争促进老工业基地企业的技术创新和转型升级，保障地区产业链供应链安全，不搞“冲锋式”和“运动式”的减污降排。

表 5-11　东北地区城市的回归结果

东北地区	模型 1	模型 2	模型 3	模型 4	模型 5	模型 6
cer	-0. 4781*** (-5. 4500)	-0. 2287 (-1. 1431)	—	—	—	—
cer^2	—	-1. 4642 (-1. 3870)	—	—	—	—
eer	—	—	-0. 0134** (-1. 9645)	-0. 2203** (-1. 7073)	—	—
eer^2	—	—	—	0. 4062*** (4. 3500)	—	—
ver	—	—	—	—	-0. 1036 (-1. 3600)	-0. 0858 (-0. 5687)
ver^2	—	—	—	—	—	-0. 0528 (-0. 1372)

续表

东北地区	模型 1	模型 2	模型 3	模型 4	模型 5	模型 6
Constant	−2. 5719 (−1. 5228)	−2. 3187 (−1. 3668)	−2. 0942 (−1. 1897)	−2. 0980 (−1. 1903)	−2. 2251 (−1. 2621)	−2. 2174 (−1. 2552)
控制变量	控制	控制	控制	控制	控制	控制
地区固定	是	是	是	是	是	是
年份固定	是	是	是	是	是	是
R-squared	0. 3328	0. 3366	0. 2751	0. 2754	0. 2771	0. 2771
Number	34	34	34	34	34	34
F	20. 70	18. 66	15. 75	13. 98	15. 91	14. 10

综上所述，基于四大板块异质性分析发现，异质性环境规制在不同区域对污染集聚的影响虽然大体与基准回归保持一致，但存在不同规制工具的分异化影响效果，主要体现在市场调节型和公众引导型环境规制方面。市场调节型环境规制对污染集聚的影响在东部、中部城市不显著，在西部城市发挥正向加剧环境污染的作用，在东北地区则起缓解作用。公众引导型环境规制对污染集聚的影响在东部和中部城市存在减缓作用，在西部和东北地区影响不显著。这与不同区域的经济发展阶段、主导产业发展、市场机制、信息透明和人口转移等因素相关。

5.2.4.2　城市群视角

（1）城市群与非城市群。

基于城市群与非城市群样本的回归结果（见表5-12），回归结果与基准回归结果整体保持一致，命令控制型环境规制对城市群的减污效果高于非城市群，前者是后者的1.25倍，这归功于区域一体化的协同治理策略。在非城市群中，公众引导型环境规制与污染集聚之间存在倒U型非线性关系。所以，政府有必要加强非城市群人民对污染环境问题的关注和舆论引导，畅通人民参与和监督环境污染问题的渠道，给予人民对环境治理的信心，提高对相关环境问题处理的曝光度、公开度和透明度。此外，通过抓住全国统一大市场的契机，进一步加强和完善市场调节型环境规制建设，从而更好地发挥减污作用。

表 5-12　城市群视角的异质性回归结果

解释变量	城市群			非城市群		
	模型 1	模型 2	模型 3	模型 4	模型 5	模型 6
cer	-0.2316*** (-6.3174)	—	—	-0.1850*** (-3.4750)	—	—
cer^2	0.1750*** (3.7670)	—	—	0.1960*** (2.9228)	—	—
eer	—	0.0253 (1.3418)	—	—	0.0447* (1.9133)	—
eer^2	—	-0.0543* (-1.9501)	—	—	-0.0470 (-1.4275)	—
ver	—	—	-0.0591* (-1.8674)	—	—	0.1396* (1.8134)
ver^2	—	—	0.0375 (1.0842)	—	—	-0.4885** (-2.4913)
Constant	1.3667** (2.1375)	1.1138* (1.7258)	1.0853* (1.6768)	2.4389** (2.5564)	2.0758** (2.1870)	1.9175** (2.0305)
控制变量	控制	控制	控制	控制	控制	控制
地区固定	是	是	是	是	是	是
年份固定	是	是	是	是	是	是
R-squared	0.1590	0.1406	0.1408	0.1501	0.1418	0.1450
F	41.61	36.02	36.07	16.50	15.44	15.85
Number	199	199	199	85	85	85

（2）典型污染集聚城市群。

进一步地，按照第 3 章中城市群的污染集聚程度以及现实污染实际，选取中原、晋中和京津冀城市群作为典型研究对象，回归结果如表 5-13 所示。回归结果显示，命令控制型环境规制对高污染集聚的城市群具有较强的减缓治理作用，但随着规制进一步加强，会导致城市污染集聚加剧的后果，与基准回归结果保持一致。中原城市群市场调节型环境规制与污染集聚之间呈现倒 U 型关系，说明中原地区应该进一步加强市场调节型环境规制强度，才能更好地发挥减污作用。京津冀城市群公众引导型环境规制与污

表 5-13 典型城市群视角的异质性回归结果

解释变量	中原城市群			晋中城市群			京津冀城市群		
	(1)	(2)	(3)	(4)	(5)	(6)	(7)	(8)	(9)
cer	-1.1547*** (-7.2250)	—	—	-9.7911*** (-4.7762)	—	—	-0.7990*** (-4.5855)	—	—
cer^2	4.1622*** (5.6007)	—	—	65.2026*** (2.8419)	—	—	0.5974*** (3.9624)	—	—
eer	—	0.0676* (1.5726)	—	—	-0.0478 (-0.2247)	—	—	0.0356 (0.3409)	—
eer^2	—	-0.1212* (-1.7840)	—	—	0.0153 (0.0609)	—	—	-0.0095 (-0.0549)	—
ver	—	—	-0.0408 (-0.2207)	—	—	-0.3644 (-0.8449)	—	—	-0.3803** (-2.9765)
ver^2	—	—	0.2393 (0.6091)	—	—	0.4762 (0.8235)	—	—	0.2809** (2.0018)
_cons	1.2048 (0.6266)	1.0957 (0.4696)	0.8951 (0.3783)	13.9762 (0.8623)	11.6256 (0.5139)	12.6114 (0.5672)	1.4218 (0.3224)	6.3843 (1.3758)	4.7357 (1.0436)
控制变量	控制	控制	控制	控制	控制	控制	控制	控制	控制
地区固定	是	是	是	是	是	是	是	是	是
年份固定	是	是	是	是	是	是	是	是	是
Number	110	110	110	66	66	66	143	143	143
R-squared	0.4485	0.1212	0.0995	0.5532	0.1551	0.1620	0.2613	0.1355	0.1989
F	8.222	1.395	1.117	7.015	1.040	1.096	4.755	2.108	3.339

染集聚之间存在 U 型关系，说明京津冀地区要稳定公众引导环境问题的强度，积极引导新闻媒体舆论，疏解和回应社会关切问题，以社会稳定为前提，避免激发社会矛盾，否则不利于污染集聚的治理改善。整体而言，现阶段环境污染集聚治理主要依靠命令控制型环境规制的手段或方式，未来需要进一步地完善和提升市场调节型和公众引导型环境规制的污染治理效果。

5.2.4.3 污染物分类视角

鉴于本书的被解释变量由 4 种不同类型的污染物综合测算，有必要分析异质性环境规制分别对不同污染物集聚的差异化影响，将污染物分为 PM2.5、工业二氧化硫、工业废水和工业粉尘集聚污染。对于 PM2.5 和工业二氧化硫排放的空气污染集聚，由表 5-14 中（1）列至（6）列回归结果表明，异质性环境规制对污染集聚的影响效果相同，效果明显的手段主要为命令控制型环境规制和公众引导型环境规制，市场调节型环境规制的作用不显著。由表 5-14 中（7）列至（12）列回归结果表明，对于工业废水污染集聚，命令控制型环境规制的效果最好，市场调节型和公众引导型环境规制影响并不显著。市场调节型和公众引导型环境规制对工业粉尘的治理改善效果较好，命令控制型环境规制的作用不明显。

表 5-14 不同污染物集聚的相关回归结果

解释变量	PM2.5 集聚污染			工业二氧化硫集聚污染		
	(1)	(2)	(3)	(4)	(5)	(6)
cer	-0.1880*** (-5.4384)	—	—	-0.5766*** (-16.9230)	—	—
cer^2	0.1996*** (4.5568)	—	—	0.5381*** (12.4654)	—	—
eer	—	-0.0099 (-0.5808)	—	—	-0.0141 (-0.8034)	—
eer^2	—	0.0019 (0.0766)	—	—	0.0118 (0.4610)	—
ver	—	—	-0.0922*** (-3.0391)	—	—	-0.8210* (-1.8070)

续表

解释变量	PM2.5 集聚污染			工业二氧化硫集聚污染		
	(1)	(2)	(3)	(4)	(5)	(6)
ver^2	—	—	0.0408 (1.1737)	—	—	0.8313 (1.4442)
_cons	-0.8561 (-1.5521)	-1.1741 ** (-2.1255)	-1.1139 ** (-2.0180)	0.6475 (1.1912)	-0.2865 (-0.5028)	-0.2424 (-0.4245)
R-squared	0.2626	0.0533	0.1590	0.1286	0.1360	0.1363
F	21.02	17.70	19.71	46.43	11.76	11.84

解释变量	工业废水集聚污染			工业粉尘集聚污染		
	(7)	(8)	(9)	(10)	(11)	(12)
cer	-0.2427 *** (-3.8497)	—	—	0.0210 (0.5685)	—	—
cer^2	0.1901 ** (2.3808)	—	—	-0.0356 (-0.7610)	—	—
eer	—	-0.0082 (-0.2665)	—	—	0.0814 *** (4.5128)	—
eer^2	—	-0.0082 (-0.1825)	—	—	-0.1127 *** (-4.2989)	—
ver	—	—	-0.0030 (-0.0550)	—	—	-0.0596 * (-1.8445)
ver^2	—	—	-0.0981 (-1.5480)	—	—	0.0959 *** (2.5880)
_cons	-0.7766 (-0.7722)	-1.2007 (-1.1943)	-0.9432 (-0.9377)	3.3877 *** (5.7466)	3.5267 *** (6.0241)	3.2838 *** (5.5837)
控制变量	控制	控制	控制	控制	控制	控制
地区固定	是	是	是	是	是	是
年份固定	是	是	是	是	是	是
观测值	284	284	284	284	284	284
R-squared	0.0983	0.0929	0.0960	0.1080	0.1143	0.1101
F	34.29	32.20	33.40	38.08	40.58	38.93
Number	284	284	284	284	284	284

5.2.4.4 资源禀赋视角

依据2013年国务院下发的《关于印发全国资源型城市可持续发展规划(2013—2020年)的通知》(国发〔2013〕45号),本书进一步将城市细分为资源型与非资源型城市,模型1至模型3为资源型城市,模型4至模型6为非资源型城市。表5-15的回归结果表明,无论是资源型还是非资源型城市,核心解释变量命令控制型环境规制对环境集聚的影响较为显著,两者之间呈现U型曲线。所以,在严格的环境监管情况下,依赖资源开发和利用的城市面临更大的减排压力,同时也具备更大的减排潜力。资源型城市的市场调节型环境规制与污染集聚之间呈现倒U型曲线。说明持续加大资源型城市的市场激励投入,可以促进污染集聚的治理与改善。此外,调节型环境规制对非资源型城市污染集聚影响并不显著。公众引导型环境规制对资源型或非资源型城市均不显著。因此,通过加大对资源型城市和产业的规制力度,推动资源型产业提高能源利用效率,减少污染物和温室气体排放,加大清洁能源的使用比例,促进污染物和温室气体的减排。

表5-15 资源禀赋视角的异质性回归结果

解释变量	资源型城市			非资源型城市		
	模型1	模型2	模型3	模型4	模型5	模型6
cer	-0.1532*** (-4.8848)	—	—	-0.7507*** (-7.0392)	—	—
cer^2	0.1176*** (3.0870)	—	—	1.9619*** (5.4207)	—	—
eer	—	0.0456* (1.7120)	—	—	0.0188 (1.0772)	—
eer^2	—	-0.0720* (-1.7662)	—	—	-0.0375 (-1.5098)	—
ver	—	—	0.0225 (0.2550)	—	—	0.0101 (0.3386)

续表

解释变量	资源型城市			非资源型城市		
	模型 1	模型 2	模型 3	模型 4	模型 5	模型 6
ver^2	—	—	-0.4235* (-1.7618)	—	—	-0.0237 (-0.7427)
Constant	-0.1162 (-0.1108)	-0.2805 (-0.2678)	1.1989** (2.1844)	1.0255* (1.8530)	1.0676* (1.9254)	0.3376 (0.3277)
控制变量	控制	控制	控制	控制	控制	控制
地区固定	是	是	是	是	是	是
年份固定	是	是	是	是	是	是
R-squared	0.1150	0.1240	0.1861	0.1731	0.1724	0.1512
F	16.05	17.47	43.45	39.80	39.59	21.99
Number	112	112	172	172	172	112

5.3　扩展讨论

5.3.1　不同类型环境规制对污染集聚的空间效应

考虑到城市在地理、经济、交通、政策、气候和生态治理等方面的合作和联动性，在万物互联的信息新时代，不同区域的交互作用愈加显著，根据环境外部性理论，一个城市的环境污染不可避免地会受到周边城市的外在影响。与此同时，环境规制作为一种政策工具，本地或邻近地区的施行也具有一定的外部性、模仿性和扩散性，超越地域距离和区划约束，导致跨区域的环境规制政策波及与示范效应。所以，采用一般性的面板回归模型，可能会导致回归结果产生偏差。

与第 4 章相似，本章构建了反地理距离的空间权重，分别对核心解释变量和被解释变量进行莫兰指数检验，结果p值均通过显著性检验，证明存在空间自相关性，说明城市污染集聚会受到邻近地区影响，存在一定的空间交互、传导和关联效应。如表5-16所示。

表5-16 全局Moran'I指数检验

年份	命令控制型环境规制（cer）		市场调节型环境规制（eer）		公众引导型环境规制（ver）		污染集聚（pc）	
	Moran'I	Z value	Moran'I	Z value	Moran'I	Z value	Moran'I	Z value
2009	-0.015***	-5.234	-0.008**	-1.957	-0.011***	-3.528	-0.033***	-13.488
2010	-0.007**	-1.979	-0.017***	-5.992	-0.014***	-4.835	-0.022***	-8.759
2011	-0.009**	-2.980	-0.013***	-4.414	-0.011***	-3.349	-0.024***	-9.391
2012	-0.022***	-8.641	-0.009**	-2.345	-0.009**	-2.571	-0.007**	-2.060
2013	-0.017***	-6.429	-0.011***	-3.268	-0.019***	-7.142	-0.011***	-4.072
2014	-0.012***	-4.149	-0.017***	-6.080	-0.008**	-2.229	-0.034***	-14.031
2015	-0.026***	-10.500	-0.018***	-6.747	-0.009**	-2.720	-0.014***	-5.900
2016	-0.025***	-10.182	-0.013***	-4.409	-0.016***	-5.863	-0.020***	-7.705
2017	-0.023***	-9.242	-0.006	-1.057	-0.011***	-3.475	-0.022***	-8.804
2018	-0.023***	-9.062	-0.006	-1.161	-0.012***	-3.747	-0.017***	-6.472
2019	-0.024***	-9.633	-0.006*	-1.283	-0.008**	-1.841	-0.021***	-8.305

与第4章选择合适的空间计量模型的方法一样，确定时间、个体双重固定效应的SDM模型较为合适。借鉴Halleck和Elhorst（2015）的检验思路，首先对LM进行检验，表明SEM模型和SAR模型均适合；其次Wald和LR检验表明，SDM模型不能退化为SEM模型或SAR模型，选择SDM模型更优；最后通过Hausman检验和选择效应的对比，拒绝原假设，选时空双固定模型。表5-17报告了相关回归模型结果，同时列出SAR、SEM和SDM模型结果进行比较。

表 5-17 环境规制对城市污染集聚的空间计量回归结果

解释变量	命令控制型环境规制（cer）			市场调节型环境规制（eer）			公众引导型环境规制（ver）		
	SAR	SEM	SDM	SAR	SEM	SDM	SAR	SEM	SDM
cer	-0.0684*** (-5.5017)	-0.0728*** (-5.7490)	-0.0737*** (-5.8409)	—	—	—	—	—	—
eer	—	—	—	0.0045 (0.5091)	0.0047 (0.5326)	0.0078 (0.8702)	—	—	—
ver	—	—	—	—	—	—	-0.1592*** (-2.6577)	-0.1842*** (-2.8199)	-0.1840*** (-2.8189)
pgdp	-0.7365*** (-2.6790)	-0.7407*** (-2.6832)	-0.7899*** (-2.8431)	-0.3938*** (-5.6239)	-0.3941*** (-5.6019)	-0.3888*** (-5.4778)	-0.7881*** (-2.8626)	-0.7707*** (-2.7839)	-0.7843*** (-2.8136)
$pgdp^2$	0.0213** (2.5162)	0.0194** (2.2973)	0.0212** (2.4946)	0.0116*** (5.4383)	0.0116*** (5.4157)	0.0115*** (5.3102)	0.0229*** (2.6977)	0.0204** (2.4112)	0.0210** (2.4640)
icd	0.0002 (0.0314)	0.0008 (0.1238)	0.0022 (0.3364)	-0.0025* (-1.8359)	-0.0025* (-1.8373)	-0.0020 (-1.3966)	0.0042 (0.6807)	0.0045 (0.7249)	0.0069 (1.0828)
gip	-0.0279*** (-3.6344)	-0.0297*** (-3.8836)	-0.0296*** (-3.8660)	-0.0069*** (-4.8386)	-0.0069*** (-4.8180)	-0.0064*** (-4.4495)	-0.0236*** (-3.0969)	-0.0252*** (-3.3168)	-0.0244*** (-3.1980)
pd	-0.0038 (-0.3084)	-0.0046 (-0.3694)	-0.0044 (-0.3606)	-0.0004 (-0.1808)	-0.0004 (-0.1814)	-0.0010 (-0.4579)	-0.0047 (-0.3771)	-0.0058 (-0.4636)	-0.0051 (-0.4131)
road	0.0074*** (3.0294)	0.0051** (1.9914)	0.0047* (1.8482)	0.0011** (2.4785)	0.0011** (2.4779)	0.0010** (2.3102)	0.0070*** (2.8658)	0.0045* (1.7704)	0.0039 (1.5222)

续表

解释变量	命令控制型环境规制（cer）			市场调节型环境规制（eer）			公众引导型环境规制（ver）		
	SAR	SEM	SDM	SAR	SEM	SDM	SAR	SEM	SDM
up	-0.0415** (-2.0373)	-0.0470** (-2.0817)	-0.0458** (-2.0311)	-0.0165*** (-4.3616)	-0.0165*** (-4.3591)	-0.0162*** (-4.2611)	-0.0333 (-1.6319)	-0.0412* (-1.8261)	-0.0400* (-1.7726)
ρ	0.8827*** (35.3133)	—	0.4468*** (3.6674)	-1.0173*** (-2.8714)	—	-0.4813 (-1.2838)	0.8802*** (34.8250)	—	0.6351*** (8.1652)
λ	—	0.8976*** (39.6141)	—	—	-0.8276*** (-2.6745)	—	—	0.8964*** (39.2856)	—
w×cer	—	—	-2.4465*** (-3.5519)	—	—	—	—	—	—
w×eer	—	—	—	—	—	0.9942* (1.8207)	—	—	—
w×ver	—	—	—	—	—	—	—	—	-0.4184** (-2.3464)
R^2	0.0072	0.1294	0.0073	0.0298	0.0307	0.0014	0.0007	0.1007	0.0038
Log-like	372.8296	376.1414	398.3455	5107.3331	5107.4745	5115.7965	365.3589	368.1261	386.2593
N	3124	3124	3124	3124	3124	3124	3124	3124	3124

注：Log-like 为 Log-likelihood 检验值，个别结果未列，留存备索。

回归结果表明，命令控制型、公众引导型环境规制能够显著降低或缓解城市污染集聚，市场调节型环境规制对污染集聚的影响系数不显著，回归结果基本与基准模型保持一致。ρ 系数显著为正，表明污染集聚具有正向的空间溢出效应，即相邻城市间污染集聚存在“近墨者黑”和“以邻为壑”的空间特征，即邻近地区的污染集聚具有一定外生性，会加剧本地的污染集聚。究其原因，相邻城市的产业发展具有一定的关联性和趋同性，污染型企业具有就近转移和选址的特征，特定地区的空气污染、水污染具有一定的扩散或蔓延，加之在一定的季节、地形、气候和天气的影响下，局部地区的污染集聚可能存在集聚性，比如京津冀、中原和关中平原等城市群地区，在冬季集中供暖期间，易形成污染集聚现象。

与第 4 章相似，采取偏微分方程将影响效应分解为直接效应和间接效应，更好地解释回归结果，如表 5-18 所示。回归结果显示，命令控制型环境规制对污染集聚的直接效应、间接效益和总效应系数均显著为负，表明能够改善或缓解本地、邻地城市污染集聚问题，体现出正向约束的空间溢出作用。究其原因，面对严峻的污染形势和环保考核压力，相邻城市的环境规制政策趋同，可以产生良好的协同互动治理作用；空间上的知识、技术和经验的学习与溢出，以及地方环保考核目标竞争，使得相邻城市间的命令控制型环境规制产生“规制竞上”强化效应，从而降低了城市的污染集聚。

市场调节型环境规制对污染集聚的直接效应和间接效应（溢出效应）不显著，说明市场调节型环境规制在本地失效，也不利于邻近地区污染集聚的治理，产生了一定的“绿色悖论”的空间溢出作用。究其原因，市场调节型环境规制作为一项灵活的市场激励政策，因为市场分割、地方保护和区域壁垒等原因，市场调节型环境规制没有发挥减污作用，不利于城市污染集聚的缓解。因此，2022 年 4 月，中共中央和国务院也提出了加快构建全国统一大市场的意见，发挥有为政府作用，通过立破并举完善制度体制机制，更好地发挥市场调节型环境规制的影响。

表 5-18　SDM 模型下的效应分解结果

解释变量	直接效应			溢出效应			总效应		
cer	-0.0745*** (-5.7565)	—	—	-0.7303*** (-4.4977)	—	—	-0.8048*** (-4.9631)	—	—
eer	—	0.0070 (0.7302)	—	—	0.8232 (1.1837)	—	—	0.8302 (1.1890)	—
ver	—	—	-0.1845*** (-2.7591)	—	—	-0.7849* (-1.7110)	—	—	-0.6003* (-1.3158)
控制变量	是	是	是	是	是	是	是	是	是
地区固定	是	是	是	是	是	是	是	是	是
年份固定	是	是	是	是	是	是	是	是	是
R^2	0.0073	0.0014	0.0038	0.0073	0.0014	0.0038	0.0073	0.0014	0.0038
Log-like	398.3455	5115.7965	386.2593	398.3455	5115.7965	386.2593	398.3455	5115.7965	386.2593
N	3124	3124	3124	3124	3124	3124	3124	3124	3124

注：括号为 z 检验的结果。

公众引导型环境规制对污染集聚的直接效应、间接效应和总效应系数均显著为负，表明邻地公众引导型环境规制对染集聚具有一定的空间溢出作用，溢出效应高于本地效应。

5.3.2　不同类型环境规制对污染集聚的滞后作用

城市的环境规制政策工作和污染集聚治理是一场持续性长期的“攻坚战”和“持久战”，应当充分考虑政策实施的时滞效应。根据前人研究和现实经验，选择滞后一期、滞后二期和滞后三期作为自变量代入基准模型，从而得到以下模型。

$$PC_{it}=\alpha_0+\alpha_1 cer_{it-k}+\alpha_2 eer_{it-k}+\alpha_3 ver_{it-k}+X_{it}+\mu_i+\varepsilon_{it}，\ k=1，2，3 \quad (5-5)$$

不同环境规制对污染集聚影响存在一定的滞后性与异质性，如表5-19所示。对于命令控制型环境规制而言，从滞后三期中的效果来看，对污染集聚的影响呈现逐渐降低的作用，在滞后二期以后作用不显著，说明命令控制型环境规制对污染集聚具有短期的缓解作用，体现了直接性和强制性。可能的原因在于命令控制型环境规制虽然在短时间内可以缓解污染集聚，但当企业达到最低排污要求后，企业可以通过大规模生产、购买排污权、产业就近转移选址等方式，进一步规避环境规制约束。

表5-19　环境规制强度的多期影响效应估计

解释变量	污染集聚		
	模型1	模型2	模型3
cer	-0.1261*** (-7.4109)	-0.0651*** (-4.2337)	-0.0586*** (-3.6218)
eer	0.0080 (1.1696)	0.0023 (0.3860)	0.0038 (0.6078)
ver	-0.0066* (-2.5032)	-0.0155 (-1.3774)	-0.0256** (-2.1117)
cer（-1）	-0.0421** (-2.3652)	-0.0309* (-1.9354)	-0.0310* (-1.7603)

续表

解释变量	污染集聚		
	模型 1	模型 2	模型 3
eer（-1）	-0.0103 (-1.5089)	0.0046 (0.7955)	0.0019 (0.3032)
ver（-1）	-0.0030 (-0.2215)	0.0186 (1.6293)	0.0200* (1.6751)
cer（-2）	—	0.0318** (2.0745)	0.0216 (1.2841)
eer（-2）	—	-0.0144** (-2.3115)	-0.0139** (-2.1056)
ver（-2）	—	-0.0927*** (-7.8527)	-0.0903*** (-7.2814)
cer（-3）	—	—	0.0088 (0.5426)
eer（-3）	—	—	-0.0101 (-1.4686)
ver（-3）	—	—	-0.0180 (-1.4100)
_cons	2.8286*** (4.6460)	3.7055*** (5.7079)	3.4369*** (4.2829)
控制变量	控制	控制	控制
地区固定效应	是	是	是
年份固定效应	是	是	是
R-squared	0.0625	0.1229	0.1472
F	13.04	19.76	17.89

市场调节型环境规制在滞后二期产生降低污染集聚的影响，表明市场调节型环境规制具有一定的滞后性影响。加大研发投入，进行技术创新是长期投资，企业需要一定的时间缓冲，以提高能源使用效率等方式，减少资源浪费和能耗，进而降低污染集聚。

公众引导型环境规制对城市污染集聚的影响具有抑制—促进两面性，由开始的显著抑制到显著促进，最后到显著抑制。即刚开始，公众引导型环境规制对污染集聚起缓解改善作用，在滞后二期逐渐变为加剧排污作

用，在滞后三期再次变为降低治理影响。这与公众引导型环境规制的特性有关，在特定阶段公众容易受到新闻媒体、报纸电视、新媒体等传播媒介的影响，具有很大的不确定与波动性。城市污染集聚的治理要与实际经济发展阶段、技术突破、产业结构、能源结构等结合，这关系到我国的发展权。因此，公众引导型环境规制要在一定的合法框架内进行合理诉求，而不是一味地“凑热闹”和“盲目追捧”，否则会对城市污染集聚的治理产生负面影响。

5.3.3　不同类型环境规制对污染集聚的交互作用

通过加入两两及三种不同类型环境规制交互项进行回归，运用广义线性回归模型探讨单一环境规制、两两环境规制交互、三类环境规制的交互项对城市污染集聚的影响。表5-20的回归结果表明，在单一情况下，不同类型环境规制对污染集聚的影响与基准模型基本保持一致，其中市场调节型环境规制对污染集聚的系数为正，但不显著。当加入两两或三者交互项后，发现在5%显著性水平下，命令控制型与市场调节型环境规制协同作用有利于污染集聚的治理改善，相比单一命令控制型或市场调节型环境规制的影响，呈现“1+1>2”的协同互补的治理加强效果。说明环境规制之间的协同可以在一定程度上转变市场调节型环境规制的“绿色悖论”效应，发挥出显著的减污影响。此外，回归结果也表明，公众引导型与命令控制型、市场调节型环境规制两者或三者间存在一定的摩擦替代的弱化影响。因此，需要进一步加强各类环境规制工具的协同匹配管理，引导公众以一种合法、公开、客观和理性的方式关注、监督和参与环境治理。

表5-20　不同类型环境规制工具的交互效应估计结果

解释变量	污染集聚		
	模型1	模型2	模型3
cer	-0.1416*** (-9.4404)	-0.1443*** (-7.4456)	-0.1451*** (-7.3377)

续表

解释变量	污染集聚		
	模型 1	模型 2	模型 3
eer	0. 0048 (1. 1703)	0. 0148** (2. 2861)	0. 0141* (1. 8575)
ver	-0. 0479*** (-4. 8065)	-0. 0543*** (-4. 3010)	-0. 0547*** (-4. 2481)
cer×eer	—	-0. 1592** (-2. 5684)	-0. 1502** (-1. 9814)
cer×ver	—	0. 0549 (0. 8612)	0. 0577 (0. 8709)
eer×ver	—	0. 0037 (0. 0835)	0. 0102 (0. 1815)
cer×eer×ver	—	—	-0. 0578 (-0. 1971)
_cons	0. 1950 (0. 4554)	0. 2110 (0. 4947)	0. 2113 (0. 4950)
Method	FGLS	FGLS	FGLS
控制变量	控制	控制	控制
地区固定效应	是	是	是
年份固定效应	是	是	是
Wald chi2	1840. 57	1858. 76	1860. 06

5. 3. 4 不同类型环境规制对污染集聚的门槛作用

前文基准模型已证明环境规制对污染集聚可能存在非线性影响，在现实中，往往是多种类型环境规制一起发挥作用，在特定的环境强度区间内，可能异质性环境规制对污染集聚程度存在不同的作用。因此，与第4章相似，为了检验确定不同环境规制强度的合理区间，本部分重点考察市场激励和公众引导为门槛变量时，命令控制型环境规制对城市污染集聚的影响。

通过Stata17.0软件的Bootstrap自抽样的方法（BS300次）对门槛效应进行检验，结果如表5-21所示。结果表明，当市场调节型环境规制为门槛变量时，在5%显著性水平下，命令控制型环境规制对污染集聚的影响存在单一门槛，在95%置信区间的门槛值为0.1508。当公众引导型环境规制为门槛变量时，命令控制型环境规制对污染集聚的影响不存在门槛值。

表5-21 门槛变量选择与检验

门槛变量	模型	F值	p值	临界值		
				1%	5%	10%
eer	单一门槛	35.26***	0.0133**	25.2147	28.1919	36.1843
	双重门槛	2.45	0.9933	14.5976	16.6579	21.8225
	三重门槛	3.63	0.9133	16.3597	18.7617	26.2780
ver	单一门槛	7.97	0.5600	16.1630	19.4581	23.3633
	双重门槛	6.30	0.3633	11.1705	14.0784	20.8968
	三重门槛	5.52	0.8267	18.0269	20.9590	24.8569

在确定门槛数量和门槛值后，对门槛模型进行估计，可得市场调节型环境规制门槛模型回归结果（见表5-22）。结果表明，当市场调节型环境规制强度小于0.1508，命令控制型环境规制对污染集聚的影响系数在10%显著性水平下为负，表现为降低和缓解作用。当市场调节型环境规制强度大于0.1508时，在1%显著水平下，命令控制型环境规制有利于污染集聚的缓解，且后者的作用高于前者（0.1403>0.0345）。因此，加大市场调节型环境规制的强度和力度，有利于助推命令型环境规制缓解降低污染集聚水平。

表5-22 市场激励门槛模型回归结果

解释变量	系数	t值	95%的置信区间	
pgdp	-0.05387***	-16.51	-0.062	-0.050
icd	0.007***	5.740	0.005	0.010

续表

解释变量	系数	t 值	95%的置信区间	
gip	0.0025 *	1.500	−0.001	0.005
pd	0.009 ***	3.220	0.004	0.015
road	0.002 ***	4.180	0.001	0.003
up	−0.015 ***	−3.280	−0.023	−0.006
cer（eer≤0.1508）	−0.0345 *	−1.90	−.07016	−0.0012
cer（eer>0.1508）	−0.1403 ***	−7.77	−0.1757	−0.1048
_cons	1.0904	21.41	0.9906	1.1903

按照从低到高的门槛区间，将市场调节型环境规制强度分为较低强度（eer≤0.1508）、较高强度（eer>0.1508）。从 2019 年 284 个地级市的市场调节型环境规制强度来看，占研究样本 81.34%的大多数城市市场调节型环境规制强度处于较弱强度，比如东北、甘肃、陕西等一些城市；18.66%的城市处于较高强度，主要为省会城市等中心城市。因此，适当提高市场调节型环境规制的强度，有利于更好地发挥命令型环境规制的作用。具体如表 5−23 所示。

表 5−23　2019 年市场激励环境规制门槛值的样本分组结果

分组	门槛变量值	各组包含城市	样本容量	占比%
较低强度	eer≤0.1508	中卫市、唐山市、双鸭山市、固原市、鞍山市、怀化市、七台河市、佳木斯市、六盘水市、内江市、北海市、咸阳市、商洛市、嘉峪关市、固原市、大庆市、天水市、安康市、定西市、宜宾市、宝鸡市等	231	81.34
较高强度	eer>0.1508	三亚市、北京市、合肥市、威海市、庆阳市、济南市、深圳市、烟台市、福州市、青岛市、上海市、丽江市、包头市、十堰市、厦门市、台州市、天津市、宁波市、广州市、昆明市、武汉市、石家庄市、郑州市、长沙市、深圳市等	53	18.66

5.4　本章小结

本章重点探讨环境规制对城市污染集聚的作用和两者间关系，具体利用固定效应模型、空间计量、滞后模型、交互模型和门槛模型，基于2009~2019年284个地级市数据，分别就异质性环境规制对污染集聚的异质性、空间效应、政策滞后性、交互作用以及门槛效应进行了充分讨论。得出以下研究结论：

第一，单一政策作用下，命令控制型、公众引导型环境规制对污染集聚均起显著的降缓作用，市场调节型环境规制却起显著的加剧作用。加入二次项后，命令控制型环境规制与污染集聚两者间呈现U型关系，市场调节型环境规制与污染集聚之间存在倒U型关系。以上结论验证了假设H2a、假设H2b和假设H2c。经济发展水平（pgdp）、绿色技术创新（gip）和降水量有利于降低和缓解污染集聚；能源消费集中度（icd）、人口密度（pd）、基础建设（road）进一步加剧污染集聚。在采取Bootstrap方法、PCSE检验方法和替换变量后，回归结果依旧稳健和可靠。

第二，不同类型环境规制对污染集聚存在区域异质性影响。基于四大板块视角，命令控制型环境规制的影响与基准回归保持一致。东部、中部地区市场调节型环境规制对污染集聚的影响不显著。西部地区市场调节型环境规制对污染集聚存在“绿色悖论”效应，在东北地区却产生“减污降排”的显著作用。在东部、中部地区公众引导型环境规制对污染集聚起显著减缓作用，在西部、东北地区影响则不显著。基于城市群视角，命令控制型环境规制对城市群的减污效果高于非城市群。非城市群市场调节型、公众引导型环境规制对污染集聚存在“绿色悖论”。基于污染物类型视角，命令控制型环境规制和公众引导型环境规制的减污效果较为明显，市场调节型环境规制的作用并不显著。在资源禀赋视角，命令控制型、市场调节型环境规制对资源型城市污染集聚之间呈现显著缓解影响，公众引导型环境规制的减污作用并不显著。

第三，在空间效应方面，相邻城市污染集聚存在“近墨者黑”的空间溢出效应，命令控制型环境规制对污染集聚具有本地和邻近的减污效应，市场调节型环境规制呈现一定的“绿色悖论”的空间溢出作用，公众引导型环境规制的效果不明显。在滞后效应方面，命令控制型环境规制对污染集聚的缓解作用呈现时间衰减性，市场调节型环境规制对污染集聚的改善呈现滞后作用，在滞后二期作用明显；公众引导型环境规制对城市污染集聚的影响具有较大波动性。

第四，在交互作用方面，不同类型环境规制对污染集聚的影响兼具“协同互补”与“摩擦替代”的双重效应。命令控制型与市场调节型环境规制协同作用对污染集聚发挥出叠加强化的显著影响，扭转了市场调节的“绿色悖论”影响。在门槛效应方面，命令控制型环境规制影响污染集聚存在市场调节型环境规制的单一门槛效应；而公众引导型环境规制则不存在门槛效应。所以，现阶段污染集聚治理应当以命令控制型环境规制为支撑，不断加强市场调节型环境规制强度，引导公众关注与监督等环境规制的合法化和理性化，才能更好地发挥不同类型环境规制的协同匹配和互补强化机制，从而减缓污染集聚。

第6章　环境规制、污染集聚与经济高质量发展的机理检验

第4章和第5章分别分析了不同类型环境规制对经济高质量发展、污染集聚的影响，那么污染集聚对经济高质量发展是否存在影响？通过将环境规制、污染集聚和经济高质量发展纳入统一分析框架，环境规制是否可以降低污染集聚从而促进经济高质量发展？即污染集聚作为环境规制影响经济高质量发展的中介传导变量。污染集聚是否可以调节环境规制对经济高质量发展的作用？即污染集聚作为环境规制影响经济高质量发展的调节变量。如果存在调节作用，那么污染集聚的具体门槛值是多少？这些问题都需要在这本章进行综合探讨。

6.1　模型设定

6.1.1　基准模型设定

借鉴 Baron 和 Kenny（1986）、温忠麟和叶宝娟（2014）提出的关于中介效应的逐步回归检验法（以下简称 BK 方法），检验环境规制是否通过降低污染集聚水平，从而助推经济高质量发展，主要步骤

如图 6-1 所示。

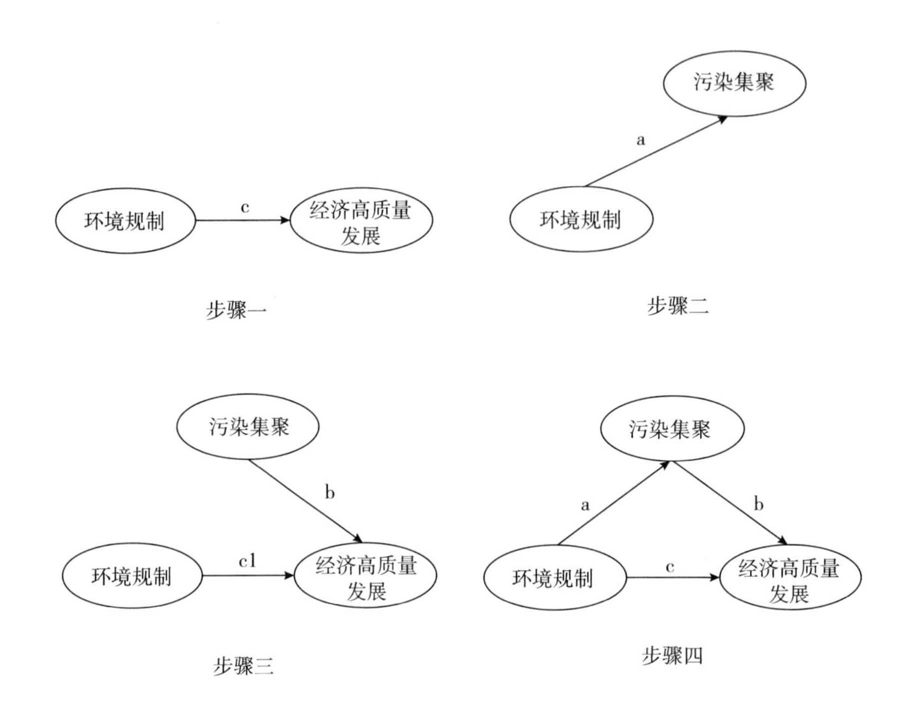

图 6-1　中介效应检验步骤

步骤一，将经济高质量发展与环境规制进行回归，可得环境规制对经济高质量发展的总效应，此步骤的统计必须显著，才意味着存在中介效应或间接效应。此步骤已在第 4 章完成，即不同类型环境规制对经济高质量发展存在显著影响，两者间存在一定的非线性关系。

步骤二，将污染集聚与环境规制进行回归，可得环境规制对污染集聚的作用效应，此步骤的统计必须显著，以此证明环境规制和污染集聚存在关系，此步骤已在第 5 章完成，即不同类型环境规制对污染集聚呈现显著影响，两者间也存在一定的非线性关系。

步骤三，将经济高质量发展与污染集聚进行回归，同时控制环境规制，此步骤的估计系数也必须显著。控制环境规制的原因在于经济高质量发展和污染集聚的相关性可能由环境规制同时影响经济高质量发展、污染集聚导致的。

步骤四，满足前三个步骤的前提下，判断污染集聚的中介作用是完全中介还是部分中介。在控制环境规制情况下，若污染集聚对经济高质量发展的影响显著为0，则为完全中介效应；若不显著为0，则为部分中介作用。部分中介标准误可以用（a×b）计算得出，中介效应占总效应的比值为（ab/c）。中介效应主要通过Z检验值检验，绝对值要大于1.96。

因此，本章构建步骤三、步骤四模型如下。

$$HED_{it}=\alpha_0+\alpha_1 PC_{it}+\alpha_3 X_{it}+\mu_i+\varepsilon_{it}$$

$$HED_{it}=\alpha_0+\alpha_1 PC_{it}+\alpha_2 PC_{it}^2+\alpha_3 X_{it}+\mu_i+\varepsilon_{it} \tag{6-1}$$

$$HED_{it}=\alpha_0+\alpha_1 PC_{it}+\alpha_2 ER_{it}+\alpha_3 X_{it}+\mu_i+\varepsilon_{it} \tag{6-2}$$

其中，HED表示城市高质量发展指数；PC表示污染集聚水平；PC^2 表示对应指标的二次项，根据PC一次及二次项系数的正负符号表征两者关系；X表示其他控制变量集，与第4章的控制变量保持一致，包括经济发展水平（pgdp）、外资水平（fdi）、金融发展水平（fin）、人口规模（pop）、技术创新水平（rd），并对以上控制变量取对数消除异方差；i表示各省级截面单位；t表示年份；α_0~α_3 表示待估参数；μ_i 表示固定效应；ε表示随机扰动项。

6.1.2 空间计量模型设定

由前文可知，城市污染集聚与经济高质量发展均呈现一定的空间关联和互动特征，引入空间计量模型探究污染集聚对城市高质量发展的空间效应。

基准空间计量模型设定：

$$
\begin{cases}
HED_{it} = \alpha + \rho \sum_{j=1,\ i\neq j}^{N} W_{ij} HED_{it} + \beta_1 PC_{it} + \gamma_1 \sum_{j=1,\ i\neq j}^{N} W_{ij} PC_{ijt} + \\
\qquad \beta_2 X_{it} + \gamma_2 \sum_{j=1,\ i\neq j}^{N} W_{ij} X_{ijt} + \mu_t + \nu_i + \varepsilon_{it} \\
HED_{it} = \alpha + \rho \sum_{j=1,\ i\neq j}^{N} W_{ij} HED_{it} + \beta_1 PC_{it} + \gamma_1 \sum_{j=1,\ i\neq j}^{N} W_{ij} PC_{ijt} + \beta_0 ER_{it} + \\
\qquad \gamma_0 \sum_{j=1,\ i\neq j}^{N} W_{ij} ER_{ijt} + \beta_2 X_{it} + \gamma_2 \sum_{j=1,\ i\neq j}^{N} W_{ij} X_{ijt} + \mu_t + \nu_i + \varepsilon_{it} \\
\varepsilon_{it} = \lambda \sum_{j=1,\ i\neq j}^{N} W_{ij} \varepsilon_{it} + \mu_{it}
\end{cases}
\tag{6-3}
$$

其中，i 表示城市；t 表示年份；HED_{it} 表示城市经济高质量发展指数；PC 表示城市污染集聚；X 表示控制变量向量；ρ 表示空间自回归系数，表征空间溢出效应；λ 表示空间自相关系数；W_{ij} 表示 $n\times n$ 空间权重矩阵，一般有 0-1 相邻矩阵、地理距离矩阵和经济距离矩阵，本书采取反地理距离矩阵，μ_t、ν_i 分别是时间效应与地区效应；ε_{it} 表示残差项。

6.1.3 变量说明与数据来源

本章所选取的变量在第 4 章和第 5 章均有交代，在此不再赘述，如表 6-1 所示。

表 6-1 变量描述性分析

解释变量		说明	平均值	标准差	最小值	最大值
被解释变量	HED	经济高质量发展	0.100	0.083	0.035	0.682
核心解释变量	PC	综合污染集聚	1.785	3.316	0.000	73.897
	hc	PM2.5 污染集聚	2.010	1.949	0.018	14.674
	gc	工业二氧化硫污染集聚	1.712	2.043	0.000	19.667

续表

解释变量		说明	平均值	标准差	最小值	最大值
核心解释变量	wc	工业废水污染集聚	2.036	3.786	0.005	51.010
	sc	工业烟尘污染集聚	1.601	3.350	0.005	85.143
控制变量	pgdp	经济发展水平	48367.540	33277.955	4491.000	467749.000
	rd	技术创新水平	7207.553	18537.764	0.000	261502.000
	fdi	外资水平	572342.960	1356361.600	0.000	20475308.000
	pop	人口规模	150.904	197.671	0.100	2472.000
	fin	金融发展水平	2.344	1.182	0.588	21.301

6.2　污染集聚对经济高质量发展的估计结果

6.2.1　相关性检验

为排除变量间的多重共线性影响，对变量进行相关性和膨胀因子检验，结果如表 6-2 和表 6-3 所示。结果表明，但所有变量的方差膨胀因子（VIF）均小于 10，平均 VIF 为 2.705，可以避免多重共线性的影响。

表 6-2　方差膨胀因子

解释变量	HED	pc	hc	gc	wc	sc	pgdp	rd	fdi	pop	fin	Mean VIF
VIF	5.512	3.952	3.190	2.842	2.756	2.428	1.781	1.778	1.594	1.216	5.512	2.705
1/VIF	0.181	0.253	0.314	0.352	0.363	0.412	0.561	0.562	0.628	0.822	0.181	

表 6-3　相关系数

解释变量	HED	pc	hc	gc	wc	sc	pgdp	rd	fdi	pop	fin
HED	1.000										
PC	0.297***	1.000									
hc	0.147***	0.429***	1.000								
gc	0.272***	0.520***	0.533***	1.000							
wc	0.546***	0.559***	0.445***	0.442***	1.000						
sc	0.093***	0.784***	0.260***	0.432***	0.166***	1.000					
pgdp	0.627***	0.259***	0.248***	0.323***	0.452***	0.164***	1.000				
rd	0.840***	0.226***	0.095***	0.156***	0.450***	0.063***	0.571***	1.000			
fdi	0.806***	0.242***	0.052***	0.173***	0.357***	0.078***	0.477***	0.725***	1.000		
pop	0.709***	0.178***	0.009	0.137***	0.231***	0.078***	0.307***	0.615***	0.742***	1.000	
fin	0.455***	0.039***	-0.041***	0.034*	0.136***	0.035*	0.221***	0.377***	0.321***	0.347***	1.000

6.2.2 基准回归模型

根据前文基准模型设定，考察污染集聚对经济高质量发展的影响。对相关变量进行 ADF 平稳性检验，结果均通过。通过豪斯曼（Hausman）检验和 R^2 值比较，选择时间和个体双固定效应模型，基准回归结果如表 6-4 所示。

表 6-4 基准回归结果

解释变量	模型 1	模型 2	模型 3	模型 4	模型 5	模型 6
PC	-0.0014* (-1.8456)	-0.0042*** (-2.6384)	—	—	—	—
PC^2	—	0.0006** (2.0932)	—	—	—	—
hc	—	—	-0.0013* (-1.8125)	—	—	—
gc	—	—	—	-0.0008*** (-4.4568)	—	—
wc	—	—	—	—	0.0006*** (5.8704)	—
sc	—	—	—	—	—	0.000072 (-1.3425)
pgdp	0.8833*** (9.1931)	0.8785*** (9.1465)	0.8865*** (9.2298)	0.8835*** (9.2244)	0.8818*** (9.2303)	0.8832*** (9.1859)
rd	0.1181*** (3.5639)	0.1185*** (3.5780)	0.1151*** (3.4726)	0.1161*** (3.5150)	0.1185*** (3.5964)	0.1182*** (3.5638)
fdi	0.0517*** (18.8810)	0.0518*** (18.9238)	0.0514*** (18.7613)	0.0505*** (18.4185)	0.0514*** (18.8764)	0.0517*** (18.8635)
pop	0.4420*** (4.9876)	0.4505*** (5.0808)	0.4379*** (4.9429)	0.4492*** (5.0827)	0.4237*** (4.8061)	0.4418*** (4.9830)
fin	0.0527** (2.0048)	0.0549** (2.0887)	0.0537** (2.0439)	0.0492* (1.8780)	0.0481* (1.8411)	0.0524** (1.9957)

续表

解释变量	模型 1	模型 2	模型 3	模型 4	模型 5	模型 6
Constant	-2.6345*** (-3.0658)	-2.5838*** (-3.0074)	-2.3773*** (-2.7182)	-2.5210*** (-2.9408)	-2.6694*** (-3.1244)	-2.6408*** (-3.0720)
地区固定	是	是	是	是	是	是
年份固定	是	是	是	是	是	是
R-squared	0.3285	284	0.3285	0.3324	0.3358	0.3281
F	230.99	0.3295	230.96	235.07	238.69	230.59
N	284	284	284	284	284	284

模型 1 至模型 2 结果表明，污染集聚的加剧对经济高质量发展在 10%显著性水平下起负向影响，系数为-0.0014。说明考察期污染集聚整体上不利于城市经济高质量发展，验证了假设 H3。原因在于城市污染一般以空气、水体、固体废弃物和粉尘等污染物为主，城市污染集聚对身体健康、生产、生活和生态都产生了一定影响，恶化了城市人居环境质量，产生了高额的社会治理成本，具有负外部性，不利于生态文明建设和经济发展质量的提升。

加入污染集聚的二次项后，发现污染集聚与经济高质量发展之间存在 U 型关系，即城市产业或经济的发展必然带来一定的环境污染，刚开始，污染集聚的加剧不利于经济高质量发展，但随着污染集聚水平越高，通过区域协同治理可以将污染控制在一定的区域，避免污染集聚的蔓延与扩散，反而有利于经济高质量发展。该结论呈现出与威廉姆森假说相悖，威廉姆森假说认为空间集聚在经济发展初期会有利于促进效率提升，但到达一定程度后，空间集聚对经济发展的影响逐渐减小，甚至不利于经济质量的提高，呈现出集聚拥挤的负外部性，形成空间集聚向空间分散的结构转变。污染集聚是空间集聚的负外部性影响，导致对经济发展效率的影响与空间要素集聚的作用相反。另外，考察期内研究样本的污染集聚还处于拐点左侧，对经济高质量发展产生一定的不利影响。

基于不同污染物的集聚视角，模型 3 至模型 6 的结果表明，PM2.5 浓

度和工业二氧化硫排放的空气污染集聚对经济高质量发展产生显著的不利影响，工业废水的污染集聚对经济高质量发展呈现正向促进作用，工业烟尘集聚对经济高质量发展的影响不显著。究其原因，容易发生空间外溢性的空气污染对经济发展质量的负向影响较大。对工业污水进行集中处理，不随意往河流、湖泊或海洋排放，造成大规模的污染扩散，则有利于经济高质量发展。在控制变量中，经济发展水平（pgdp）、外资水平（fdi）、金融发展水平（fin）、人口规模（pop）和技术创新水平（rd）均通过 1%显著性检验，有利于促进城市经济高质量发展。这与第 4 章中的相关内容保持一致，在此不再赘述。

6.2.3　稳健性检验

依据前文选择合适空间计量模型的方法，确定时间、个体双重固定效应的 SAR 模型较为合适，表 6-5 同样列出 SAR、SEM 和 SDM 的模型结果进行比较。模型结果表明，污染集聚能够显著降低城市经济发展质量，ρ 系数为正，但没有通过显著性检验，表明考察期内污染集聚对经济发展质量的影响并没有体现出明显的空间溢出效应，可能的原因在于通过环境政策的协同治理，污染集聚的区域范围较小，城市污染改善明显。由于本书采用的为年度数据，污染集聚对经济高质量发展的作用在现实中有时局限在每年的个别月份，平均影响作用可能不凸显。

表 6-5　污染集聚对经济高质量发展的空间计量回归结果

解释变量	SAR	SEM	SDM
	(1)	(2)	(3)
PC	-1.2522*** (-3.4862)	-1.2537*** (-3.4863)	-1.2124*** (-3.3429)
pgdp	0.8922*** (8.0787)	0.9004*** (8.1312)	0.8933*** (8.0041)
rd	0.0656* (1.8910)	0.0659* (1.8963)	0.0642* (1.8350)

续表

解释变量	SAR	SEM	SDM
	(1)	(2)	(3)
fdi	0. 0514*** (20. 1942)	0. 0516*** (20. 2377)	0. 0521*** (20. 2561)
pop	0. 3779*** (4. 5222)	0. 3772*** (4. 5086)	0. 3643*** (4. 3220)
fin	0. 0159 (0. 5783)	0. 0147 (0. 5312)	0. 0091 (0. 3280)
ρ	-0. 4721 (-1. 4647)	—	-0. 3591 (-1. 0830)
λ	—	-0. 6382** (-1. 9761)	—
w×pc	—	—	10. 3388 (0. 6179)
w×pgdp	—	—	-7. 3290 (-1. 2208)
w×rd	—	—	0. 4551 (0. 2202)
w×fdi	—	—	0. 3163 (1. 4269)
w×pop	—	—	-2. 4224 (-0. 6670)
w×fin	—	—	-1. 5986 (-1. 3322)
R^2	0. 7437	0. 7165	0. 3302
Log-like	-3505. 3170	-3504. 6041	-3501. 6879
N	3124	3124	3124

注：Log-like 为 Log-likelihood 检验值。

采取偏微分方程将影响效应分解为直接效应和溢出效应，如表6-6所示。回归结果显示，污染集聚对经济高质量发展的直接效应显著为负，溢出效应（间接效应）不显著，说明考察期污染集聚对经济高质量发展的影响主要局限于本地，没有表现出明显的空间溢出效应。究其原

因，随着区域一体化环境政策体系的逐渐完善，地区跨界融合的分工协作，各地区联防联控和协同治理的合作逐渐开展。环保技术创新、产业供给侧结构性改革和需求侧管理等持续推进，城市污染集聚对经济高质量发展的影响广度和范围尺度的作用也逐渐降低。

表 6-6 SAR 模型下的效应分解结果

解释变量	直接效应	溢出效应	总效应
PC	-1.2403*** (-3.3601)	0.3462 (1.1839)	-0.8942** (-2.4252)
ρ	-0.4721 (-1.4647)	-0.4721 (-1.4647)	-0.4721 (-1.4647)
控制变量	控制	控制	控制
地区固定	是	是	是
年份固定	是	是	是
R^2	0.7437	0.7437	0.7437
Log-like	-3505.3170	-3505.3170	-3505.3170
N	3124	3124	3124

注：括号内为 z 检验值。

6.3 污染集聚的中介作用检验

6.3.1 结果分析

依据式（6-2）和式（6-3），控制环境规制后，进一步探讨环境规制、污染集聚与经济高质量在同一框架下的关系机理，从而检验污染集聚的中介效应，结果如表 6-7 所示。研究结果显示，命令控制型环境规制显著降低了污染集聚，污染集聚的加剧显著降低了经济发展质量。结合第

4 章基准回归结论，命令控制型环境规制显著提高了经济发展质量。因此，命令型环境规制通过降低污染集聚的渠道，从而促进了城市经济高质量发展，起到一定的中介作用。在第 4 章中，命令控制型环境规制促进经济高质量发展的影响系数为 0. 0090，在加入污染集聚后，相同模型和控制变量下，命令控制型环境规制对经济高质量发展的影响系数变为 0. 0025，系数下降了 0. 0065，表明污染集聚在命令控制型环境规制影响经济高质量发展的关系中存在部分中介效应，验证了研究假设 H4。这意味着环境规制影响经济高质量发展过程中，有一部分原因在于通过降低城市污染集聚水平，改善了城市人居环境质量，保障了人民健康，提高了生产效率，以这种间接路径助力经济高质量发展。

表 6-7　环境规制、污染集聚影响经济高质量发展的估计模型

解释变量	模型 1	模型 2	模型 3
cer	0. 0025** (2. 4761)	—	—
eer	—	-0. 0019* (-1. 7132)	—
ver	—	—	0. 0165*** (7. 4850)
pc	-0. 00011* (-1. 7659)	-0. 00011* (-1. 8407)	-0. 00009 (-1. 6318)
pgdp	0. 8813*** (9. 1801)	0. 8761*** (9. 1126)	0. 8110*** (8. 4790)
rd	0. 1134*** (3. 4193)	0. 1182*** (3. 5666)	0. 1138*** (3. 4681)
fdi	0. 0521*** (19. 0037)	0. 0514*** (18. 7348)	0. 0522*** (19. 2267)
pop	0. 4388*** (4. 9549)	0. 4437*** (5. 0075)	0. 4149*** (4. 7222)
fd	0. 0462* (1. 7525)	0. 0556** (2. 1114)	0. 0468* (1. 7961)

续表

解释变量	模型 1	模型 2	模型 3
Constant	-2.6548*** (-3.0921)	-2.5060*** (-2.9063)	-1.9282** (-2.2518)
时间固定	是	是	是
地区固定	是	是	是
Observations	3123	3123	3123
R-squared	0.3300	0.3292	0.3415
F	198.38	198.54	209.84
N	284	284	284

同理，市场调节型环境规制对经济高质量发展的影响系数为-0.0028，在加入污染集聚后，在相同模型和控制变量前提下，市场调节型环境规制对经济高质量发展的影响系数变为-0.0019，系数下降了0.0009，表明污染集聚在市场调节型环境规制影响经济高质量发展的过程中也存在部分中介作用，验证了研究假设 H4。这反映出由于城市存在市场分割和保护藩篱等原因，企业可能通过“搭便车”或“欺瞒”等方式，将环境规制成本外部化，以较低的社会成本超排污染物，提高了局部地区污染集聚，进而降低了经济高质量发展。

对于公众引导型环境规制而言，与命令控制型环境规制相似，第 4 章公众引导型环境规制对经济高质量发展的提升系数为 0.0166，加入污染集聚后，在相同模型和控制变量下，公众引导型环境规制对经济高质量发展的提升系数变为 0.0165，系数下降了 0.0001，说明污染集聚在公众引导型环境规制影响经济高质量发展的关系中存在微弱的部分中介作用，证明了研究假设 H4。因此，比较三种类型的环境规制，部分中介环境规制的强弱由大到小依次排序为命令控制型>市场调节型>公众引导型（见图 6-2）。

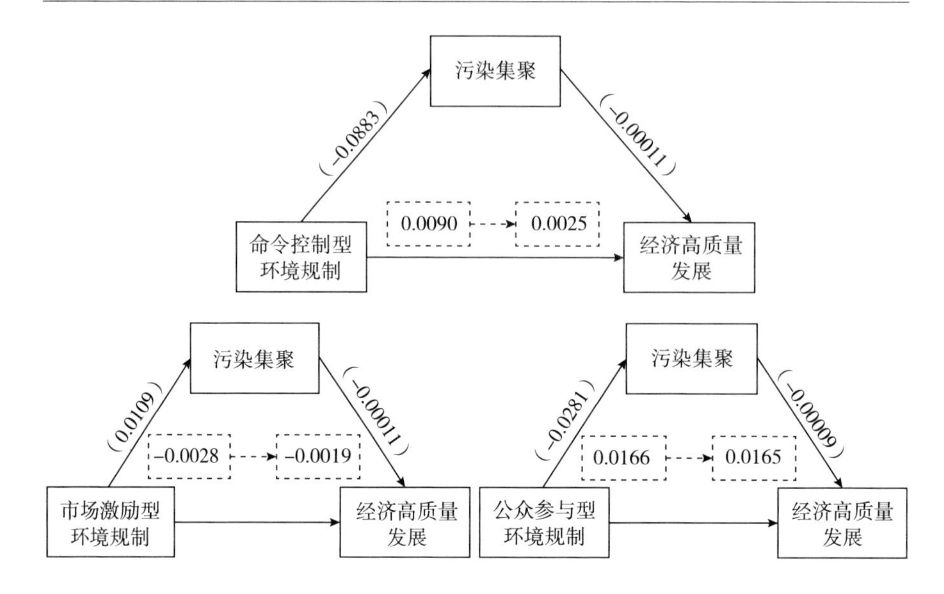

图 6-2 环境规制、污染集聚与经济高质量发展的关系

6.3.2 稳健性检验

为检验污染集聚在环境规制影响经济高质量发展的中介效应结论的稳健性。第一，替换回归模型，采用空间计量模型进行回归；第二，通过替换环境规制的指标，以此检验回归结果的稳健性和可靠性（见表 6-8）。

表 6-8 稳健性检验

解释变量	模型 1（空间计量模型）			模型 2（替换核心解释指标）		
cer	0.4595* (1.8102)	—	—	0.3468*** (6.1566)	—	—
eer	—	-0.0428 (-0.2751)	—	—	-0.0435 (-0.1881)	—
ver	—	—	2.2759*** (10.1543)	—	—	0.0531*** (6.1658)
pc	-0.0090* (-1.5672)	-0.0092* (-1.5970)	-0.0078* (-1.3776)	-0.0001* (-1.8495)	-0.0001** (-2.0311)	-0.0001* (-1.9520)

续表

解释变量	模型1（空间计量模型）			模型2（替换核心解释指标）		
pgdp	0.8720*** (7.7743)	0.8870*** (7.8386)	0.8001*** (7.2473)	0.0089*** (9.0867)	0.0088*** (9.2361)	0.0074*** (7.5724)
rd	0.0654* (1.8671)	0.0666* (1.8913)	0.0699** (2.0290)	0.0012*** (3.5377)	0.0012*** (3.6068)	0.0012*** (3.5993)
fdi	0.0524*** (20.2146)	0.0532*** (20.6873)	0.0537*** (21.2755)	0.0005*** (18.8312)	0.0006*** (19.9716)	0.0005*** (16.0142)
pop	0.3614*** (4.2815)	0.3679*** (4.3575)	0.3276*** (3.9391)	0.0044*** (4.9874)	0.0045*** (5.1303)	0.0038*** (4.3372)
fd	0.0088 (0.3166)	0.0090 (0.3243)	0.0012 (0.0423)	0.0005** (2.0108)	0.0006** (2.2469)	0.0004 (1.3798)
ρ	-0.3428 (-1.0389)	-0.3568 (-1.0779)	-0.3668 (-1.1051)	—	—	—
Constant	—	—	—	-0.0265*** (-3.0690)	-0.0268*** (-3.1376)	-0.0092 (-1.0288)
时间固定	是	是	是	是	是	是
地区固定	是	是	是	是	是	是
R^2	0.1752	0.2012	0.3442	0.3285	0.3374	0.3374
Log-like	-3503.839	-3505.470	-3455.001	—	—	—
F	—	—	—	206.0	206.0	197.9
N	3124	3124	3124	3124	3124	3124

6.3.2.1 替换回归模型

前文已在第4章和第5章中进行了环境规制对经济高质量发展和污染集聚的空间计量模型回归，本节通过控制环境规制，进行污染集聚对经济高质量发展影响的空间计量模型，检验所得结论的稳健性。研究结果表明，空间计量模型与基准模型的结果基本保持一致，再次证明了污染集聚起部分中介效应结论的稳健性。

6.3.2.2 置换主变量指标

借鉴李优树等（2022）的相关研究，测算生活垃圾无害化处理率、污水处理厂集中处理率加权合成的综合指数，将其作为命令控制型环境规制指标的替代变量。通过将省级环保税收入按照规模以上工业产业的比例分解到地级市，以此作为市场调节型环境规制指标的替代变量。根据徐圆（2014）、孙慧和扎恩哈尔·杜曼（2021）的研究，手动整理各地级市2011~2019年关于环境污染、污水、二氧化硫和雾霾的关键词汇的词频，通过取年均值作为公众引导型环境规制指标的替代变量。回归结果表明，替换核心解释变量后进行回归，回归结果依旧与基准回归保持一致，污染集聚起到部分中介效应的结论依然成立。

6.4 污染集聚的调节作用检验

6.4.1 模型构建

在前文污染集聚对经济高质量发展的影响中发现，加入污染集聚的二次项后，污染集聚与经济高质量发展之间存在U型关系，说明污染集聚的大小对经济高质量发展可能存在一定的门槛值。再联系前文第4章和5章中环境规制对污染集聚、经济高质量发展也呈现出非线性影响。因此，随着人口城市化和产业集聚发展，污染集聚的变化可能会影响环境规制对经济高质量发展的作用，即污染集聚在环境规制对经济高质量发展的影响中起调节作用。

梳理现有文献发现，昝欣和欧国立（2021）认为产业集聚既能够正向调节交通基础设施影响市场潜力的空间失衡问题，也可以调节自贸区设立对城市全要素生产率的影响（王亚飞和张毅，2021），以及矫正资本错配的作用（王亚飞等，2022）。袁媛等（2021）提出企业的空间集聚度也会正向调节企业嵌入全球价值链，降低劳动收入份额，从而降低全球价值链嵌入带来的不利收入效应。因此，为检验污染集聚是否可以调节环境规

制对经济高质量发展的影响，构建模型如下：

$$HED_{it} = \alpha_0 + \alpha_1 PC_{it} + \alpha_2 PC_{it} \times ER_{it} + \alpha_3 ER_{it} + \alpha_4 X_{it} + \mu_{it} + year_{it} + \varepsilon_{it} \quad (6-4)$$

其中，被解释变量 HED 表示城市高质量发展指数，PC 表示污染集聚水平，ER 表示命令控制型（cer）、市场调节型（eer）和公众引导型（ver）环境规制。即通过三类环境规制与污染集聚的交互项，根据 α_1 和 α_2 的关系确定环境规制是否可以调节污染集聚对经济高质量的影响。X 表示其他控制变量集，与前文第 4 章控制变量保持一致，有经济发展水平（pgdp）、外资水平（fdi）、金融发展水平（fin）、人口规模（pop）、技术创新水平（rd），并对以上控制变量取对数消除异方差。i 表示地级市单元，t 表示年份，$\alpha_0 \sim \alpha_4$ 表示待估系数，μ_{it} 表示地区固定效应，$year_{it}$ 表示时间固定效应，ε_{it} 表示随机扰动项。

6.4.2　结果分析

表 6-9 为污染集聚调节环境规制影响经济高质量发展的回归结果。在回归之前，需要对所涉及的主变量进行去中心化处理，以规避变量之间的多重共线性。模型 1 结果表明，污染集聚与命令控制型环境规制的交互项回归系数为 0.0014，在 1%水平下通过显著性检验。公众引导型环境规制与污染集聚的交互项回归系数为 0.0643，在 10%水平下通过显著性检验。市场调节型环境规制与污染集聚的交互项未通过显著性检验。表明随着城市污染集聚的加剧，倒逼地方政府制定、出台和落实更加严厉的环境规制制度，从而显著提高了命令控制型、公众引导型环境规制对经济高质量发展的促进作用，证明了假设 H4。可能的原因在于，随着城市污染集聚的恶化，损害了人类呼吸健康，威胁人民生命安全，还对产业发展、日常生活、交通物流、社会稳定等造成不利影响，人民对清洁的空气、碧水和蓝天的诉求得到极大提升。通过加强不同类型环境规制的有效实施和协同，从而更好地改善人居环境和提升经济发展质量。

表 6-9 污染集聚调节环境规制影响经济高质量发展的估计结果

解释变量	模型 1	模型 2	模型 3
pc	-0. 0008*** (-5. 3178)	-0. 0001 (-0. 1803)	-0. 0196** (-2. 1601)
cer	-0. 0029** (-2. 4991)	—	—
pc×cer	0. 0014*** (5. 0541)	—	—
eer	—	-0. 0008 (-0. 6391)	—
pc×eer	—	-0. 0002 (-0. 8075)	—
ver	—	—	2. 0994*** (8. 2748)
pc×cer	—	—	0. 0643* (1. 6099)
pgdp	0. 0090*** (7. 7905)	0. 0089*** (7. 5812)	0. 8061*** (7. 0095)
rd	0. 0007** (1. 9697)	0. 0007* (1. 8963)	0. 0730** (1. 9813)
fdi	0. 0005*** (19. 9933)	0. 0005*** (19. 4174)	0. 0531*** (20. 2033)
pop	0. 0038*** (4. 3309)	0. 0038*** (4. 3226)	0. 3433*** (3. 9546)
fd	0. 0002 (0. 7285)	0. 0002 (0. 5913)	0. 0081 (0. 2828)
Constant	-0. 0202* (-1. 7067)	-0. 0191 (-1. 6013)	-1. 1906 (-1. 0151)
时间固定	是	是	是
地区固定	是	是	是
R-squared	0. 3708	0. 3656	0. 3860
N	284	284	284

6.4.3　稳健性检

为检验污染集聚在环境规制影响经济高质量发展中起调节效应结论的可靠性（见表6-10）。第一，替换方法，采用极大似然回归模型来考察回归结果的稳健性；第二，通过替换经济高质量发展的指标。采用主成分回归分析法重新测算经济高质量发展水平，作为被解释变量的替代指标。回归结果表明，替换方法和被解释变量后进行回归，回归结果依旧与基准回归保持一致，污染集聚起调节作用的结论依然成立。

表 6-10　稳健性检验

解释变量	模型 2	模型 3	模型 4	替换核心变量（经济高质量发展）		
pc	-0.0008** (-2.3679)	-0.0001 (-0.1989)	-0.0002** (-2.1083)	-0.0008*** (-5.1635)	0.00001 (0.1052)	-0.0002** (-2.0583)
cer	-0.0018 (-0.6795)	—	—	-0.0029** (-2.3863)	—	—
pc×cer	0.0016** (2.5235)	—	—	0.0014*** (4.8394)	—	—
eer	—	0.0012 (0.3911)	—	—	-0.0003 (-0.2306)	—
pc×eer	—	0.0001 (0.1243)	—	—	-0.0004 (-1.1996)	—
ver	—	—	0.0227*** (8.9797)	—	—	0.0215*** (8.3156)
pc×cer	—	—	0.0007* (1.7555)	—	—	0.0006* (1.8845)
pgdp	0.0156*** (6.0303)	0.0155*** (6.0043)	0.0091*** (8.0013)	0.0104*** (8.8089)	0.0102*** (8.5906)	0.0094*** (8.0482)
rd	0.0033*** (3.8770)	0.0033*** (3.8343)	0.0012*** (3.2126)	0.0007* (1.7484)	0.0006* (1.6899)	0.0007* (1.7568)
fdi	0.0007*** (11.3043)	0.0007*** (11.1562)	0.0006*** (21.2839)	0.0005*** (19.7179)	0.0005*** (19.1609)	0.0005*** (19.9385)

续表

解释变量	模型 2	模型 3	模型 4	替换核心变量（经济高质量发展）		
pop	0.0103*** (5.4285)	0.0103*** (5.4173)	0.0046*** (5.3894)	0.0039*** (4.3028)	0.0039*** (4.3046)	0.0035*** (3.9268)
fd	0.0021*** (3.1812)	0.0020*** (3.0779)	0.0004 (1.4128)	0.0003 (0.8831)	0.0002 (0.7467)	0.0001 (0.4493)
Constant	-0.1356*** (-5.0147)	-0.1353*** (-5.0017)	-0.0317** (-2.5679)	-0.0234* (-1.9359)	-0.0224* (-1.8399)	-0.0150 (-1.2532)
时间固定	是	是	是	是	是	是
地区固定	是	是	是	是	是	是
LR/R^2	1028.10	1011.46	1491.51	0.4034	0.3989	0.4179
Number of id	284	284	284	284	284	284

6.4.4 污染集聚的门槛效应

6.4.4.1 模型构建

按照陆铭等（2019）的观点，随着我国经济社会的进一步发展，区域经济将在“集聚中走向平衡”，现阶段人口集聚小于经济聚集。也就是说集聚经济能够进一步提高发展效率，“大国大城”是市场配置资源的最佳选择。伴随着轰轰烈烈的“人才争夺战”，人口、资源、技术等要素的进一步自由流动与配置必将对城市污染集聚产生一定的影响。前文证明了污染集聚起调节环境规制影响经济高质量发展的作用，那么探究污染集聚是否存在一定的合适区间，进而发挥环境规制对经济高质量发展的促进作用很有必要。因此，构建污染集聚为门槛变量，检验三类环境规制对经济高质量发展的影响。

$$HED_{it}=\alpha_0+\alpha_1 cer_{it}\times PC\ (PC_{it}\leqslant\gamma_1)\ +\alpha_2 cer_{it}\times PC\ (\gamma_1<PC_{it}\leqslant\gamma_2)\ +\alpha_3 cer_{it}\times PC\ (PC_{it}>\gamma_2)\ +\theta X_{it}+\mu_{it}+year_{it}+\varepsilon_{it} \quad (6-5)$$

$$HED_{it}=\alpha_0+\alpha_1 eer_{it}\times PC\ (PC_{it}\leqslant\gamma_1)\ +\alpha_2 eer_{it}\times PC\ (\gamma_1<PC_{it}\leqslant\gamma_2)\ +\alpha_3 eer_{it}\times PC\ (PC_{it}>\gamma_2)\ +\theta X_{it}+\mu_{it}+year_{it}+\varepsilon_{it} \quad (6-6)$$

$$HED_{it}=\alpha_0+\alpha_1 ver_{it}\times PC\ (PC_{it}\leqslant\gamma_1)\ +\alpha_2 ver_{it}\times PC\ (\gamma_1<PC_{it}\leqslant\gamma_2)\ +\alpha_3 ver_{it}\times PC\ (PC_{it}>\gamma_2)\ +\theta X_{it}+\mu_{it}+year_{it}+\varepsilon_{it} \tag{6-7}$$

其中，HED_{it} 表示城市经济高质量发展，PC_{it} 表示城市污染集聚度，作为门槛变量。cer_{it}、eer_{it} 和 ver_{it} 分别表示命令控制型、市场调节型和公众引导型环境规制强度。X_{it} 表示相关控制变量，γ 表示污染集聚门槛值，α_1、α_2 和 α_3 与 β_1、β_2 和 β_3 表示不同污染集聚区间的斜率，μ_{it} 表示地区固定效应，$year_{it}$ 表示时间固定效应，ε_{it} 表示随机干扰项。

6.4.4.2　结果分析

通过 stata17.0 软件的 Bootstrap 自抽样的方法（BS300 次）对门槛效应进行检验，结果如表 6-11 所示。结果表明，污染集聚作为门槛变量，在 1%显著性水平下，命令控制型环境规制对经济高质量发展的影响存在单一门槛，在 95%置信区间的门槛值为 0.1781。市场调节型环境规制对经济高质量发展不存在门槛效应。在 5%显著性水平下，公众引导型环境规制对经济高质量发展的影响存在污染集聚的两重门槛，在 95%置信区间的门槛值分别为 0.1781 和 0.1762。

表 6-11　污染集聚的门槛效应抽样检验

解释变量	门槛变量	模型	F 值	p 值	临界值		
					1%	5%	10%
cer	pc	单一门槛	48.25	0.0033***	21.3494	23.3937	31.9862
		双重门槛	19.70	0.1267	20.7462	24.5445	29.8236
		三重门槛	11.59	0.2467	16.7410	19.5451	29.8287
eer		单一门槛	17.94	0.1167	18.8165	25.2707	31.2078
		双重门槛	7.76	0.5633	17.5057	20.1575	25.0253
		三重门槛	5.40	0.8167	15.8882	18.4747	23.5283
ver		单一门槛	30.08	0.0433**	24.1124	29.4235	39.7532
		双重门槛	33.13	0.0267**	18.4721	22.8448	39.1600
		三重门槛	29.52	0.5900	68.7204	82.5512	107.6908

在确定门槛数量和门槛值后，对门槛模型进行估计，可得污染集聚的门槛模型回归结果（见表 6-12）。结果表明，当污染集聚水平小于 0.1781，命令控制型环境规制对经济高质量发展的影响通过 1%显著水平检验，系数为 0.0162，表现为正向促进作用。当污染集聚大于 0.1781 时，在 1%显著水平下，命令控制型环境规制对经济高质量发展起促进作用，作用系数为 0.0381。因此，命令控制型环境规制对经济高质量发展的影响受到污染集聚水平调节的影响。当污染集聚水平超过 0.1781 时，命令型环境规制对经济高质量发展的促进影响较大。究其原因，当污染集聚水平达到一定程度时，可能会触发命令控制型环境规制所规定的排污标准，使得当地政府出台更加直接和严厉的规制制度，通过对源头、过程和末端的全过程管控，倒逼推动企业减污减排和技术创新，进而推动环境治理与经济高质量发展。

表 6-12　门槛模型回归结果（cer）

解释变量	系数	t 值	95%的置信区间	
pgdp	0.0082***	8.64	0.0063	0.0100
rd	0.0011***	3.46	0.0048	0.0018
fdi	0.0005*	19.26	0.0047	0.0005
pop	0.0040***	4.53	0.0022	0.0057
fd	0.0004*	1.70	-0.00007	0.0009
cer（pc≤0.1781）	0.0162***	7.39	0.0119	0.0205
cer（pc>0.1781）	0.0381***	8.17	0.0290	0.0473
_cons	-0.0197**	-2.33	-0.0364	-0.0030

从 2019 年 284 个地级市的污染集聚状况来看，占研究样本 13.38%的城市污染集聚处于 0.1781 以下状态，比如东北、甘肃、海南、广西等省份的城市；研究样本 86.82%的城市处于 0.1781 以上状态，主要位于河北、华北、江苏、山东和河南等省份的城市。所以，绝大多数城市环境规制对经济发展质量的影响较大，与第 4 章中的结论保持一致。如表 6-13 所示。

表 6-13 2019 年污染集聚门槛值的样本分组结果

门槛变量值	各组包含城市	样本容量	占比%
pc≤0.1781	桂林市、雅安市、宁德市、汉中市、天水市、海口市、怀化市、定西市、十堰市、武威市、广元市、河源市、赤峰市、河池市、张家口市、延安市、丽水市、临沧市、普洱市、三亚市、南平市、牡丹江市、佳木斯市、张掖市、酒泉市、呼伦贝尔市、黑河市、丽江市等	38	13.38
pc>0.1781	漳州市、唐山市、武汉市、厦门市、石嘴山市、鹤壁市、苏州市、漯河市、东莞市、无锡市、渭南市、淮北市、马鞍山市、鄂州市、上海市、临汾市、聊城市、乌海市、常州市、濮阳市、焦作市、营口市、枣庄市、嘉峪关市等	246	86.82

表 6-14 的回归结果表明，当污染集聚水平小于 0.1762，公众引导型环境规制对经济高质量发展的影响系数为 0.0179，在 1%显著性水平下通过检验；当污染集聚处于 0.1762~0.1781 时，未通过显著性检验；当污染集聚大于 0.1781 时，在 1%显著性水平下的影响系数为 0.0332。因此，公众引导型环境规制对经济高质量发展的影响也受到污染集聚水平的影响，总体表现为正向促进作用，影响作用表现出“促进—不显著—促进”的演化特征。究其原因，当污染集聚处于 0.1762~0.1781 时，可能存在不同舆论导向的“混战”，未形成统一明确的舆论引导，反而阻碍公众引导型环境规制对经济发展质量的促进作用。当然，也侧面反映出公众引导型环境规制对经济高质量发展具有波动性与不确定性。

表 6-14 门槛模型回归结果

解释变量	系数	t 值	95%的置信区间	
pgdp	0.0081***	8.590	0.0062	0.0009
rd	0.0011***	3.600	0.0005	0.0017
fdi	0.0005***	20.140	0.0004	0.0006
pop	0.0042***	4.850	0.0024	0.0058
fd	0.0004	1.640	-0.00007	0.0009

续表

解释变量	系数	t 值	95%的置信区间	
ver（pc≤0. 1762）	0. 0179***	8. 14	0. 0136	0. 0100
ver（0. 1762<pc≤0. 1781）	−0. 0222	−0. 08	−0. 0075	0. 0069
ver（pc>0. 1781）	0. 0332***	6. 75	0. 0235	0. 0428
_cons	−0. 0191**	−2. 26	−0. 0357	−0. 0025

从 2019 年 284 个地级市的污染集聚水平来看，占研究样本 86. 62%的绝大多数城市污染集聚超过 0. 1781，主要位于华北、江苏、山东和河南等省份的城市，公众引导型环境规制对经济高质量发展影响较大，与第 4 章中的结论保持一致。模型结果识别出汉中市的公众引导型环境规制不能有效促进经济高质量发展，需要加强环保宣传和舆论引导。13. 03%的城市公众引导型环境规制对经济高质量发展影响较小，比如东北、甘肃、海南、广西等省份的城市，原因可能是这些城市的人口较少，污染集聚程度低，环境质量较好。如表 6−15 所示。

表 6−15　2019 年污染集聚门槛值的样本分组结果

门槛变量值	各组包含城市	样本容量	占比%
pc≤0. 1762	桂林市、雅安市、宁德市、汉中市、天水市、海口市、怀化市、定西市、十堰市、武威市、广元市、河源市、赤峰市、河池市、张家口市、延安市、丽水市、临沧市、普洱市、三亚市、南平市、牡丹江市、佳木斯市、张掖市、酒泉市、呼伦贝尔市、黑河市、丽江市等	37	13. 03
0. 1762<pc≤0. 1781	汉中市	1	0. 35
pc>0. 1781	漳州市、唐山市、武汉市、厦门市、石嘴山市、鹤壁市、苏州市、漯河市、东莞市、无锡市、渭南市、淮北市、马鞍山市、鄂州市、上海市、临汾市、聊城市、乌海市、常州市、濮阳市、焦作市、营口市、枣庄市、嘉峪关市等	246	86. 62

综上所述，当污染集聚超过 0. 1781 的门槛值后，命令控制型和公众引导型环境规制对经济高质量发展的促进作用更大，2019 年 85%以上的城市已超过阈值。因此，根据规制经济学理论，当地政府要发挥有为政府的治理作用，适当提高环境规制力度，丰富不同的规制方式和工具，加强制度建设、市场激励和公众舆论引导作用，降低城市污染集聚水平，更好地促进经济高质量发展。

6.5 本章小结

本章首先探讨了污染集聚对经济高质量发展的影响。其次将环境规制、污染集聚与经济高质量发展纳入到同一框架，探讨污染集聚在环境规制影响经济高质量发展中的中介效应和调节效应，进一步分析污染集聚调节的门槛效应，并明确识别出门槛值。主要结论如下：

第一，污染集聚对经济高质量发展呈现抑制作用，加入二次项后，污染集聚与经济高质量发展之间呈现 U 型关系，与威廉姆森假说相悖。从不同污染物集聚视角分析，PM2. 5 浓度和工业二氧化硫排放等空气污染集聚不利于经济高质量发展，工业废水的污染集聚治理有利于经济高质量发展，工业烟尘集聚污染对经济高质量发展影响不显著。从空间效应来看，考察期内污染集聚对经济发展质量的影响主要体现在本地，对邻地城市没有明显的空间溢出效应，从侧面体现出污染集聚的区域局部性。以上结论验证了假设 H3。

第二，通过将环境规制、污染集聚与经济高质量发展纳入同一研究框架，研究发现在命令控制型、市场调节型和公众引导型环境规制对经济高质量发展的影响机制中，污染集聚存在部分中介效应，通过一系列稳健性检验后，研究结论依旧可靠。中介效应由大到小依次排序为命令控制型>公众引导型>市场调节型。表明不同类型环境规制可以通过污染集聚治理的绿色效应和分散效应，实现区域经济的高质量发展。以上结论验证了假设 H4。

第三，在环境规制、污染集聚与经济高质量发展的三者关系中，研究发现污染集聚可以调节命令控制型、公众引导型环境规制对经济高质量发展的影响作用，通过一系列稳健性检验后，研究结论依旧可靠，从而验证了假设 H4。通过对污染集聚门槛效应的进一步分析，发现在污染集聚超过 0. 1781 时，命令控制型、公众引导型环境规制对经济高质量发展的促进作用更大，2019 年 85%以上的城市已超过阈值。

第 7 章 “减污提质”双赢目标的组合方案与路径选择

推动实现我国城市减污降排和经济高质量发展的双赢目标，是“十四五”时期以及未来一段时间适应新时代社会经济主要矛盾变化、遵循经济发展规律以及保持经济“稳中求进”健康发展的必然要求。本章在前文实证检验结果的基础上，从不同类型环境规制组合方案和多元化传导路径两方面视角，整合不同政策选择的协同治理效果，提出实现污染集聚治理与城市经济高质量发展协同共赢的精准化和差异化的解决方案。

具体而言，从第 4 章和第 5 章的实证结果来看，不同类型环境规制对污染集聚与经济高质量发展具有区域、时效、交互协同和门槛强度的异质性影响，那么是否存在合适的政策组合方式、适宜强度、恰当时机和差异化区域环境规制政策，能够实现污染集聚缓解与经济高质量发展的双赢？此外，不同类型环境规制推动经济高质量发展除污染集聚的传导渠道外，是否存在其他形式的传导路径？因此，有必要对不同传导路径进行先后排序和对比优选。以上这些问题都将在此章进行探讨。

7.1 不同环境规制政策组合方案的治理效果

7.1.1 理论模型构建

根据新制度经济学理论和信号传递理论，伴随一系列经济、社会和环境问题，制度发挥着直接和间接的激励或约束的调控作用，它可以通过明确产权、降低交易成本、委托代理等方式影响资源配置效率，从而影响生态保护与经济发展的相容共赢状态。关于环境政策的协同治理研究，陈诗一和王建民（2018）认为应该从创建信息共享平台、建立影响路径关系、明确利益主体责任和完善运用机制四个维度创新雾霾治理模式与路径。郑石明和何裕捷（2021）提出构建“制度—激励—行为”多维分析框架，以经济和压力的双重激励为补充，提出“部门联合体”概念（郑石明等，2021），从而提升中央和省级政府的气候政策协同效应，完善区域环境治理机制。姜玲等（2017）通过构建“时间—主体—目标—工具—机制”的差异—协同政策分析框架，从中央地方协同和跨区合作视角进行了污染政策的量化研究。

参考童健等（2016）的研究，结合本书的研究内容，假定经济高质量发展和环境污染治理是政府实施环境规制政策的两个目标，分别用 ED 和 EP 表示。为简化模型，假定存在 X_1、X_2 两类环境规制政策工具，控制变量为 P，则构建以下目标函数模型：

$$ED_{it}=\beta_0+\beta f(X_{1it},\ X_{2it})+\nu P+\varepsilon_{1it} \tag{7-1}$$

$$EP_{it}=\theta_0+\theta f(X_{1it},\ X_{2it})+\nu P+\varepsilon_{1it} \tag{7-2}$$

其中，$f(X_{1it},\ X_{2it})$表示影响系数，ε 表示随机误差项。

运用 Taylor 方法对$f(X_{1it},\ X_{2it})$进行展开，得到：

$$f(X_{1it},\ X_{2it})=f(X_{10},\ X_{20})+\alpha_1 f_1(X_{10},\ X_{20})(X_{1it}-X_{10})+$$

$$\alpha_2 f_2(X_{10}, X_{20})(X_{2it}-X_{20})+$$
$$\alpha_3 f_{12}(X_{10}, X_{20})(X_{1it}-X_{10})(X_{2it}-X_{20})+\varepsilon_{it} \quad (7-3)$$

由于$f(X_{10}, X_{20})$、$f_1(X_{10}, X_{20})$、$f_2(X_{10}, X_{20})$、$f_{12}(X_{10}, X_{20})$均为常数，式（7-3）简化为：

$$f(X_{1it}, X_{2it})=\gamma_0+\gamma_1 X_{1it}+\gamma_2 X_{2it}+\gamma_3 X_{1it}X_{2it}+\varepsilon_{it} \quad (7-4)$$

将式（7-4）代入目标模型（7-1）和模型（7-2），简化可得：

$$ED_{it}=\beta_0+\beta_1 X_{1it}+\beta_2 X_{2it}+\beta_3 X_{1it}X_{2it}+\nu P+\varepsilon_{1it} \quad (7-5)$$

$$EP_{it}=\theta_0+\theta_1 X_{1it}+\theta_2 X_{2it}+\theta_3 X_{1it}X_{2it}+\nu P+\varepsilon_{2it} \quad (7-6)$$

式（7-5）和式（7-6）中，β_1、β_2表示不同环境规制政策对经济高质量发展的影响系数，θ_1、θ_2表示不同环境规制政策对环境污染治理的作用系数。从函数来看，环境规制政策既可能同时实现两个政策目标的协同双赢，也可能出现两个政策目标的权衡背离，导致出现单输或双输的局面。因此，环境规制政策工具的实施效果需要具体问题具体分析，结合两种政策目标下的实现效果进行分析与判断。为简化模型，公式中仅涉及两种环境规制政策，本书涉及命令控制型、市场调节型和公众引导型环境规制的三类政策工具，对式（7-5）和式（7-6）加以扩展可以得到相应公式。

7.1.2 环境规制实施效果评价标准

由于不同环境规制政策实现政策目标的双元性，引起不同类型环境规制实现政策目标共计有9种情形，对于环境规制政策工具的组合设计要结合环境规制的实施效果来进行判断，环境规制工具效果的评价标准如表7-1所示。

表7-1 环境规制工具效果的评价标准

情景	经济高质量发展目标	环境污染治理目标	政策工具评价
情形1	β_1（β_2）显著为正	θ_1（θ_2）显著为正	经济发展与增污权衡矛盾
情形2	β_1（β_2）显著为正	θ_1（θ_2）显著为负	减污与经济发展协同双赢
情形3	β_1（β_2）显著为正	θ_1（θ_2）不显著	仅经济发展（单赢）

续表

情景	经济高质量发展目标	环境污染治理目标	政策工具评价
情形 4	β_1（β_2）显著为负	θ_1（θ_2）显著为正	经济衰退与增污（双输）
情形 5	β_1（β_2）显著为负	θ_1（θ_2）显著为负	经济衰退与减污权衡矛盾
情形 6	β_1（β_2）显著为负	θ_1（θ_2）不显著	经济衰退（单输）
情形 7	β_1（β_2）不显著	θ_1（θ_2）显著为正	增污（单输）
情形 8	β_1（β_2）不显著	θ_1（θ_2）显著为负	仅减污（单赢）
情形 9	β_1（β_2）不显著	θ_1（θ_2）不显著	目标均未实现

根据式（7-5）和式（7-6），若 β_1、β_2 影响系数显著为正，表明两类环境规制政策 X_1、X_2 对经济高质量发展均存在正向促进作用。若 β_1、β_2 影响系数显著为负，表明两类环境规制政策对经济高质量发展均呈现负向的抑制作用。若 β_1、β_2 影响系数不显著，表明环境规制政策对经济高质量发展没有影响。

同理，当 θ_1、θ_2 的影响系数显著为正，表明两类环境规制政策 X_1、X_2 对污染存在显著的加剧影响，不利于污染集聚的降缓；当 θ_1、θ_2 的影响系数显著为负，表明两类环境规制政策 X_1、X_2 对污染集聚存在显著的减缓影响，有利于污染集聚治理目标实现；当 θ_1、θ_2 的影响系数不显著，两类环境规制政策对污染集聚治理则没有影响。

结合第 2 章环境规制、污染集聚与经济高质量发展的关系机理与研究假设的相关内容，以及第 4 章、第 5 章中关于环境规制分别对经济高质量发展、污染集聚的实证检验结论，接下来分别从命令控制型、市场调节型和公众引导型的三类环境规制工具的合理组合方式、适宜时效、合适强度、差异化区域施策的四个角度出发，从政策协同互补效应、政策摩擦替代效应以及两种效应的矛盾权衡作用下，探究不同政策组合方案情境下，实现经济高质量发展与污染集聚治理协同双赢效果的政策选择，即环境规制对污染集聚、经济高质量发展的“一举多得”与“多管齐下”的影响效应。

7.1.3 环境规制的合理组合

通过整理第 4 章、第 5 章的回归结论，如表 7-2 所示。结果表明，从单一维度视角来看，命令控制型、公众引导型环境规制可以同时促进经济高质量发展与降低污染集聚的协同双赢，市场调节型环境规制呈现降低经济高质量发展和加剧污染集聚的双输局面，呈现一定的成本遵循和市场失灵效果。原因在于市场调节型环境规制的强度较小，以及各地市场分割、地方保护等影响，无法有效地发挥市场配置资源要素与循环流动的作用。

从两两或三者不同环境规制工具的组合方式来看，对于经济高质量发展目标，不同类型环境规制发挥了“1+1>2”和“1+1+1>3”的协同互补作用。而对于污染集聚治理的政策效果目标，命令控制型、市场调节型环境规制交互协同减缓了污染集聚的环境问题，其他不同类型环境规制工具的组合对污染集聚治理的效果不明显。因此，为达成经济高质量发展和污染集聚治理的协同双赢目标，充分发挥有为政府治理和有效市场调控的作用，命令控制型和市场调节型环境规制的协同匹配至关重要，以及不断引导公众参与环境治理的积极性（见表 7-2）。

表 7-2 三类环境规制交互组合的效果评价

环境规制工具	经济高质量发展	污染集聚	评价	是否选择
单一命令控制型	显著为正	显著为负	经济发展与减污协同双赢	√√
单一市场调节型	显著为负	显著为正	经济衰退与增污（双输）	×
单一公众引导型	显著为正	显著为负	经济发展与减污协同双赢	√√
命令控制型×市场调节型	显著为正	显著为负（加强）	经济发展与减污协同双赢	√√
命令控制型×公众引导型	显著为正（加强）	不显著	仅经济发展（单赢）	√

续表

环境规制工具	经济高质量发展	污染集聚	评价	是否选择
市场调节型×公众引导型	显著为正（加强）	不显著	仅经济发展（单赢）	√
命令控制型×市场调节型×公众引导型	显著为正（加强）	不显著	仅经济发展（单赢）	√

不同环境规制交互协同未能同时实现经济高质量发展和污染集聚治理的政策目标，说明存在一定的政策摩擦替代效应。究其原因，不同环境规制间存在“搭便车”的替代作用或摩擦效应，环境规制政策缺乏配合、互补和协调，可能存在多项环境政策之间的交叉重叠、多头管理、监管空白等情况，产生内耗、内损和内卷的政策摩擦问题。因此，在现有的环境规制制度框架下，不同类型环境规制的组合匹配存在一定的“搭便车”现象，未达到政策协同治理的效果目标。基于此，不同类型环境规制的适用主体、实施期限、作用标准、废止日期等具体规定应加以明确，及时废止或矫正环境规制政策的规范与导向作用，提高不同环境规制匹配协调和组合协同的实施影响效果。

7.1.4 环境规制的适宜时效

环境规制在实际执行过程中必然存在一定的时滞效应，整合第 4 章、第 5 章环境规制滞后作用的回归结论，如表 7-3 所示。结果表明，在命令控制型、公众引导型环境规制实施的当期，以及公众引导型环境规制的滞后二期，环境规制能够达成经济高质量发展与污染集聚治理的双赢目标。当期市场调节型、滞后一期公众引导型、滞后三期命令控制型的环境规制可以实现经济发展的单赢目标。滞后一期的命令控制型环境规制能够实现污染集聚缓解的单赢目标。在环境规制实施的第二期，需要注意命令控制型和市场调节型环境规制对实现双赢目标的权衡取舍。

表 7-3 三类环境规制时效影响

三类环境规制	经济高质量发展	污染集聚	评价	是否选择
命令控制型当期	显著为正	显著为负	双赢	√√
市场调节型当期	显著为负	不显著	仅经济发展（单赢）	√
公众引导型当期	显著为正	显著为负	双赢	√√
命令控制型滞后一期	不显著	显著为负	仅减污（单赢）	√
市场调节型滞后一期	显著为负	不显著	经济衰退（单输）	×
公众引导型滞后一期	显著为正	不显著	仅经济发展（单赢）	√
命令控制型滞后二期	显著为正	显著为正	经济发展与增污（权衡）	√×
市场调节型滞后二期	显著为负	显著为负	经济衰退与减污（权衡）	×√
公众引导型滞后二期	显著为正	显著为负	双赢	√√
命令控制型滞后三期	显著为正	不显著	仅经济发展（单赢）	√
市场调节型滞后三期	显著为负	不显著	经济衰退（单输）	×
公众引导型滞后三期	显著为负	不显著	经济衰退（单输）	×

因此，环境规制的最佳效用时间为当期和滞后二期。一方面，我们要积极发挥最佳效用期的广泛影响力；另一方面，也应该注意在不同时期不同类型环境规制可能带来的效用衰退或作用反转。比如滞后一期和滞后二期市场调节型环境规制存在对经济发展或污染集聚治理产生不合预期的反向影响，原因可能在于市场信息不对称、市场竞争机制不完善以及各地政策"一刀切"施行等原因。通过营造一定的政策吹风的实施氛围和市场机制准备，达成环境规制的最佳双赢目标的治理效果。

基于上述结论，逻辑推演出促进污染集聚治理和经济高质量发展的环境规制依次施行的三阶段时序路线（见图 7-1），路线图也与国外环境规制发展演进相统一。第一阶段，要以命令控制型环境规制阶段为主，充分发挥其对污染集聚和经济高质量发展的直接性和强制性，在命令控制型环境规制达到拐点 A 后，影响作用会不断衰减；第二阶段，要不断地加强市场调节型环境规制的作用，形成命令控制型与市场调节型环境规制协同互补的强化效应；第三阶段，在市场调节型环境规制达到拐点 B 后，此时要逐渐加强对公众引导型环境规制的鼓励和倡导，积极形成污染防控攻坚战的“人民战争”，从而从时序性和路线图视角发挥不同环境规制的最佳时效性和协同性，促进污染集聚治理与经济高质量发展协同目标的双赢。

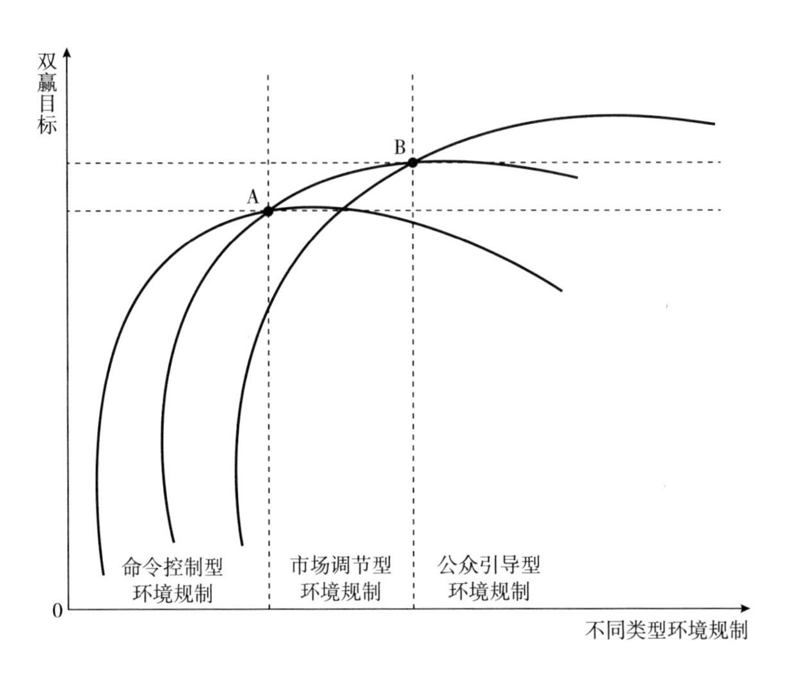

图 7-1　不同类型环境规制的三阶段时序路线

7.1.5　环境规制的合适强度

7.1.5.1　环境规制工具的单一维度

整合第 4 章和第 5 章中三类环境规制对经济高质量发展、污染集聚的回归结果，如表 7-4 所示。在单一维度环境规制前提下，依据一元二次回归方式，可以求解出命令型环境规制促进经济高质量发展的拐点强度为 0.7246，当处于小于 0.7246 区间时，命令型环境规制对经济高质量发展表现为正向促进作用；当其大于 0.7246 区间时，则表现为抑制经济高质量发展的作用。同理，求解出命令控制型环境规制强度小于 0.5917 时，表现为污染集聚减缓效果，大于 0.5917 区间则变为加剧污染集聚。因此，根据集合论取两者的交集，当命令控制型环境规制保持小于0.5917的规制强度，能够实现经济高质量发展与污染集聚治理的协同双赢治理效果。

表7-4 单一维度环境规制的影响效果

三类环境规制	经济高质量发展	污染集聚	评价	是否选择
命令控制型一次项	显著为正	显著为负	双赢	√√
市场调节型一次项	显著为负	显著为正	双输	××
公众引导型一次项	显著为负	不显著	单输	×
命令控制型二次项	显著为负	显著为正	双输	××
市场调节型二次项	显著为正	显著为负	双赢	√√
公众引导型二次项	显著为正	显著为负	双赢	√√

同理，当市场调节型环境规制强度大于0.2992时，显示出促进经济高质量发展的效果；当市场调节型环境规制强度大于0.5090时，表现出缓解污染集聚的影响。因此，依据集合论，当市场调节型环境规制强度大于0.5090时，能够实现经济高质量发展与污染集聚降低的治理效果。

当公众引导型环境规制强度大于0.1778时，显示出促进经济高质量发展的单赢局面。由于其与污染集聚不存在非线性关系，考察期内表现为缓解和降低污染集聚的作用。因此，当公众引导型环境规制大于0.1778时，可以实现经济高质量发展与污染集聚治理的协同双赢。

综上所述，在单一作用维度，适当控制命令控制型环境规制的强度，适当提高市场调节型和公众引导型环境规制的强度，保持三类环境规制强度处于合理区间，将有利于经济高质量发展与污染集聚治理影响效果的协同双赢。

7.1.5.2 环境规制的交互协同视角

整合第4章和第5章中的市场调节型和公众引导型环境规制的门槛回归结果，从环境规制的双重交互协同视角，探讨市场调节型、公众引导型环境规制的最适门槛区间，进而更好地发挥命令控制型环境规制对经济“提质增效”和污染“减污降排”的协同治理作用，如表7-5所示。

表 7-5　交互协同视角环境规制的影响效果

市场调节型环境规制门槛（cer 作用）	经济高质量发展	污染集聚
eer≤0.4794	显著为正	
eer>0.4794	显著为正（加强）	
eer≤0.1508		显著为负
eer>0.1508		显著为负（加强）
eer 最适门槛区间（取交集）	eer>0.4794	
公众引导型环境规制门槛（cer 作用）	经济高质量发展	污染集聚
ver≤0.3645	不显著	
0.3645~0.5617	显著为正	
ver>0.5617	显著为正（加强）	
无门槛		显著为负
ver 最适门槛区间（取交集）	ver>0.5617	

结果显示，立足于市场调节型和命令控制型环境规制的交互协同视角，当市场调节型环境规制的强度低于 0.4794 时，命令控制型环境规制对经济高质量发展的促进作用较小；当其高于 0.4794 时，对经济高质量发展的影响呈现显著加强的促进作用。此外，当市场调节型环境规制强度小于 0.1508 时，命令控制型环境规制对污染集聚的减缓影响较小；当其大于 0.1508 时，命令控制型环境规制对污染集聚表现为逐渐加强的污染治理效果。因此，结合两者的结论，依据集合取交集，当市场调节型环境规制强度保持高于 0.4794 时，可以调节命令控制型环境规制发挥出促进经济高质量发展和缓解降低污染集聚协同双赢的最佳效果，这也是在环境规制的交互协同视角较为合适的规制强度区间。因此，与单一维度市场调节型环境规制的强度进行比较，交互协同视角下的市场调节型环境规制强度略微较小，也说明不同环境规制政策之间存在一定的协同互补效应。

同理，我们可以求解出，当公众引导型环境规制强度保持大于 0.5617 时，能够更好地发挥调节的杠杆作用，推动命令控制型环境规制促进经济高质量发展和降低污染集聚的协同双赢目标的实现。当然，这也是环境规制的交互协同视角下，公众引导型环境规制强度的合适强度值。

相比单一维度的公众引导型环境规制的合适强度，交互协同视角下的公众引导型环境规制强度应该适当加强，这也表明不同环境规制政策之间存在一定的摩擦替代效应。

综上所述，在不同环境规制的交互协同作用下，不同类型环境规制政策间存在“协同互补”和“摩擦替代”的双重复杂效应，通过因地因时适当调整环境规制的强度，才能更好地发挥交互协同视角下环境规制实现经济高质量发展与污染集聚治理的协同双赢效果。

7.1.6 环境规制的差异化施策区域

综合第 4 章和第 5 章中的空间计量和异质性回归结果，识别命令控制型、市场调节型和公众引导型三类环境规制的空间溢出效应与区域施策效果异质性。如表 7-6 所示，考察期内命令控制型环境规制能够实现促进经济高质量发展和减缓污染集聚的协同双赢效果，并呈现“标尺示范”和“辐射扩散”的提质减污的空间效应，即命令控制型环境规制政策的制定与实施，对本地和邻地城市经济发展质量和污染集聚均具有改善治理影响。对比而言，市场调节型环境规制具有“提质”的经济发展空间效应，但不存在明显的污染集聚溢出效应。原因在于市场发展和企业竞争具有先天的集聚效应，通过集聚效应促进经济高质量发展的同时，对城市生态环境质量改善作用不显著。公众引导型环境规制存在抑制经济高质量发展的空间溢出效应，但对城市污染集聚溢出具有一定的减污效应，存在经济衰退与减污效果的权衡矛盾。

表 7-6 三类环境规制的空间溢出影响效应

三类环境规制的空间溢出	经济高质量发展	污染集聚	评价
命令控制型	正向溢出	减污溢出	双赢
市场调节型	正向溢出	不显著	单赢
公众引导型	负向溢出	减污溢出	经济衰退与减污权衡矛盾

因此，现阶段我国环境规制政策治理体系建设要坚持以命令控制型环境规制为主，以市场调节型、公众参与型环境规制为辅的策略，一方面继续完善行政制度、法律法规等规制政策体系；另一方面深化市场调节型环境规制改革，良性引导公众“用脚投票”的环境舆论关注，更好地达成多种环境规制配合协调的协同治理效果。

整合第4章和第5章中的异质性检验结论，如表7-7所示，为达成区域经济高质量发展和污染集聚治理的双赢目标，应该在不同地区施行有偏向性的区域差异化、精准化的环境规制政策工具。

表7-7　三类环境规制区域分类精准施策

城市区域	经济高质量发展	污染集聚	协同双赢的主要规制工具选择
东部地区	eer/ver	cer/ver	ver
中部地区	cer/ver	cer/ver	cer/ver
西部地区	cer/ver	cer/eer	cer
东北地区	cer/eer/ver	cer/eer	cer/eer
城市群	cer/ver	cer/ver	cer/ver
非城市群	cer/ver	cer/ver	cer/ver

基于四大板块异质性分析结果，东部地区城市应该实行以公众引导型环境规制为主，配合市场调节型、命令控制型的环境规制工具，适当加强市场调节型规制强度，保持适当强度的命令控制型环境规制强度。处于中部地区和东北地区的城市，应该保持命令控制型和公众引导型环境规制兼顾并重的规制手段。在西部地区的城市，应该采取以命令控制型环境规制为主，配合一定的市场调节型、公众引导型环境规制工具，适当加强市场调节的规制强度。

基于城市群和非城市群的异质性回归结果，应该选择命令控制型和公众引导型环境规制并重的规制手段，以及公众参与型环境规制为辅的规制策略。城市群的环境规制影响作用远大于非城市群，原因在于城市群较高的市场竞争与合作优势，形成了较为统一的区域大市场，加快了资本、技

术、人口和数据的自由流动与优化配置，初步形成区域内部顺畅流通循环，充分开放的市场营商和竞争环境促进了经济高质量发展和环境质量的改善。因此，一方面，非城市群地区要积极对接和发挥城市群“涓滴辐射”的扩散效应，立足区域资源禀赋优势，走出一条特色偏生态的新型业态发展道路；另一方面，要立破并举通盘谋划，打破市场堵点、分割和藩篱，在非城市群实行类似于城市群区域一体化的政策试点，以“由点及线到面”的方式，培育非城市群的空间集聚形态，形成新的统一市场优势。

7.2 实现经济高质量发展的多路径选择

在6章中已证明了环境规制可以通过降低污染集聚的中介效应，发挥环境规制的绿色效应和分散效应，促进经济高质量发展，那么我们不禁产生疑问：环境规制还可以通过哪些直接“提质”或间接“减污”的方式，实现经济高质量发展，这是接下来将要探讨的问题。因此，分为两个思路：一是找出环境规制实现经济高质量发展的直接路径；二是找到环境规制降低污染集聚的间接路径，从而促进实现经济高质量发展。

根据波特假说，适当的环境规制政策可以倒逼激励企业扩大科研和环境治理投资，鼓励技术创新以降低抵消前期投入的遵循成本，促进生产效率和环境治理效率的提高，从而可以促进企业减污减排，对城市污染集聚治理和经济高质量发展产生“创新补偿”的倒逼效应。另外，按照新古典环境经济学的观点，环境规制提高了企业支出成本，导致企业利润减少，在短时间内可能产生对企业研发投入的挤压，反而降低了其技术创新能力。因此，基于技术创新效应，选取绿色技术创新（TI）作为中介变量，用绿色发明专利申请量占总申请量的比例表征。

根据污染避难所假说，环境规制通过促进“三高”企业向环境规制标准低或监管较弱的区域转移集中，降低企业的经营成本和治污成本，提高企业利润。如跨国公司一般将高污染的生产加工环节向环境监管水平较低的欠发达国家或地区转移，加剧了欠发达国家或地区的环境污染。与之相对的是“污染光环假说”，它认为随着产业转移的外商直接投资、先进技术溢出和先进管理模式等，促进了被转移国家或地区的产业发展和经济发展，扩大了地区就业，通过投资带动和技术溢出，反而改善了当地环境质量与经济发展质量。因此，基于投资带动效应，选择实际利用外商投资额（FDI）作为中介变量，检验 FDI 的中介效应。

根据新制度经济学的交易费用理论、产权理论和契约理论，环境规制作为一项制度，通过明确界定产权，能够降低交易成本，提高资源配置效率，治理环境污染外部性的作用，代表学者有科斯、诺思、威廉姆森等。资源配置效率的高低取决于企业产业结构和全要素生产率。从遵循成本视角来看，环境规制约束增加了企业的生产成本，通过影响企业投资和消费结构，抑制了企业的生产效率，进而影响了产业结构调整。从专利壁垒效应和技术补偿效应来看，一方面，高新技术企业的专利知识产权降低了先进技术的转化、进步与溢出，导致全社会生产效率损失，阻碍产业结构升级；另一方面，专利壁垒设置鼓励广大企业积极地进行技术投入与研发，通过提高资源要素的利用效率和配置效率，进而抵消成本投入，形成良性的“投入—产出”循环，推动了自动化、智能化和绿色低碳的产业转型。因此，环境规制可以通过资源配置调整优化产业结构升级，影响区域污染集聚与经济高质量发展。因此，从产业结构效应出发，选择产业结构升级（UIS）作为中介传导渠道，参考程莉（2014）的相关研究，用产业结构高级化表示。

参考 Baron 和 Kenny（1986）的研究，BK 方法分为三个步骤，程序较为繁琐，存在中介路径系数的标准误较大的缺陷。Lacobucci 等（2007）通过改进 BK 方法，提出中介效应分析。温忠麟和叶宝娟（2014）则认为从整体模型上验证变量间的因果关系，应采用结构方程 SEM 模型。本部分尝试从绿色技术创新效应、投资带动效应和产业结构

升级效应出发，运用 Stata. 15. 1 软件的结构方程模型（SEM），考察不同环境规制政策对污染集聚、经济高质量发展的中介传导渠道，检验假设 H5。

7.2.1 绿色技术创新路径

表 7-8 报告了“环境规制—绿色技术创新—经济高质量发展”的实现路径。结果表明，命令控制型、市场调节型和公众引导型环境规制工具均可以通过绿色技术创新的路径实现经济高质量发展，Sobel（z-value）均大于 1. 96，说明存在显著的中介效应。RIT 为间接效应与总效应的比重，意味着环境规制对经济高质量发展的作用大概有多少比例由绿色技术创新所传导。就环境规制的中介传导占比而言，命令控制型（75. 2%）>市场调节型（65. 4%）>公众引导型（34. 4%），表示命令控制型环境规制的倒逼促进绿色技术创新的“补偿”效应要高于市场调节型和公众参与型环境规制。原因在于不同类型环境规制通过强制标准、市场机制和公众舆论关注等方式，能够激励企业革新生产工艺流程，提高生产效率和产出水平，带动了行业和区域经济高质量发展。现阶段我国环境规制体系主要以命令控制型环境规制为主，市场调节型和公众引导型环境规制的强度较弱，还需进一步深化改革、转型完善和引导提升。

表 7-8 影响经济高质量发展的绿色技术创新路径

解释变量	模型 1	模型 2	模型 3	模型 4	模型 5	模型 6
	命令控制型环境规制		市场调节型环境规制		公众引导型环境规制	
	TI	HED	TI	HED	TI	HED
TI	—	0. 0313*** (49. 8544)	—	0. 0310*** (49. 4966)	—	0. 0183*** (26. 8375)
cer/eer/ver	2. 3051*** (13. 5566)	0. 0238*** (3. 8740)	2. 3532*** (13. 5649)	0. 0386*** (6. 1712)	7. 4029*** (44. 8184)	0. 2578*** (31. 9752)
Constant	6. 4044*** (83. 7828)	-0. 1399*** (-28. 9050)	6. 5532*** (98. 5216)	-0. 1407*** (-29. 8187)	6. 3426*** (189. 6179)	-0. 0693*** (-15. 3795)

续表

解释变量	模型 1	模型 2	模型 3	模型 4	模型 5	模型 6
	命令控制型环境规制		市场调节型环境规制		公众引导型环境规制	
	TI	HED	TI	HED	TI	HED
RIT	75.2%		65.4%		34.4%	
Sobel（z-value）	16.158		13.827		25.455	
Log likelihood	3109.6128		-813.16421		829.26415	

表 7-9 报告了“环境规制—绿色技术创新—治理污染集聚”的实现路径，结果表明，命令控制型、市场调节型和公众引导型三类环境规制政策均可以通过绿色技术创新的路径实现区域污染集聚上的减缓，Sobel（z-value）均大于 1.96，说明存在中介效应。比较 RIT 值的比重，中介传导的占比排序为命令控制型（69.4%）>公众引导型（55.4%）>市场调节型（30.7%）。原因在于市场信息不对称、市场分割和地方保护等，在新发展格局背景下，我国物流成本较高，统一大市场的制度规则尚未完全构建，商品要素资源的流通存在堵点和障碍，导致市场调节型环境规制的影响较低。从中介传导路径来看，各类环境规制推动了企业对偏环保技术的研发创新，通过减量化、循环化和资源化等手段，促进产业链科技化和产品绿色生态化，特别是从源头预防、过程控制和事后治理的全过程，加强污染治理能力，抵消了规制成本，降低污染排放，从而缓解了区域污染集聚。

表 7-9　影响污染集聚的绿色技术创新路径

解释变量	模型 1	模型 2	模型 3	模型 4	模型 5	模型 6
	命令控制型环境规制		市场调节型环境规制		公众引导型环境规制	
	TI	PC	TI	PC	TI	PC
TI	—	-0.0162*** (-13.5480)	—	-0.0147*** (-12.4122)	—	-0.0126*** (-8.4938)
cer/eer/ver	2.3051*** (13.5566)	-0.0165** (-11.4093)	2.3532*** (13.5649)	-0.0783*** (-1.6141)	7.4029*** (44.8184)	-0.0752*** (-4.2809)

续表

解释变量	模型1	模型2	模型3	模型4	模型5	模型6
	命令控制型环境规制		市场调节型环境规制		公众引导型环境规制	
	TI	PC	TI	PC	TI	PC
Constant	6.4044*** (83.7828)	0.1148*** (12.4758)	6.5532*** (98.5216)	0.1056*** (11.8092)	6.3426*** (189.6179)	0.1376*** (14.0165)
RIT	69.4%		30.7%		55.4%	
Sobel (z-value)	9.929		9.454		8.516	
Log likelihood	-2894.5438		-2810.9011		-1604.3784	

综上所述，基于绿色技术创新效应，命令控制型、市场调节型和公众引导型环境规制政策均验证了波特假说，即环境规制通过提高绿色技术创新投入和研发，以直接驱动和间接减污的传导路径实现污染集聚缓解和经济高质量发展的协同双赢。

7.2.2 外商投资路径

表7-10报告了“环境规制—FDI—经济高质量发展”的实现路径。结果表明，命令控制型、市场调节型和公众引导型的三类环境规制政策均可以通过FDI的路径实现城市经济高质量发展，Sobel（z-value）均大于1.96，说明存在显著的中介效应。比较RIT值，中介传导的占比排序为市场调节型（62.9%）>命令控制型（48.8%）>公众引导型（46.2%）。表明市场调节型环境规制对FDI的传导作用更大。原因在于，有效的市场激励调节机制和适宜的投资营商环境是激发外商投资的前提条件，能够激发微观企业更有活力和动力进行生产经营活动，从而获得市场利润的最大化。环境规制吸引了大量外商投资规模和力度，促进先进制造产业链的地区转移，随着先进管理模式和商业创新模式的推广，带来了广泛的销售渠道和商品贸易，推动了城市金融业的繁荣，以内循环的消费需求和技术知识溢出带动地区产业发展，进一步提高就业率，进而促进了经济高质量发展。

表 7-10　影响经济高质量发展的 FDI 路径

解释变量	模型 1	模型 2	模型 3	模型 4	模型 5	模型 6
	命令控制型环境规制		市场调节型环境规制		公众引导型环境规制	
	FDI	HED	FDI	HED	FDI	HED
FDI	—	0.0048*** (75.4073)	—	0.0048*** (73.9653)	—	0.0036*** (55.7161)
cer/eer/ver	9.6884*** (7.2896)	0.0492*** (10.2288)	14.5447*** (10.8335)	0.0414*** (8.3114)	49.9359*** (36.8885)	0.2114*** (35.7118)
Constant	1.7365*** (2.9062)	0.0524*** (24.4273)	0.7797 (1.5147)	0.0587*** (31.2843)	-1.0925*** (-3.9852)	0.0507*** (50.4970)
RIT	48.8%		62.9%		46.2%	
Sobel（z-value）	7.368		11.085		37.721	
Log likelihood	-6606.087		-6529.3114		-4988.6286	

表 7-11 报告了“环境规制—FDI—影响污染集聚”的实现路径。结果表明，命令控制型、市场调节型和公众引导型的三类环境规制能够通过 FDI 的中介传导路径加重了区域污染集聚水平，Sobel（z-value）均大于 1.96，说明存在显著的中介效应。对比 RIT 值，中介传导的占比排序为公众引导型（36.9%）>命令控制型（32.9%）>市场调节型（21.5%），表明不合理的命令控制型环境规制促进了外商产业转移，加剧了被转移地的污染集聚，特别是公众引导型环境规制强度越低，外商的污染转移现象越严重。

表 7-11　影响污染集聚的 FDI 路径

解释变量	模型 1	模型 2	模型 3	模型 4	模型 5	模型 6
	命令控制型环境规制		市场调节型环境规制		公众引导型环境规制	
	FDI	PC	FDI	PC	FDI	PC
FDI	—	0.0018*** (11.8842)	—	0.0017*** (10.8252)	—	0.0012*** (6.8398)
cer/eer/ver	9.6884*** (7.2896)	0.0361*** (3.1293)	14.5447*** (10.8335)	0.0887*** (7.5249)	49.9359*** (36.8885)	0.1064*** (6.4557)

续表

解释变量	模型1	模型2	模型3	模型4	模型5	模型6
	命令控制型环境规制		市场调节型环境规制		公众引导型环境规制	
	FDI	PC	FDI	PC	FDI	PC
Constant	1.7365*** (2.9062)	0.2153*** (41.8398)	0.7797 (1.5147)	0.2009*** (45.2428)	-1.0925*** (-3.9852)	0.2189*** (78.3667)
RIT	32.9%		21.5%		36.9%	
Sobel (z-value)	6.309		7.832		6.820	
Log likelihood	-9338.4094		-9221.1706		-8188.4151	

综上所述，基于投资带动效应，命令控制型、市场调节型和公众引导型的三类环境规制具有“污染光环效应”和“污染天堂效应”的两面性，以直接带动路径实现经济高质量发展。因此，一方面，要继续改革开放，继续加大外资引进力度和规模，高水平利用外资；另一方面，要根据城市发展阶段和实际，优化外资引进结构，适当提高“高污染外资”的环境准入门槛和限制，引进更加偏生态环保的外资、产品、项目和产业，进而缓解污染集聚，促进生态保护与经济高质量发展的协同双赢。

7.2.3 产业结构升级路径

表7-12报告了“环境规制—产业结构升级—经济高质量发展”的实现路径。结果表明，命令控制型、市场调节型和公众引导型环境规制均能够通过推动产业结构升级的路径实现城市经济高质量发展，Sobel（z-value）均大于1.96，说明存在显著的中介效应。比较RIT值，中介传导的占比排序为市场调节型（53.3%）>公众引导型（50.2%）>命令控制型（28.5%），表明市场调节型环境规制对产业结构升级的中介传导作用更大。原因在于有效的市场调节型环境规制能够通过减少污染税、提高创新补贴等形式，激发了企业在生产端持续进行生产流程改进和创新的意愿和动力，以期形成一定的技术壁垒或专利，提高市场竞争优势；在产品消费端方面，企业通过产业链升级对废弃物进行回收和循

环利用，避免资源的浪费，提高要素利用效率和配置效率，从绿色全要素生产率角度促进产业链分工由中低端向高端阶段迈进，对产品消费结构进行升级，进而实现了经济高质量发展。公众引导型和命令控制型环境规制分别通过“用脚投票”的舆论关注和产品选择、排污标准和总量控制等方式，促进企业进行产业链调整与转型升级，生产低排、低污、绿色和环保的产品，满足民众生态化的消费需求，推动具有持久动力和韧性的经济高质量发展。

表 7-12　影响经济高质量发展的产业结构升级路径

解释变量	模型 1	模型 2	模型 3	模型 4	模型 5	模型 6
	命令控制型环境规制		市场调节型环境规制		公众引导型环境规制	
	UIS	HED	UIS	HED	UIS	HED
UIS	—	0.0440*** (16.2840)	—	0.0476*** (18.3069)	—	0.0184*** (9.0078)
cer/eer/ver	0.6216*** (12.2182)	0.0687*** (8.7317)	0.1244** (2.3441)	0.1056*** (13.6861)	1.0156*** (16.8307)	0.3744*** (52.0524)
Constant	0.6915*** (30.2361)	0.0304*** (7.7345)	0.9050*** (44.4644)	0.0194*** (5.1353)	0.8087*** (66.1839)	0.0318*** (14.7111)
RIT	28.5%		53.3%		50.2%	
Sobel (z-value)	10.131		12.330		8.064	
Log likelihood	2094.9459		2140.8758		3691.1615	

表 7-13 报告了“环境规制—产业结构升级—影响污染集聚”的实现路径。结果表明，命令控制型、市场调节型和公众引导型环境规制均可以通过产业结构升级的路径缓解区域污染集聚水平，Sobel（z-value）检验均大于 1.96，说明存在显著的中介效应。对比 RIT 值，中介传导的占比排序为命令控制型（56.0%）>市场调节型（36.9%）>公众引导型（4.8%），产业结构升级主要依赖于命令控制型和市场调节型的环境规制政策推动，公众引导型环境规制影响有限。原因在于，当

产业转型调整所带来的正外部性收益，高于增加生产要素投入带来的税费惩罚时，环境规制会产生一定的经济补偿效应，从而形成产业结构转型、优化和升级的良性循环和正反馈，促进企业持续减污降排，从而减缓了城市污染集聚水平。

表 7-13 影响污染集聚的产业结构升级路径

解释变量	模型 1	模型 2	模型 3	模型 4	模型 5	模型 6
	命令控制型环境规制		市场调节型环境规制		公众引导型环境规制	
	UIS	PC	UIS	PC	UIS	PC
UIS	—	-0.0485*** (-12.0700)	—	-0.0440*** (-11.2959)	—	-0.0612*** (-15.4496)
cer/eer/ver	0.6216*** (12.2182)	-0.0839*** (-7.1780)	0.1244** (2.3441)	-0.1185*** (-11.2435)	1.0156*** (16.8307)	-0.2307*** (-16.5333)
Constant	0.6915*** (30.2361)	0.2520*** (43.1619)	0.9050*** (44.4644)	0.2420*** (42.7379)	0.8087*** (66.1839)	0.2671*** (63.6823)
RIT	56.0%		36.9%		4.8%	
Sobel (z-value)	-8.835		-11.925		-2.300	
Log likelihood	856.9804		1620.8694		875.67127	

综上所述，基于产业结构效应，立足资源配置、专利壁垒、经济补偿视角，命令控制型、市场调节型和公众引导型的三类环境规制可以促进产业调整、转型、升级和优化，从生产供给端和消费端减少污染排放，以直接和间接减污的传导路径促进城市经济高质量发展。

7.2.4 多路径选择讨论

从绿色技术创新、外商投资带动、产业结构升级的中介传导渠道，探讨不同类型环境规制影响污染集聚和经济高质量发展的作用大小，并整合前文污染集聚中介效应的研究结论进行对比与讨论，如表7-14所示。

表 7-14 实现经济高质量发展的中介效应对比

目标	变量	命令控制型环境规制 cer	市场调节型环境规制 eer	公众引导型环境规制 ver	传导排序
实现经济高质量发展	污染集聚	0.368	0.109	0.012	4
	绿色技术创新	0.752	0.654	0.344	1
	外商投资	0.488	0.629	0.462	2
	产业结构升级	0.285	0.533	0.502	3
推动污染集聚治理	绿色技术创新	0.694	0.307	0.554	1
	外商投资（增排）	0.329	0.215	0.369	—
	产业结构升级	0.560	0.369	0.048	2

注：污染集聚的中介系数通过结构方程模型计算，具有可比性。

通过对比中介传导渠道的影响系数大小，得出以下结论：第一，从实现经济高质量发展的直接中介视角来看，中介传导渠道作用由大到小的排序为绿色技术创新、外商投资、产业结构升级和污染集聚治理。第二，从推动污染集聚治理，间接实现经济高质量发展的中介视角来看，中介传导渠道效应由大到小的排序为绿色技术创新、产业结构升级和外商投资，其中外商投资对污染集聚水平呈现一定的加剧影响。第三，为推动实现污染集聚治理和实现经济高质量发展的双赢目标，绿色技术创新是第一方案，产业结构升级是第二方案。外商投资是一把“双刃剑”，虽然能够通过环境规制的准入门槛影响，促进经济高质量发展，但也存在部分城市污染集聚加剧的挑战和风险。因此，要以一分为二的观点对待外商投资，一方面应持续优化营商环境，以开放共赢的态度增强外商投资的信心和预期，促进全面“双循环”开放新格局的形成和全国统一大市场的体系构建，更好地将超大规模的市场优势转化为经济高质量发展和国际竞争优势；另一方面在保障外商投资利益的基础上，进一步制定与规范外商投资的规则，调整外商投资结构，避免“先污染后治理”或“边污染边治理”的发展模式。

7.3 本章小结

在前文分析环境规制、污染集聚与经济高质量发展三者关系机理的基础上，从不同环境规制政策组合方案和多元化的传导渠道视角，进一步深入探讨实现“减污提质”双赢目标的解决方案和路径选择。具体而言，探讨了不同类型环境规制实现污染集聚缓解和经济高质量发展的政策组合方式、适宜时效、合适强度和差异化施策区域；立足绿色技术创新、外商投资和产业结构升级的中介传导视角，分析不同环境规制政策治理污染集聚与促进经济高质量发展的直接和间接的多元化路径选择，并对多路径的传导大小进行了综合讨论。主要结论如下：

第一，在构建不同环境规制政策组合方案影响效果的理论模型基础上，提出9种环境规制工具治理效果的评价标准。研究发现，对于经济高质量发展目标，不同类型环境规制发挥了“1+1>2”和“1+1+1>3”的协同互补效应，存在复合强化作用。关于污染集聚治理目标，命令控制型和市场调节型环境规制政策的协同交互能够实现污染集聚治理的政策目标，其他政策组合存在环境规制政策的摩擦替代效应。

第二，通过时滞效应分析，发现在命令控制型、公众引导型环境规制实施的当期以及公众引导型环境规制的滞后二期，环境规制能够达成经济高质量发展与污染集聚治理的双赢目标。因此，从环境规制施行顺序和路线图视角，提出三阶段路线图，第一阶段以命令控制型环境规制为主，第二阶段加强市场调节型环境规制强度，第三阶段鼓励引导公众参与监督，才能更好地发挥不同类型环境规制对污染集聚和经济高质量发展在时间尺度协同匹配和互补强化的积极作用。

第三，立足单一视角，当命令控制型环境规制强度小于0.5917时，市场调节型环境规制强度大于0.5090，公众引导型环境规制强度大于

0.1778 时，环境规制可以更好地实现经济高质量发展与污染集聚治理的协同双赢。交互协同视角，当市场调节型环境规制强度高于 0.4794，公众引导型环境规制强度大于 0.3645 时，可以更好地调节命令控制型环境规制发挥出促进经济高质量发展和减缓污染集聚协同双赢的最佳效果。

第四，立足空间效应视角，命令控制型环境规制政策对本地和邻地城市经济发展质量和污染集聚均具有改善治理影响，市场调节型环境规制具有经济“提质”的空间溢出效应，公众引导型环境规制存在抑制经济高质量发展与减缓城市污染集聚溢出的权衡矛盾。因此，我国环境规制治理体系要坚持以命令控制型环境规制为支撑，加强市场调节型、公众参与型环境规制强度，以“多管齐下”的环境规制工具协同驱动经济高质量发展与污染集聚治理的双赢目标。

第五，从环境规制的差异化区域施策工具来看，东部地区城市应该实行以公众引导型环境规制为主，配合市场调节型、命令控制型的环境规制工具；中部地区和东北地区的城市应该保持命令控制型和公众引导型环境规制双重兼顾并重的规制手段；西部地区的城市应该采取以命令控制型环境规制为主，配合一定的市场调节型、公众引导型环境规制工具。城市群和非城市群城市地区应当选择命令控制型和公众引导型环境规制并重的规制手段，以公众参与型环境规制为辅的规制策略。城市群地区加快形成区域统一、系统、高效、公平、规范和开放的大市场，非城市群地区要加快培育区域一体化的空间集聚形态。

第六，聚焦绿色技术创新、外商投资和产业结构升级的多元化传导渠道，从而以直接促进或间接减污的传导方式，实现城市经济高质量发展，验证了假设 H5。研究发现，环境规制可以通过绿色技术创新和产业结构升级的传导渠道，协同缓解污染集聚和促进经济高质量发展，FDI 具有加剧污染集聚与促进经济高质量发展的两面性。其中，绿色技术创新是首选的最优方案，产业结构升级是第二方案。因此，大力鼓励绿色技术创新，有选择地高效利用外资，推动产业结构升级，能够实现污染集聚治理与经济高质量发展的协同双赢。

第8章 研究结论、政策启示与研究展望

8.1 研究结论

本书基于规制经济学理论、污染避难所、环境库兹涅茨曲线和协同治理的理论基础，手动搜集和整理3090份地级市政府工作报告，运用大数据文本词频分析，结合成效数据测度命令控制型、市场调节型和公众引导型三类环境规制政策强度，将环境规制、污染集聚和经济高质量发展纳入同一研究框架，聚焦不同类型环境规制的政策工具协同、治理目标协同、区域联防联控、多主体联动配合等关键问题，探讨三者之间的逻辑关系、理论框架及作用机理。选取2009~2019年中国284个地级市的面板数据，测算刻画了我国城市环境规制、污染集聚和经济高质量发展的时空演变特征与空间格局，通过固定效应、空间计量、门槛回归、中介效应等模型，探讨了不同类型环境规制对污染集聚、经济高质量发展的影响机制，考察了三者之间的关系机理，进一步地，从不同类型环境规制组合和多路径传导机制，探寻促进污染集聚治理与经济高质量发展双赢目标的实现路径。主要结论如下：

8.1.1 现状分析的主要结论

第一，环境规制呈现波动提升、“东高西低、北高南低”的时空异质性演变特征。基于时序发展视角，2009~2019年我国城市环境规制强度整体呈现波动提升态势，特别是在2013年实行最严格的环境保护制度和2015年出台“新环保法”以来，环境规制强度和力度逐年加大。相对而言，三类环境规制政策年均强度从大到小依次排序为命令控制型环境规制>市场调节型环境规制>公众引导型环境规制。立足区域四大板块视角，三类环境规制年均强度均存在东部地区>中部地区>西部地区>东北地区的空间特征。立足城市群视角，环境规制年均强度呈现先微降后提高的变化趋势，城市群年均强度高于非城市群，但两者的差距逐渐缩小。考察期城市群环境规制年均强度从大到小依次为滇中>珠三角>长三角>京津冀>呼包鄂榆>山东半岛>黔中>晋中>粤闽浙>中原>长江中游>北部湾>兰西>成渝>宁夏沿黄>关中平原>哈长>辽中南。城市群环境规制强度在空间上总体存在“北高南低”“国家级城市群高于区域性城市群和地方性城市群”的格局特征。

第二，污染集聚呈现明显改善治理、“东高西低、北高南低”的时空分异性演变特征。基于时序发展视角，研究期中国城市环境污染整体呈现局部污染集聚特征，污染治理改善效果明显，总体改善率为10.35%，工业二氧化硫排放的污染治理效果最好，工业烟尘的核密度面积有所扩大。不同类型的污染物空间聚集水平与格局具有分异性，存在显著的梯度差异和两极分化趋势。立足区域格局视角，四大板块城市污染集聚呈现出“东部地区>中部地区>西部地区>东北地区”的区域特征，城市群污染集聚比较严重的为中原、长三角和京津冀。从空间分类来看，城市污染集聚分布较为零星分散，分类格局基本保持稳定结构，整体呈现“北高南低”的空间格局，滇中、粤闽浙和关中平原城市群的污染集聚发展较快。基于空间分布演化视角，污染集聚整体空间格局分布呈现“东（略偏北）—西（略偏南）”的方向发展，污染集聚的分布中心总体向西北方向移动。

第三，城市经济高质量呈现马太效应、“东高西低、南高北低”和“金字塔”结构的时空格局特征。基于时序发展视角，城市经济高质量发展水平逐年提高，提升潜力较大，但易受不确定和不稳定因素影响；区域空间差异与不均衡性有所扩大，具有“强者恒强、弱者恒弱”的马太效应，集聚效应凸显，赶超效应较弱。基于 DPSIR 框架城市经济高质量发展的分维度分析，大到小排序依次为响应指数、影响指数、状态指数、驱动力指数和压力指数。基于区域格局视角，四大板块年均经济高质量发展水平呈现“东部地区>中部地区>东北地区>西部地区”的空间特征，呈现分化发展趋势，存在“东部领先、中部崛起、西部提升，东北微降”的发展态势。城市群年均经济发展质量水平优于非城市群，从大到小依次为珠三角>长三角>京津冀>山东半岛>粤闽浙>呼包鄂榆>辽中南>滇中>中原>成渝>长江中游>黔中>哈长>晋中>兰西>关中>北部湾>宁夏沿黄，呈现“东高西低、南高北低”的空间分布格局。从空间分类来看，高质量经济发展分类呈现“金字塔”结构。塔尖的引领型城市主要为直辖市、省会城市、副省级城市和计划单列市，比如“北上广深”等城市，塔座底端的滞后型城市大多数位于西部地区、东北地区、资源枯竭型城市，比如鹤岗、榆林、石嘴山等城市，并且彼此之间水平相差悬殊。基于空间分布演化视角，城市经济高质量发展整体空间格局分布呈现“东（略偏北）—西（略偏南）”的方向，平均中心整体向西南地区发展，呈现“一路向南”的空间格局。

8.1.2　实证分析的主要结论

第一，环境规制对经济高质量发展具有非线性、虹吸集聚、区域异质性、影响时效、交互协同和强度门槛调节的影响效应。在主效应方面，考察期内命令控制型、公众引导型环境规制显著促进了经济高质量发展，市场调节型环境规制显著抑制了经济高质量发展。从长期来看，命令控制型、公众引导型环境规制与经济高质量发展水平两者间呈现倒 U 型曲线关系，市场调节型环境规制与经济高质量发展水平之间呈现 U 型曲线关系。相比而言，命令控制型与公众引导型环境规制对经济高质量发展的促进效果更好。经济发展水平、外资水平、金融发展水平、人口规模和技术创新水平均有利于促进城市经济高质量发展。在空间效应方面，城市经济高质量发展呈现“以邻为壑”和“一荣俱损”的集聚阴影效应，存在一定的虹吸集聚特征。命令控制型和市场调节型环境规制对经济高质量发展具有正向促进的空间溢出性，公众引导型环境规制呈现负向抑制的空间溢出性。基于异质性视角，不同类型环境规制在四大板块和不同滞后期对经济高质量发展的影响各有差异，城市群的影响效果优于非城市群，命令控制型环境规制具有时效衰减性影响，市场调节型环境规制需要持续优化与统一，公众引导型环境规制具有不确定性。在交互效应方面，不同类型环境规制交互协同作用对经济高质量发展产生“1+1>2”甚至“1+1+1>3”的显著促进影响。在门槛效应方面，市场调节型环境规制强化命令控制型环境规制对经济高质量发展的作用存在单一门槛，门槛为 0.4794，而公众引导型环境规制的调节影响存在 0.3645 和 0.5617 的双重门槛。从横向比较来看，市场调节型环境规制对经济高质量发展的提升作用大于公众引导型环境规制。

第二，环境规制对污染集聚具有非线性、“近墨者黑”、区域异质性、影响时效、协同互抵和强度门槛调节的影响效应。在主效应方面，考察期命令控制型、公众引导型环境规制对污染集聚起显著的减缓作用，市场调节型环境规制却对污染集聚起一定的加剧作用。从长期来看，命令控制型、市场调节型环境规制与污染集聚分别呈现 U 型和倒 U 型关系。经济发展水平、绿色技术创新和降水量有利于缓解污染集聚；能源消费、人口密度、基础建设进一步加剧污染集聚。在空间效应方面，相邻城市间污染集聚存在“近墨者黑”和“以邻为壑”的空间特征，命令控制型和公众引导型环境规制存在本地和邻近地区的减污溢出效应。立足异质性视角，命令控制型环境规制对城市群的减污效果高于非城市群，比如中原、晋中和京津冀等城市群。非城市群市场调节型、公众引导型环境规制对污染集聚存在“绿色悖论”影响。资源型城市的“减污”效果主要依靠于命令控制型环境规制的施行。基于不同污染物治理视角，命令控制型环境规制

和公众引导型环境规制的减污效果较为明显，市场调节型环境规制的作用并不显著。在交互效应方面，不同类型环境规制对污染集聚的影响存在协同互补和替代摩擦的双重效应，命令控制型与市场调节型环境规制协同交互存在协同互补的加强作用，其他类型环境规制政策间产生了“替代抵消”的弱化效应。在门槛效应方面，市场调节型环境规制强化命令控制型环境规制对污染集聚的作用存在单一门槛，门槛值为0.1508。对比市场调节型环境规制调节命令控制型环境规制对经济高质量发展的门槛效应，市场调节型环境规制的“减污”门槛值小于经济“增效”门槛值。

第三，关于环境规制、污染集聚和经济高质量发展三者的关系机理，污染集聚起一定的中介传导和调节门槛效应。从两者关系来看，污染集聚对经济高质量发展具有抑制作用。从长期来看，污染集聚与经济高质量发展之间呈现U型关系。从三者关系来看，命令控制型、市场调节型和公众引导型的环境规制可以通过影响污染集聚的部分中介效应，从而影响经济高质量发展水平。污染集聚可以调节命令控制型、公众引导型环境规制对经济高质量发展的影响作用，发现当污染集聚超过0.1781时，命令控制型、公众引导型环境规制对经济高质量发展的促进作用更大，2019年85%以上的城市已超过阈值。

第四，不同类型环境规制实现“减污提质”双赢目标存在合理组合方式、适宜时效、合适强度和差异化施策的组合方案，以及绿色技术创新、产业结构升级、外商投资的多元化路径选择。从不同环境规制政策组合方案和多元化的传导渠道视角，进一步深入探讨如何推进污染集聚治理和实现经济高质量发展协同共赢的解决方案和政策框架。从政策组合效应来看，不同类型环境规制工具组合在实现经济高质量发展和污染集聚治理的协同政策目标上，存在一定的“协同互补”和“摩擦替代”的双重效应。命令控制型和市场调节型环境规制政策的协同交互能够协同实现污染集聚治理和经济高质量发展的政策目标。通过时滞效应分析，在命令控制型、公众引导型环境规制实施的当期，以及公众引导型环境规制的滞后二期，环境规制能够达成经济高质量发展与污染集聚治理的双赢目标。基于单一维度和协同交互视角，环境规制政策存在最适实施强度，能够实现经济高质量发展和减缓污染集聚协同双赢的最佳效果，应适当加强市场调节型和公众引导型环境规制，将命令控制型环境规制限制在一定强度区间。立足空间效应视角，命令控制型环境规制政策对本地和邻地城市经济发展质量和污染集聚均具有改善治理影响，市场调节型环境规制具有经济“提质”的空间溢出效应，公众引导型环境规制存在抑制经济高质量发展与减缓城市污染集聚溢出的权衡矛盾。从环境规制的差异化区域施策工具来看，四大板块和城市群、非城市群地区应该采取差异化的环境规制工具。通过多元化传导路径分析，环境规制可以通过绿色技术创新和产业结构升级传导渠道，协同降缓污染集聚和促进经济高质量发展，FDI 传导路径具有加剧污染集聚与促进经济高质量发展的两面性。其中，绿色技术创新是首选的最优方案，产业结构升级是第二方案。因此，大力鼓励绿色技术创新，有选择地高效利用外资，推动产业结构升级，能够实现污染集聚治理与经济高质量发展的协同双赢。

8.2 政策启示

8.2.1 制定适合国情的地区、产业和企业经济高质量发展的评价指标体系

自 2017 年党的十九大首次提出“高质量发展”新表述以来，中央先后提出长江经济带高质量发展、黄河生态流域生态保护和高质量发展、新时代推动中部地区高质量发展、推进资源型地区高质量发展等重要论述和指导意见，可以看出立足我国各地要素禀赋等差异，已在地区层面开展差异化、精准化的高质量发展战略。相比国际上追求经济规模、增速、效率、绩效、包容性、绿色化等评价体系不同，中国必将走出一条适合我国

国情的新时代特色、科学、合理和系统的经济发展新路子。

因此，建议下一步将全面开展城市、县区、村镇、社区等地区，各行各业和企业等经济高质量发展评价指标和体系，追求更高水平、更优效率和"以人民为中心"的经济发展模式、方式和道路，全方位实现经济、社会和生态保护的高质量发展目标。充分发挥"以邻为睦"的扩散辐射作用，通过地区、产业和企业的合理竞争合作、联动协同和支援互助等，因地制宜、因势利导明确各自的发展定位，量身定制谋划特色的适宜发展模式，以技术突破、政策创新、市场配置、人力资本等方式，促进产城融合、区际融合和产业突破，促进环境污染治理和工业高质量发展的协同增效，走出一条低能耗、少污染、高质量的新时代绿色发展道路，构建共治、共享、共赢的内外"双循环"的新格局。

8.2.2　构建系统化、科学化、综合化和协调化的环境规制政策体制

现阶段，我国环境规制法律法规、排放标准、规章制度和税费管理体制等方面还不够健全，应当积极借鉴和吸取国外发达国家环境治理先进经验和失败教训，充分调研各地具体实际情况，在法律法规体系、环境影响评价、环境监测、环保税、排污权交易、生态修复与补贴等方面加以完善，积极主动发挥能动性，鼓励各地创新环境治理政策（比如河长制、林长制等），适应和应对经济社会和生态变化的新情况和新挑战。

构建环境与发展综合决策机制。具体而言，一是明确中央和地方政府环境规制的事权和责任划分改革，中央的分级管理、宏观指导、监督治理、垂直监管和考评治理必须做到有力、依法和公平，保证地方政府环境政策的属地管理、执行力度、良性竞争和实地落实。二是考量产业布局、外资引进、政策施行等对生态环境的影响，完善重大项目和决策的环境影响评价体制，实行部门会审、常态监督、终生追责制，不断提高公众引导环境治理监督的权益。三是建立部门与地区间协同治理协调机制，建立跨区域、跨部门的联合环境治理工作组，解决环境污染的冲突与利益分配，将高污染地区治理、行业产业转型发展和高排企业减污纳入经济社会整体

规划和战略，避免污染溢出的负外部性，解决环境规制政策落地实施的痛点和盲点。四是充分考虑到各地区、各部门、各行各业的禀赋结构、经济发展和生态承载能力，实施差异化、灵活化、精准化和科学化的环境准入政策，严格限制“三高”项目和产业审批和实施，逐渐提高污染排放标准和惩罚力度，促进区域产业绿色低碳的高质量转型发展。

8.2.3 加强不同类型环境规制政策的组合优化，避免政策摩擦替代效应

单一的环境规制手段或工具在治理污染集聚或者促进经济高质量发展的作用方面具有一定的局限性，比如命令控制型环境规制必须保持适宜强度，降低行政成本，提高效率；市场调节型环境规制具有激励性和灵活性，但较难实施；公众引导型环境规制可以提高人民的环保意识，营造良好的氛围，但具有波动性和不确定性，真假信息难辨，需要引导和疏解舆论。现阶段，应逐步加强市场调节型环境规制强度，引导公众关注与监督等环境规制的合法化和理性化，继续保持命令控制型环境规制强度。坚持以命令控制型环境规制为支撑，加强兼顾市场调节型和公众引导型环境规制的“多期驱动”互动，初期以命令控制型环境规制为主，中期加强市场调节型环境规制强度，后期鼓励引导公众参与监督，才能更好地发挥不同类型环境规制对污染集聚和经济高质量发展在时空尺度的协同匹配和互补强化的治理作用。因此，只有组合优化不同环境规制工具，扬长避短，发挥各自优势，才能避免政策间的摩擦与替代，产生协同叠加的最佳效果。

具体而言，一是在客观评价各类环境规制政策工具功效、范围和时效性等基础上，设计政策配合相容的组合，实现最适宜规制效果。二是面对不同地区、产业、企业、家庭和个人的偏好和利益诉求，建立系统齐全、优势互补的“工具箱”，并对其进行持续改良和补充，形成多主体合作协同和共治共享的政策体制。三是审慎推进和破除阻碍环境规制政策的利益“藩篱”，以全国一盘棋的系统观和大局观，考虑实现不同目标先后次序的规制工具策略，实现生态、经济和社会三位一体目标的统筹与协调，因

时因地按照实际发展需要和具体情况打好政策组合拳，更好地发挥不同类型环境规制的组合适配，促进经济、社会和生态一体协调的高质量发展。四是坚持命令控制型与市场调节型环境规制对污染集聚治理和经济高质量发展的协同交互作用，扭转市场调节的成本遵循的“绿色悖论”影响，以法制化和理性化引导公众关注和参与环境治理的态度和行动。

8.2.4 完善生态环境技术创新的环境规制配合机制

2020年，生态环境部下发了“关于深化生态环境技术体制改革”的意见征求稿，生态环境技术创新是技术创新和环境政策的结合，比如监测、新产品、生产工艺、废渣处理等科技技术进步是环境规制手段的约束条件。环境技术创新能够激发企业持续研发创造，提高技术效率，推动产业结构升级，实现污染外部成本的收益内部化。当前我国基层环境技术创新的专业化能力有待提高，地方政府、企业等相关环保技术研发和资金投入还需加大。因此提出以下建议：

第一，以产业数据化、“东数西算”战略、人工智能和智慧物流等发展为契机，加强对环保产业化和科技研发的财税支持力度，利用补贴、税费等激励性政策导向，对环境技术创新主体进行“根部施肥”，降低企业风险。

第二，加强相关知识产权的保护，规范技术服务市场，促进行业协同、集成创新。立足技术创新和制度创新的双轮驱动，推动不同生产环节和产品研发的循环化、绿色化和融合化，以及上游、中游和下游产业链的跨领域、跨行业的有机衔接，促进关键领域“卡脖子”技术协同攻关与突破。

第三，搭建生态环境技术创新的信息交流平台，解决供需端的沟通接洽，促进相关成果转化、应用和推广。通过为环保企业搭台，形成技术研发、孵化和服务之间的“一条龙”体制，充分发挥人才、技术、信息、数据、资金等要素的市场化最优配置，建立规范的评估机制和相关科技成果转化应用的示范基地，以此支撑政府、企业和产业的决策和发展，让更多的环保技术助力生态环境改善和美丽中国建设。

8.2.5 精准化把控最佳时机、最适强度、差异化区域、行业的环境政策选择

无论在区域维度、行业维度还是合适的时机选择，环境规制政策的作用均存在一定的异质性影响。政府需要对各种环境规制政策、技术政策、产业政策进行协同、匹配、互补的引导，审慎稳妥地试点、修正、调整和推进，确保不同时期的环境规制对企业、产业的强度在合理承受区间，从而发挥出“倒逼”机制和“激励”机制。

第一，一方面，立足各城市经济、行业发展阶段和趋势，坚持“一把钥匙开一把锁”，进行“一城一策”和“一产一策”的精准化施策治理。通过制定严格的排污标准和法律法规，倒逼企业生产方式和工艺的节约化、清洁化、环保化、低碳化改进。另一方面，通过市场化的资源要素价格机制和税率调节，利用创新、金融、外资等多重能动性手段，促使企业提高产品科技含量和附加值，因城因产差异化施策促进主动性环境治理，提升企业市场竞争力。基于单一维度和协同交互视角，环境规制政策存在最适实施强度。基于现实中的协同交互视角，应适当加强市场调节型和公众引导型环境规制，将命令控制型环境规制限制保持在一定强度区间，可以更好地调节命令控制型环境规制发挥出促进经济高质量发展和减缓污染集聚协同双赢的最佳效果。

第二，避免“一刀切”的层层“加码式”和“运动式”减污降排，防止污染排放的反弹效应和反复效应。对四大板块地区而言，东部地区应当以公众引导型环境规制为主，配合市场调节型、命令控制型的环境规制工具，激发绿色技术创新效应；中部和东北地区是我国重要的先进制造业、装备业和粮食基地，保持命令控制型和公众引导型环境规制双重兼顾并重的规制手段，适当调整命令控制型环境规制强度，辅助市场调节型环境规制，持续加强研发经费、人力资本、减税降费和补贴等政策，加强技术研发、转化和落地，促进产业转型升级和优化，为现代产业体系打下坚

实的基础。西部地区是我国的大后方和重要能源储备基地，采取以命令控制型环境规制为主，配合一定的市场调节型、公众引导型环境规制工具。通过维持社会大局稳定，不断改善营商环境，加大投资力度，引进东部、中部地区先进技术和管理模式，在评估生态承载能力的基础上严格控制“三高”产业转移和“摊大饼”式发展。对于城市群和非城市群地区，应当选择命令控制型和公众引导型环境规制并重的规制手段，加强市场调节型环境规制改革。城市群地区要加快形成区域统一、系统、高效、公平、规范和开放的大市场，非城市群地区要加快培育区域一体化的空间集聚形态。

第三，从前文结论来看，市场调节型环境规制的“提质”和“减污”的强度需要进一步提高，以构建全国统一大市场为契机，推进市场调节型环境规制破除各地的市场分割和地方保护，形成跨区域的市场协同治理和配置机制。基于资源禀赋视角，资源型城市相比非资源型城市的减污减排的潜力较大，应进一步加大环境规制的力度，以“壮士断腕”的决心和勇气，持续推进资源型产业的转型升级和结构调整，提高能源利用效率，减少工业烟尘等污染物和温室气体排放，提高清洁能源替代比和消费比，促进资源型产业和城市的高质量发展。基于污染物治理视角，要根据不同污染物的特性，实施差异化的减污减排工具和手段。针对引起环境污染集聚的主要成因和污染物，以多元化的手段既要防止污染在地区的集聚加重，也要防止污染物的扩散溢出，要以系统化和长期性的眼光看待生态保护，不能只盯着眼前的“蝇头小利”，以“两山理论”的思想指导城市经济高质量绿色发展。

第四，从“多管齐下”的环境规制组合视角和“一举多得”的治理目标协同维度，审慎推进污染集聚治理和实现经济高质量发展协同共赢的解决方案。对不同的产业环境治理，应根据国内外大局变化，匹配国内技术创新能力，谨慎选择合适的时机。不同类型的环境规制的影响具有时滞性，命令控制型环境政策虽然可以在短期起明显效果，但依旧是末端治理，长期来看不能根本解决污染问题。市场调节型和公众引导型虽具有一定的滞后性，是源头和过程治理方式，应大力倡导和推进，激发企业主动和被动创新。充分把握和延长环境规制的最佳效果期，比如在命令控制型、公众引导型环境规制实施的当期，以及公众引导型环境规制的滞后二期，环境规制能够达成经济高质量发展与污染集聚治理的双赢目标。调整和优化命令控制型环境规制在“衰退期”的作用，以法治化和理性化保护公众参与环境规制治理和经济建设的积极性，良性引导舆论导向，达成经济高质量发展与污染集聚治理的双赢目标。此外，环境政策的推进节奏要充分考虑国内外变化形势、市场需求、资金和技术等因素，确保政策实施的成熟性和有效性。从污染治理和经济高质量发展的协同目标来看，充分发挥不同类型环境规制的协同互补效应和复合强化作用，通过优化市场调节型、公众参与型环境规制工具方式和强度，避免政策组合间存在环境规制政策的摩擦替代效应和叠加弱化作用。

8.2.6 大力鼓励绿色技术创新、优化利用外资结构和推动产业结构升级

从前文结论来看，技术进步、外商投资和产业结构升级是促进污染治理和实现经济高质量的中介传导路径，绿色技术创新是第一方案，产业结构升级是第二方案，外商投资和污染集聚治理是第三方案。

第一，提高绿色创新技术投入力度和产出质量，大力促进关键核心技术创新，比如数字经济、新能源、智能制造、医疗设备、生命健康、新材料、高端芯片、操作系统等未来战略性新兴产业。结合我国实际，优先发展新能源、光伏等高端实体创新链技术，转变以往落后技术对资源的消耗和生态的破坏，激励和补贴真正具有自主知识产权、偏绿色低碳的“专精特新”企业进行“双创”活动。充分结合政府财政支出转移的调控手段，严格限制化工、煤电、炼焦、金属冶炼等“三高”项目的审批门槛，以充分的市场竞争和优胜劣汰，促进“专精特新”企业和产业的快速发展。

第二，加大基础性创新研发投入，让更多绿色技术创新成果转化为现

实生产力。依靠人才、知识、技术、政策、财政等手段推动产业动能转换、质量提升与效率变革，加强地方“有为政府”的政策引导和激励。夯实低污染、清洁化、分散化和智能化方向的突破性技术支撑，大幅提高工业绿色全要素生产率，加快形成绿色循环技术研发、示范和推广应用。比如电力行业的清洁发电设备、交通运输的电气化、绿色基础设施建设和绿色金融减污投资等。

第三，推动产业结构的高级化、循环化、减排化和清洁化。逐渐降低对煤炭、石油等化石燃料的依赖占比，提高钢铁、水泥、化工等高污高排行业的排污税费标准，加快企业技术革新、设备升级，实现减污降碳清洁化。改变容量替代的“上大压小”老政策为“煤炭等量替代”新原则，进行效率优先的减污化改造。发挥产业结构高级化对经济高质量发展的“催化剂”和“润滑剂”作用，厘清我国产业链、工业链的优劣势，构建“两种资源”和“两个市场”的经济产业体系，积极挖掘和发挥“长板”优势，推动产业链高级化和现代化的制造业安全战略，推动经济高质量发展。

第四，充分发挥外商投资和对外投资、国际贸易等对经济高质量发展的有利条件和优势，以“一路一带”倡议重塑全球经贸格局和体系，建设自贸区、自贸港的新高地和新战略，构建更高水平、更高质量的开放型经济体制机制。通过区域基础设施和公共服务的互联互通、一体化战略、经济带建设、都市圈和城市群等区域协同发展，以产业链分工和优势促进产业链升级和重构。根据国内需求消费侧和供给侧的双向互动良性循环，调控国际“外循环”的外资、外贸比例和市场准入清单，充分利用外资的技术学习和激励效应，以科技创新硬实力推动中国产业链向价值链高端跃升，不断提高产品附加值，提升企业的市场竞争力，推动实现区域经济的高质量绿色低碳转型。

第五，立足新时代的双循环新发展格局，抓住新一轮国家重大战略布局，构建产业链、供给链、创新链和价值链的完整内需体系，注重我国东中西和南北区域协调发展，优先培育区域经济发展的新增长极。抓住新一轮构建全国统一大市场的红利，降低物流成本，以拉动消费的方式，将规模市场优势转化为经济发展优势。立足区域异质性，加速东部沿海城市制造业向数字化、网络化、智能化和绿色化发展；促进东北、中部地区产业结构升级和能源结构优化，革新升级传统制造业设备和工艺；推动生产性服务业和战略性新兴产业的发展，催生中西部地区匹配要素禀赋比较优势的新产业、新业态、新主题和新动能，比如西部地区的农牧产品、加工包装、物流业和旅游业等产业。

8.3 研究展望

囿于笔者学识水平，本书依旧存在一些不足之处，需要在后续的研究中完善、深化和拓展，主要包括以下几个方面：

第一，在理论分析和数理公式推导方面仍需进一步提高。在第2章构建了环境规制、污染集聚与经济高质量发展两两和三者间的理论分析框架，但由于笔者数学推导和理论建模的限制，未进行数学上的逻辑推导和证明。在后续的学习和研究中，着重加强关于数学公式推导的能力，以期从政府、产业、企业、公众等视角进行模型求解，利用函数求解模型的均衡解。

第二，环境规制和污染集聚指标测度的进一步扩展与校准。限于地级市相关数据的缺失，本书利用手动搜集和整理的3090份地级市政府工作报告，选取相关的关键词进行词频分析，结合成熟的测度指标，剥离测度出命令控制型、市场调节型和公众引导型环境规制指标。其中，关键词的选取未免有些主观，环境规制的相关测度工具需要进一步扩展。此外，受限于统计年鉴中固体废弃物等污染数据缺失，本书环境规制的校准主要以单位工业产值的工业二氧化硫排放量和工业废水进行校准，未来在数据可获取的前提下对相关测度进行进一步完善。

第三，研究对象和样本数据的微观化。本书的研究对象为 284 个地级市数据，但由于西部地区（比如新疆、西藏、青海）等数据样本不够齐全，得出的结果也仅限于考察期的研究样本内。由于我国各区域发展的非均衡性和差异性，为进一步得出更加精准的结论与启示，应把研究样本延伸到县级、产业和企业层面，结合更加丰富鲜活的实际调研数据，才能得出对不同类型地区、产业和企业的精准化策略，这些都是未来需要扩展和改进之处。

参考文献

[1] Ain Q, Ullah R, Kamran M A, et al. Air Pollution and Its Economic Impacts at Household Level: Willingness to Pay for Environmental Services in Pakistan [J]. Environmental Science and Pollution Research, 2021, 28 (06): 6611-6618.

[2] Alesina A, Barro R J. Currency Unions [J]. Quarterly Journal of Economics, 2002, 117 (02): 409-436.

[3] Anselin L, Bera A K. Introduction to Spatial Econometrics [J]. Handbook of Applied Economic Statistics, 1998, 237 (05): 135-146.

[4] Antweiler W, Copeland B R, Taylor M S. Is Free Trade Good for the Environment? [J]. American Economic Review, 2001, 91 (04): 877-908.

[5] Baek, Jungho. A New Look at the FDI-income-energy-environment Nexus: Dynamic Panel Data Analysis of ASEAN [J]. Energy Policy, 2016 (91):22-27.

[6] Baron R M, Kenny D A. The Moderator-mediator Variable Distinction in Social Psychological Research: Conceptual, Strategic, and Statistical Considerations [J]. Journal of Personality and Social Psychology, 1986 (51): 1173-1182.

[7] Bartik T J. Boon or Boondoggle? The Debate over State and Local Economic Development Policies [J]. Who Benefits from State and Local Economic

Development Policies, 1991 (02): 1-16.

[8] Benchrif A, Wheida A, Tahri M, et al. Air Quality during Three Covid-19 Lockdown Phases: AQI, PM2.5 and NO_2 Assessment in Cities with More than 1 Million Inhabitants [J]. Sustainable Cities and Society, 2021 (74): 103170.

[9] Berman E, Bui L T M. Environmental Regulation and Productivity: Evidence from Oil Refineries [J]. Review of Economics and Statistics, 2001, 83 (03): 498-510.

[10] Boulding K E. The Citizen and the State: Essays on Regulation [J]. Challenge, 1976, 19 (03): 57-58.

[11] Bourke L, Rosario D, Copeland R, et al. The Riddlo of the Human Mental Activity [J]. Science & Technology Review, 1994 (02): 182-189.

[12] Brian J, L Berry. Central Places in Southern Germany [J]. Economic Geography, 1967, 43 (03): 275-276.

[13] Brunnermeier S B, Cohen M A. Determinants of Environmental Innovation in US Manufacturing Industries [J]. Journal of Environmental Economics and Management, 2003, 45 (02): 278-293.

[14] Chen Z, Kahn M E, Liu Y, et al. The Consequences of Spatially Differentiated Water Pollution Regulation in China [J]. Journal of Environmental Economics and Management, 2018 (88): 468-485.

[15] Cheng W, Rong Y, Juncheng D, et al. Whole-genome Sequencing Reveals Genomic Signatures Associated with the Inflammatory Microenvironments in Chinese NSCLC Patients [J]. Nature Communications, 2018, 9 (01): 2054.

[16] Chevé M. Irreversibility of Pollution Accumulation [J]. Environmental and Resource Economics, 2000, 16 (01): 93-104.

[17] Coase R H. The Problem of Social Cost [J]. Palgrave Macmillan UK, 1960.

[18] Dales J H. Pollution, Property & Prices: An Essay in Policy-making and Economics [M]. Edward Elgar Publishing, 2002.

[19] Dean J M. Does Trade Liberalization Harm the Environment? A New Test [J]. Canadian Journal of Economics/Revue Canadienne D'économique, 2002, 35 (04): 819-842.

[20] Dong F, Wang Y, Zheng L, et al. Can Industrial Agglomeration Promote Pollution Agglomeration? Evidence from China [J]. Journal of Cleaner Production, 2019 (246): 118960.

[21] Duc T A, Vachaud G, Bonnet M P, et al. Experimental Investigation and Modelling Approach of the Impact of Urban Wastewater on a Tropical River; A Case Study of the Nhue River, Hanoi, Viet Nam [J]. Journal of Hydrology, 2007, 334 (3-4): 347-358.

[22] Eichner T, Pethig R. Carbon Leakage, the Green Paradox, and Perfect Future Markets [J]. International Economic Review, 2011, 52 (03): 767-805.

[23] El Ouardighi F, Sim J E, Kim B. Pollution Accumulation and Abatement Policy in a Supply Chain [J]. European Journal of Operational Research, 2016, 248 (03): 982-996.

[24] Elhorst J P. Matlab Software for Spatial Panels [J]. International Regional Science Review, 2014, 37 (03): 389-405.

[25] Ferjani A. Environmental Regulation and Productivity: A Data Envelopment Analysis for Swiss Dairy Farms [J]. Agricultural Economics Review, 2011, 12 (389-2016-23439) .

[26] Frolov S M, Kremen O I. Scientific Methodical Approaches to Evaluating the Quality of Economic Growth [J], Actual Problems of Economics, 2015, 173 (11): 393-398.

[27] Ghosh, Amit. How Does Banking Sector Globalization Affect Economic Growth? [J]. International Review of Economics & Finance, 2017 (48):

83-97.

[28] Gollop F M, Roberts M J. Environmental Regulations and Productivity Growth: The Case of Fossil-fueled Electric Power Generation [J]. Journal of Political Economy, 1983, 91 (04): 654-674.

[29] Grossman G M, Krueger A B. Environmental Impacts of a North American Free Trade Agreement [J]. CEPR Discussion Papers, 1992, 8 (02): 223-250.

[30] Gu K, Zhou Y, Sun H, et al. Spatial Distribution and Determinants of PM2.5 in China's Cities: Fresh Evidence from IDW and GWR [J]. Environmental Monitoring and Assessment, 2021, 193 (01): 1-22.

[31] Gunningham N, Phillipson M, Grabosky P. Harnessing Third Parties as Surrogate Regulators: Achieving Environmental Outcomes by Alternative Means [J]. Business Strategy and the Environment, 1999, 8 (04): 211-224.

[32] Halleck Vega S, Elhorst J P. The SLX Model [J]. Journal of Regional Science, 2015, 55 (03): 339-363.

[33] Han C, Xu R, Zhang Y, et al. Air Pollution Control Efficacy and Health Impacts: A Global Observational Study from 2000 to 2016 [J]. Environmental Pollution, 2021 (287): 117211.

[34] He J. Pollution Haven Hypothesis and Environmental Impacts of Foreign Direct Investment: The Case of Industrial Emission of Sulfur Dioxide (SO_2) in Chinese Provinces [J]. Ecological Economics, 2005, 60 (01): 228-245.

[35] Hemmati F, Dabbaghi F, Mahmoudi G. Relationship between International Tourism and Concentrations of PM 2.5: An Ecological Study Based on WHO Data [J]. Journal of Environmental Health Science and Engineering, 2020, 18 (02): 1029-1035.

[36] Holzman D, Hurvitz L. Wei Shou, Treatise on Buddhism and Taoism

[J]. The Journal of Asian Studies, 1958, 17 (03): 474.

[37] Huang X G, Zhao J B, Cao J J, et al. Evolution of the Distribution of PM2.5 Concentration in the Yangtze River Economic Belt and Its Influencing Factors [J]. Huan Jing ke Xue = Huanjing Kexue, 2020, 41 (03): 1013-1024.

[38] Iacobucci D, Saldanha N, Deng X. A Meditation on Mediation: Evidence that Structural Equations Models Perform Better than Regressions [J]. Journal of Consumer Psychology, 2007, 17 (02): 139-153.

[39] Javorcik B S, Wei S J. Pollution Havens and Foreign Direct Investment: Dirty Secret or Popular Myth? [J]. Contributions in Economic Analysis & Policy, 2003, 3 (02): 112-118.

[40] Jessie P, H Poon, Irene Casas, Canfei He. The Impact of Energy, Transport, and Trade on Air Pollution in China [J]. Post-Soviet Geography and Economics, 2006, 47 (05): 568-584.

[41] Jia R, Fan M, Shao S, et al. Urbanization and Haze-governance Performance: Evidence from China's 248 Cities [J]. Journal of Environmental Management, 2021 (288): 112436.

[42] Jiang W, Gao W, Gao X, et al. Spatio-temporal Heterogeneity of Air Pollution and Its Key Influencing Factors in the Yellow River Economic Belt of China from 2014 to 2019 [J]. Journal of Environmental Management, 2021 (296): 113172.

[43] Jin N, Li J, Jin M, et al. Spatiotemporal Variation and Determinants of Population's PM2.5 Exposure Risk in China, 1998-2017: A Case Study of the Beijing-Tianjin-Hebei Region [J]. Environmental Science and Pollution Research, 2020, 27 (25): 31767-31777.

[44] Jorgenson D W, Griliches Z. The Explanation of Productivity Change [J]. Review of Economic Studies, 1967, 34 (03): 249-283.

[45] Jorgenson D W, Wilcoxen P J. Environmental Regulation and US

Economic Growth [J]. The Rand Journal of Economics, 1990 (02): 314-340.

[46] Joseph. Growth with Exhaustible Natural Resources: Efficient and Optimal Growth Paths [J]. Review of Economic Studies, 1974, 41 (05): 123.

[47] Kahn A E. The Economics of Regulation [J]. Institutions, 1971 (02):103-108.

[48] Kuo P F, Putra I G B. Analyzing the Relationship between Air Pollution and Various Types of Crime [J]. PLoS One, 2021, 16 (08):e0255653.

[49] Langpap C, Shimshack J P. Private Citizen Suits and Public Enforcement: Substitutes or Complements? [J]. Journal of Environmental Economics & Management, 2010, 59 (03): 230-249.

[50] Leeuw F A A M D, Moussiopoulos N, Sahm P, et al. Urban Air Quality in Larger Conurbations in the European Union [J]. Environmental Modelling & Software, 2001, 16 (04): 399-414.

[51] LeSage J, Pace R K. Introduction to Spatial Econometrics [M]. New York: Chapman and Hall/CRC, 2009.

[52] Levinson K A. Pollution Abatement Costs and Foreign Direct Investment Inflows to U. S. States [J]. Review of Economics & Statistics, 2002, 84 (04): 691-703.

[53] Li J, Wang N, Wang J, et al. Spatiotemporal Evolution of the Remotely Sensed Global Continental PM2. 5 Concentration from 2000-2014 Based on Bayesian Statistics [J]. Environmental Pollution, 2018 (238): 471-481.

[54] Li R, Wang Z, Cui L, et al. Air Pollution Characteristics in China during 2015-2016: Spatiotemporal Variations and Key Meteorological Factors [J]. Science of the Total Environment, 2019 (648): 902-915.

[55] Li Z, Yuan X, Xi J, et al. The Objects, Agents, and Tools of Chinese Co-governance on Air Pollution: A Review [J]. Environmental Science

and Pollution Research, 2021, 28 (20): 24972-24991.

[56] Liang D, Lee W C, Liao J, et al. Estimating Climate Change-related Impacts on Outdoor Air Pollution Infiltration [J]. Environmental Research, 2021 (196): 110923.

[57] Liu J Y, Woodward R T, Zhang Y J. Has Carbon Emissions Trading Reduced PM2.5 in China? [J]. Environmental Science & Technology, 2021, 55 (10): 6631-6643.

[58] Liu N, Zou B, Li S, et al. Prediction of PM2.5 Concentrations at Unsampled Points Using Multiscale Geographically and Temporally Weighted Regression [J]. Environmental Pollution, 2021 (284): 117116.

[59] Liu P, Song H, Wang T, et al. Effects of Meteorological Conditions and Anthropogenic Precursors on Ground-level Ozone Concentrations in Chinese Cities [J]. Environmental Pollution, 2020 (262): 114366.

[60] Liu S, Zhu Y, Du K. The Impact of Industrial Agglomeration on Industrial Pollutant Emission: Evidence from China under New Normal [J]. Clean Technologies and Environmental Policy, 2017, 19 (09): 2327-2334.

[61] Liu X, Hadiatullah H, Tai P, et al. Air Pollution in Germany: Spatio-temporal Variations and Their Driving Factors Based on Continuous Data from 2008 to 2018 [J]. Environmental Pollution, 2021 (276): 116732.

[62] Lopez R. The Environment as a Factor of Production: The Effects of Economic Growth and Trade Liberalization [J]. Journal of Environmental Economics & Management, 1994, 27 (02): 163-184.

[63] Luo Y, Liu S, Che L, et al. Analysis of Temporal Spatial Distribution Characteristics of PM2.5 Pollution and the Influential Meteorological Factors Using Big Data in Harbin, China [J]. Journal of the Air & Waste Management Association, 2021, 71 (08): 964-973.

[64] Mei L, Zhihao Chen. The Convergence Analysis of Regional Growth Differences in China: The Perspective of the Quality of Economic Growth [J].

Journal of Service Science & Management, 2016, 9 (06): 453-476.

[65] Michael P. The Competitive Advantage of Nations [J]. Harvard Business Review, 1990 (02): 68.

[66] Niebel, Thomas. ICT and Economic Growth-Comparing Developing, Emerging and Developed Countries [J]. World Development, 2018 (104): 165-176.

[67] Ouyang X, Shao Q, Zhu X, et al. Environmental Regulation, Economic Growth and Air Pollution: Panel Threshold Analysis for OECD Countries [J]. Science of the Total Environment, 2019 (657): 234-241.

[68] Pargal S, Wheeler D. Informal Regulation of Industrial Pollution in Developing Countries: Evidence from Indonesia [J]. Journal of Political Economy, 1996, 104 (06): 1314-1327.

[69] Pigou A C. The Economics of Welfare [M]. London: Macmillan, 1920.

[70] Posner R A. Theories of Economic Regulation [J]. Bell Journal of Economic and Management Science, 1974, 5 (02): 335-358.

[71] Ren L, Matsumoto K. Effects of Socioeconomic and Natural Factors on Air Pollution in China: A Spatial Panel Data Analysis [J]. Science of the Total Environment, 2020 (740): 140155.

[72] Ron S, Dimitri N, Lerman Ginzburg S, et al. Health Lens Analysis: A Strategy to Engage Community in Environmental Health Research in Action [J]. Sustainability, 2021, 13 (04): 1748.

[73] Sarkodie S A, Ahmed M Y, Owusu P A. Ambient Air Pollution and Meteorological Factors Escalate Electricity Consumption [J]. Science of the Total Environment, 2021 (795): 148841.

[74] Simone Borghesi, Giorgia Giovannetti, Gianluca Iannucci, Paolo Russu. The Dynamics of Foreign Direct Investments in Land and Pollution Accumulation [J]. Environmental & Resource Economics, 2019, 72 (01): 135-154.

[75] Sinn H W. Public Policies Against Global Warming: A Supply Side Approach [J]. International Tax and Public Finance, 2008, 15 (04): 360-394.

[76] Solow R M. A Contribution to the Theory of Economic Growth [J]. The Quarterly Journal of Economics, 1956, 70 (01): 65-94.

[77] Tahvonen O, Kuuluvainen J. Economic Growth, Pollution, and Renewable Resources [J]. Journal of Environmental Economics & Management, 1993, 24 (02): 101-118.

[78] Thomas A Schoenfeld, Andrew N Clancy, William B Forbes. The Spatial Organization of the Peripheral Olfactory System of the Hamster. I. Receptor Neuron Projections to the Main OB [J]. Brain Research Bulletin, 1994, 34 (03): 183-210.

[79] Tietenberg T. Ethical Influences on the Evolution of the US Tradable Permit Approach to Air Pollution Control [J]. Ecological Economics, 1998, 24 (2-3): 241-257.

[80] Vadiee A, Yaghoubi M, Sardella M, et al. An Empirical Analysisb Based on Marketization, Industrial Agglomeration and Environmental Pollution [J]. Statistical Research, 2014, 89 (08): 925-932.

[81] Walter I, Ugelow J L. Environmental Policies in Developing Countries [J]. AMBIO A Journal of the Human Environment, 1979, 8 (02): 102-109.

[82] Weitxman M L. Prices vs Quantities [J]. Review of Economic Studies, 1974, 41 (04): 477-491.

[83] Williamson, Jeffrey G. Regional Inequality and the Process of National Development: A Description of the Patterns [J]. Economic Development & Cultural Change, 1965, 13 (4, Part 2): 1-84.

[84] Xingle Long, Yaqiong Chen, et al. Environmental Innovation and Its Impact on Economic and Environmental Performance: Evidence from Kor-

ean-owned Firms in China [J]. Energy Policy, 2017 (107): 131-137.

[85] Yan J W, Tao F, Zhang S Q, et al. Spatiotemporal Distribution Characteristics and Driving Forces of PM2.5 in Three Urban Agglomerations of the Yangtze River Economic Belt [J]. International Journal of Environmental Research and Public Health, 2021, 18 (05): 2222.

[86] Yang W T, Qiao P, Liu X Z, et al. Analysis of Multi-scale Spatio-temporal Differentiation Characteristics of PM2.5 in China from 2011 to 2017 [J]. Huan Jing ke Xue=Huanjing Kexue, 2020, 41 (12): 5236-5244.

[87] Yu Y, Zhou X, Zhu W, et al. Socioeconomic Driving Factors of PM2.5 Emission in Jing-Jin-Ji Region, China: A Generalized Divisia Index Approach [J]. Environmental Science and Pollution Research, 2021, 28 (13): 15995-16013.

[88] Yuan W, Sun H, Chen Y, et al. Spatio-Temporal Evolution and Spatial Heterogeneity of Influencing Factors of SO_2 Emissions in Chinese Cities: Fresh Evidence from MGWR [J]. Sustainability, 2021, 13 (21): 12059.

[89] Zhang C, Kong J. Effect of Equity in Education on the Quality of Economic Growth: Evidence from China [J]. International Journal of Human Sciences, 2010, 7 (01): 47-69.

[90] Zhou A, Li J. Analysis of the Spatial Effect of outward Foreign Direct Investment on Air Pollution: Evidence from China [J]. Environmental Science and Pollution Research, 2021, 28 (37): 50983-51002.

[91] Zhou D, Lin Z, Liu L, et al. Spatial-temporal Characteristics of Urban Air Pollution in 337 Chinese Cities and Their Influencing Factors [J]. Environmental Science and Pollution Research, 2021, 28 (27): 36234-36258.

[92] Zuo H, Tian L. International Trade, Pollution Accumulation and Sustainable Growth: A VAR Estimation from the Pearl River Delta Region [C] //IOP Conference Series: Earth and Environmental Science. IOP Pub-

lishing，2018，120（01）：012017.

［93］安虎森，郑文光，Muhammad Imran. 改革开放后我国产业转移方向实证研究［J］. 贵州社会科学，2017（06）：93-104.

［94］白冰，赵作权，张佩. 中国南北区域经济空间融合发展的趋势与布局［J］. 经济地理，2021，41（02）：1-10.

［95］白璐，孙园园，赵学涛，乔琦，李雪迎，周潇云. 黄河流域水污染排放特征及污染集聚格局分析［J］. 环境科学研究，2020，33（12）：2683-2694.

［96］班斓，刘晓惠. 不同类型环境规制对于异源性环境污染的减排效应研究［J］. 宁夏社会科学，2021（05）：140-151.

［97］包健，郭宝棋. 异质性环境规制对区域生态效率的影响研究［J］. 干旱区资源与环境，2022，36（02）：25-30.

［98］钞小静，任保平. 中国经济增长质量的时序变化与地区差异分析［J］. 经济研究，2011，46（04）：26-40.

［99］钞小静，薛志欣. 新时代中国经济高质量发展的理论逻辑与实践机制［J］. 西北大学学报（哲学社会科学版），2018，48（06）：12-22.

［100］陈冲，刘达. 环境规制与黄河流域高质量发展：影响机理及门槛效应［J］. 统计与决策，2022，38（02）：72-77.

［101］陈德敏，张瑞. 环境规制对中国全要素能源效率的影响——基于省际面板数据的实证检验［J］. 经济科学，2012（04）：49-65.

［102］陈贵富，蒋娟. 中国省际经济发展质量评价体系及影响因素研究［J］. 河北学刊，2021，41（01）：148-157.

［103］陈诗一，陈登科. 雾霾污染、政府治理与经济高质量发展［J］. 经济研究，2018，53（02）：20-34.

［104］陈诗一，林伯强. 中国能源环境与气候变化经济学研究现状及展望——首届中国能源环境与气候变化经济学者论坛综述［J］. 经济研究，2019，54（07）：203-208.

［105］陈诗一，王建民．中国城市雾霾治理评价与政策路径研究：以长三角为例［J］．中国人口·资源与环境，2018，28（10）：71-80.

［106］陈诗一，张建鹏，刘朝良．环境规制、融资约束与企业污染减排——来自排污费标准调整的证据［J］．金融研究，2021（09）：51-71.

［107］陈诗一．节能减排与中国工业的双赢发展：2009-2049［J］．经济研究，2010，45（03）：129-143.

［108］陈喜强，邓丽．政府主导区域一体化战略带动了经济高质量发展吗？——基于产业结构优化视角的考察［J］．江西财经大学学报，2019（01）：43-54.

［109］陈衍泰，陈国宏，李美娟．综合评价方法分类及研究进展［J］．管理科学学报，2004（02）：69-79.

［110］陈悦，陈超美，刘则渊，胡志刚，王贤文．CiteSpace 知识图谱的方法论功能［J］．科学学研究，2015，33（02）：242-253.

［111］陈志刚，姚娟．环境规制、经济高质量发展与生态资本利用的空间关系——以北部湾经济区为例［J］．自然资源学报，2022，37（02）：277-290.

［112］陈祖海，雷朱家华．中国环境污染变动的时空特征及其经济驱动因素［J］．地理研究，2015，34（11）：2165-2178.

［113］程莉．产业结构的合理化、高级化会否缩小城乡收入差距——基于1985-2011年中国省级面板数据的经验分析［J］．现代财经（天津财经大学学报），2014，34（11）：82-92.

［114］程钰，任建兰，陈延斌，徐成龙．中国环境规制效率空间格局动态演变及其驱动机制［J］．地理研究，2016，35（01）：123-136.

［115］程中华，徐晴霏，李廉水．环境政策与环境偏向型技术进步［J］．研究与发展管理，2021，33（05）：94-107.

［116］迟福林．以高质量发展为核心目标建设现代化经济体系［J］．行政管理改革，2017（12）：4-13.

［117］仇方道，蒋涛，张纯敏，单勇兵．江苏省污染密集型产业空间转移及影响因素［J］．地理科学，2013，33（07）：789-796.

［118］初钊鹏，卞晨，刘昌新，朱婧．雾霾污染、规制治理与公众参与的演化仿真研究［J］．中国人口·资源与环境，2019，29（07）：101-111.

［119］邓宏兵，张毅．人口、资源与环境经济学［M］．北京：科学出版社，2005.

［120］董琨，白彬．中国区域间产业转移的污染天堂效应检验［J］．中国人口·资源与环境，2015（11）：46-50.

［121］董直庆，王辉．环境规制的"本地—邻地"绿色技术进步效应［J］．中国工业经济，2019（01）：100-118.

［122］豆建民，沈艳兵．产业转移对中国中部地区的环境影响研究［J］．中国人口·资源与环境，2014（11）：96-102.

［123］豆建民，张可．空间依赖性、经济集聚与城市环境污染［J］．经济管理，2015，37（10）：12-21.

［124］杜龙政，赵云辉，陶克涛，等．环境规制、治理转型对绿色竞争力提升的复合效应——基于中国工业的经验证据［J］．经济研究，2019，54（10）：106-120.

［125］杜能．孤立国同农业和国民经济的关系［M］．北京：商务印书馆，1986.

［126］杜雯翠，宋炳妮．京津冀城市群产业集聚与大气污染［J］．黑龙江社会科学，2016（01）：72-75.

［127］范庆泉，储成君，刘净然，张铭毅．环境规制、产业升级与雾霾治理［J］．经济学报，2020，7（04）：189-213.

［128］方大春，马为彪．中国省际高质量发展的测度及时空特征［J］．区域经济评论，2019（02）：61-70.

［129］付文飙，鲍曙光．经济高质量发展与财政金融支持政策研究新进展［J］．学习与探索，2018（07）：118-125.

［130］傅京燕，胡瑾，曹翔．不同来源 FDI、环境规制与绿色全要素生产率［J］．国际贸易问题，2018（07）：134-148.

［131］傅京燕，李丽莎．FDI、环境规制与污染避难所效应——基于中国省级数据的经验分析［J］．公共管理学报，2010，7（03）：65-74+125-126.

［132］傅京燕，李丽莎．环境规制、要素禀赋与产业国际竞争力的实证研究——基于中国制造业的面板数据［J］．管理世界，2010（10）：87-98+187.

［133］傅京燕，李丽莎．环境规制、要素禀赋与产业转移和中国工业 CO_2 排放［J］．管理世界，2010（10）：87-98.

［134］甘黎黎．我国环境治理的政策工具及其优化［J］．江西社会科学，2014，34（06）：199-204.

［135］甘泸暘．我国区域经济集聚与污染集聚的时空演化分析［D］．南昌：江西财经大学，2017.

［136］高红贵，肖甜．异质性环境规制能否倒逼产业结构优化——基于工业企业绿色技术创新效率的中介与门槛效应［J］．江汉论坛，2022（03）：13-21.

［137］高培勇，杜创，刘霞辉，袁富华，汤铎铎．高质量发展背景下的现代化经济体系建设：一个逻辑框架［J］．经济研究，2019，54（04）：4-17.

［138］高正斌，倪志良．财政压力、环境规制与污染［J］．西南民族大学学报（人文社会科学版），2019，40（10）：115-124.

［139］高志刚，丁煜莹，杨柳．环境规制对资源型省份经济高质量发展的影响效应——以新疆为例［J］．生态经济，2022，38（02）：176-183+203.

［140］高志刚，李明蕊．正式和非正式环境规制碳减排效应的时空异质性与协同性——对 2007—2017 年新疆 14 个地州市的实证分析［J］．西部论坛，2020，30（06）：84-100.

[141] 高志刚，李明蕊．制度质量、政府创新支持对黄河流域资源型城市经济高质量发展的影响研究——基于供给侧视角 [J]. 软科学，2021，35（08）：121-127.

[142] 龚健健，沈可挺．中国高耗能产业及其环境污染的区域分布——基于省际动态面板数据的分析 [J]. 数量经济技术经济研究，2011，28（02）：20-36+51.

[143] 龚旻，钱津津，张帆．事前环境规制还是事后污染治理？——基于地方政府“双重压力”的视角 [J]. 云南财经大学学报，2021，37（10）：99-110.

[144] 关华，赵黎明．污染治理的激励性规制机制研究：基于梯若尔的理论 [J]. 华东师范大学学报（哲学社会科学版），2016，48（05）：126-132+194-195.

[145] 贯君，苏蕾．双重环境规制下政府经济竞争对绿色高质量发展的影响 [J]. 中国环境科学，2021，41（11）：5416-5426.

[146] 韩峰，谢锐．生产性服务业集聚降低碳排放了吗？——对我国地级及以上城市面板数据的空间计量分析 [J]. 数量经济技术经济研究，2017，34（03）：40-58.

[147] 何龙斌．国内污染密集型产业区际转移路径及引申——基于2000-2011年相关工业产品产量面板数据 [J]. 经济学家，2013（06）：9.

[148] 何兴邦．环境规制与中国经济增长质量——基于省际面板数据的实证分析 [J]. 当代经济科学，2018，40（02）：1-10+124.

[149] 贺灿飞，周沂，张腾．中国产业转移及其环境效应研究 [J]. 城市与环境研究，2014，1（01）：34-49.

[150] 贺晓宇，沈坤荣．现代化经济体系、全要素生产率与高质量发展 [J]. 上海经济研究，2018（06）：25-34.

[151] 洪丽明，吕小锋．贸易自由化、南北异质性与战略性环境政策 [J]. 世界经济，2017，40（07）：78-101.

[152] 胡求光，周宇飞．开发区产业集聚的环境效应：加剧污染还是促进治理？[J]．中国人口·资源与环境，2020，30（10）：64-72.

[153] 胡永宏．对 TOPSIS 法用于综合评价的改进［J］．数学的实践与认识，2002（04）：572-575.

[154] 胡忠，张效莉．中国沿海省份经济发展质量评价及障碍因子诊断［J］．统计与决策，2022，38（04）：112-117.

[155] 黄德春，刘志彪．环境规制与企业自主创新——基于波特假设的企业竞争优势构建［J］．中国工业经济，2006（03）：100-106.

[156] 黄磊，吴传清．长江经济带污染密集型产业集聚时空特征及其绿色经济效应［J］．自然资源学报，2022，37（02）：459-476.

[157] 黄顺春，何永保．区域经济高质量发展评价体系构建——基于生态系统的视角［J］．财务与金融，2018（06）：46-51.

[158] 黄速建，肖红军，王欣．论国有企业高质量发展［J］．中国工业经济，2018（10）：19-41.

[159] 嵇正龙，宋宇．长三角地区环境规制的污染集聚空间效应［J］．技术经济与管理研究，2021（08）：124-128.

[160] 吉利，牟佳琪，董雅浩．环境规制、异质性企业环保投入策略与审计费用［J］．财经论丛，2022（03）：56-67.

[161] 贾卓，强文丽，王月菊，李恩龙，陈兴鹏．兰州—西宁城市群工业污染集聚格局及其空间效应［J］．经济地理，2020，40（01）：68-75+84.

[162] 贾卓，杨永春，赵锦瑶，陈兴鹏．黄河流域兰西城市群工业集聚与污染集聚的空间交互影响［J］．地理研究，2021，40（10）：2897-2913.

[163] 江三良，邵宇浩．产业集聚是否导致“污染天堂”——基于全国 239 个地级市的数据分析［J］．产经评论，2020，11（04）：109-118.

[164] 姜玲，叶选挺，张伟．差异与协同：京津冀及周边地区大气

污染治理政策量化研究 [J]. 中国行政管理，2017 (08)：126-132.

[165] 蒋兰陵 . FDI 与中国制造业污染集聚度的关系分析 [J]. 科技管理研究，2012，32 (10)：128-131.

[166] 蒋硕亮，潘玉志 . 大气污染联合防治机制效率完善对策研究 [J]. 华东经济管理，2019，33 (12)：49-58.

[167] 金碚 . 关于“高质量发展”的经济学研究 [J]. 中国工业经济，2018 (04)：5-18.

[168] 荆文君，孙宝文 . 数字经济促进经济高质量发展：一个理论分析框架 [J]. 经济学家，2019 (02)：66-73.

[169] 康梅 . 投资增长模式下经济增长因素分解与经济增长质量 [J]. 数量经济技术经济研究，2006 (02)：154-161.

[170] 康志勇，张宁，汤学良，刘馨 . “减碳”政策制约了中国企业出口吗 [J]. 中国工业经济，2018 (09)：117-135.

[171] 孔海涛 . 环境规制类型与地区经济发展不平衡 [J]. 管理现代化，2018，38 (03)：48-50.

[172] K. 哈密尔顿 . 里约后五年：环境政策的创新 [M]. 北京：中国环境科学出版社，1998.

[173] 李斌，彭星，欧阳铭珂 . 环境规制、绿色全要素生产率与中国工业发展方式转变——基于 36 个工业行业数据的实证研究 [J]. 中国工业经济，2013 (04)：56-68.

[174] 李斌，詹凯云，胡志高 . 环境规制与就业真的能实现“双重红利”吗？——基于我国“两控区”政策的实证研究 [J]. 产业经济研究，2019 (01)：113-126.

[175] 李玲，陶锋 . 中国制造业最优环境规制强度的选择——基于绿色全要素生产率的视角 [J]. 中国工业经济，2012 (05)：70-82.

[176] 李娜娜，杨仁发 . FDI 能否促进中国经济高质量发展？[J]. 统计与信息论坛，2019，34 (09)：35-43.

[177] 李强，王亚仓 . 长江经济带环境治理组合政策效果评估 [J].

公共管理学报，2022，19（02）：130-141+174.

［178］李强，王琰．环境规制与经济增长质量的 U 型关系：理论机理与实证检验［J］．江海学刊，2019（04）：102-108.

［179］李荣杰，李娜，陈健强，阎晓．政府—市场协同创新与能源结构双重替代［J］．科技进步与对策，2022，39（23）：33-43.

［180］李珊珊．环境规制对异质性劳动力就业的影响——基于省级动态面板数据的分析［J］．中国人口·资源与环境，2015，25（08）：135-143.

［181］李威．气候与贸易交叉议题的国际法规制［J］．广东商学院学报，2012，27（03）：89-97.

［182］李欣，顾振华，徐雨婧．公众环境诉求对企业污染排放的影响——来自百度环境搜索的微观证据［J］．财经研究，2022，48（01）：34-48.

［183］李优树，李福平，李欣．环境规制、数字普惠金融与城市产业升级——基于空间溢出效应与调节效应的分析［J］．经济问题探索，2022（01）：50-66.

［184］李月娥，赵童心，吴雨，倪珊．环境规制、土地资源错配与环境污染［J］．统计与决策，2022，38（03）：71-76.

［185］李振，吴柏钧，潘春阳．探索“减排—增长”的双赢发展之路——基于中国环境政策评估文献的分析［J］．华东理工大学学报（社会科学版），2020，35（05）：110-122.

［186］李振洋，白雪洁．产业政策如何促进制造业绿色全要素生产率提升？——基于鼓励型政策和限制型政策协同的视角［J］．产业经济研究，2020（06）：28-42.

［187］李稚，段珅，孙涛．制造业产业集聚如何影响生态环境——基于绿色技术创新与外商直接投资的双中介模型［J］．科技进步与对策，2019，36（06）：51-57.

［188］林柄全，谷人旭，王俊松，毕学成．从集聚外部性走向跨越

地理边界的网络外部性——集聚经济理论的回顾与展望［J］. 城市发展研究，2018，25（12）：82-89.

［189］刘满凤，陈华脉，徐野．环境规制对工业污染空间溢出的效应研究——来自全国285个城市的经验证据［J］. 经济地理，2021，41（02）：194-202.

［190］刘满凤，甘泸暘．区域污染集聚性的时空演化分析［J］. 生态经济，2016，32（07）：158-162.

［191］刘满凤，谢晗进．中国省域经济集聚性与污染集聚性趋同研究［J］. 经济地理，2014，34（04）：25-32.

［192］刘宁宁，孙玉环，汤佳慧，杜俊涛．空间溢出视角下中国污染密集型产业集聚的环境效应［J］. 环境科学学报，2019，39（07）：2442-2454.

［193］刘淑春．中国数字经济高质量发展的靶向路径与政策供给［J］. 经济学家，2019（06）：52-61.

［194］刘思明，张世瑾，朱惠东．国家创新驱动力测度及其经济高质量发展效应研究［J］. 数量经济技术经济研究，2019，36（04）：3-23.

［195］刘素霞，朱英明，裴宇．环境规制约束下工业集聚的环境污染溢出效应研究［J］. 生态经济，2021，37（06）：172-177+192.

［196］刘伟．和谐社会建设中的经济增长质量问题［J］. 当代经济研究，2006（12）：42-45.

［197］刘永旺，马晓钰，杨瑞瑞．人口集聚、经济集聚与环境污染交互影响关系——基于面板协整和PECM模型的分析［J］. 人口研究，2019，43（03）：90-101.

［198］刘玉凤，高良谋．中国省域FDI对环境污染的影响研究［J］. 经济地理，2019，39（05）：47-54.

［199］刘志彪．理解高质量发展：基本特征、支撑要素与当前重点问题［J］. 学术月刊，2018，50（07）：39-45+59.

［200］陆铭，李鹏飞，钟辉勇．发展与平衡的新时代——新中国70

年的空间政治经济学［J］. 管理世界，2019，35（10）：11-23+63+219.

［201］马黎，梁伟. 中国城市空气污染的空间特征与影响因素研究——来自地级市的经验证据［J］. 山东社会科学，2017（10）：138-145.

［202］马茹，罗晖，王宏伟，王铁成. 中国区域经济高质量发展评价指标体系及测度研究［J］. 中国软科学，2019（07）：60-67.

［203］马昱，邱菀华，王昕宇. 高技术产业集聚、技术创新对经济高质量发展效应研究——基于面板平滑转换回归模型［J］. 工业技术经济，2020，39（02）：13-20.

［204］毛艳. 中国城市群经济高质量发展评价［J］. 统计与决策，2020（03）：87-91.

［205］孟祥兰，邢茂源. 供给侧改革背景下湖北高质量发展综合评价研究——基于加权因子分析法的实证研究［J］. 数理统计与管理，2019，38（04）：675-687.

［206］倪娟，赵晓梦，唐国平. 环境规制强度测算方法研究新进展及展望［J］. 国外社会科学，2020（02）：64-75.

［207］倪文杰，张卫国，冀小军. 现代汉语辞海［M］. 北京：人民中国出版社，1994.

［208］欧阳艳艳，黄新飞，钟林明. 企业对外直接投资对母国环境污染的影响：本地效应与空间溢出［J］. 中国工业经济，2020（02）：98-121.

［209］Oecd P F E. 环境管理中的经济手段［M］. 北京：中国环境科学出版社，1996.

［210］彭海珍. 关于贸易自由化对中国环境影响的分析［J］. 财贸研究，2006（04）：35-41.

［211］彭水军，包群. 环境污染、内生增长与经济可持续发展［J］. 数量经济技术经济研究，2006（09）：114-126+140.

［212］彭水军，包群. 经济增长与环境污染——环境库兹涅茨曲线

假说的中国检验［J］. 财经问题研究，2006（08）：3-17.

［213］彭张林，张强，杨善林．综合评价理论与方法研究综述［J］. 中国管理科学，2015，23（S1）：245-256.

［214］乔彬．环境规制、就业再配置与社会福利［J］. 吉首大学学报（社会科学版），2021（05）：76-86.

［215］秦炳涛，葛力铭．相对环境规制、高污染产业转移与污染集聚［J］. 中国人口·资源与环境，2018，28（12）：52-62.

［216］秦大河，Thomas Stocker. IPCC 第五次评估报告第一工作组报告的亮点结论［J］. 气候变化研究进展，2014，10（01）：1-6.

［217］秦楠，刘李华，孙早．环境规制对就业的影响研究——基于中国工业行业异质性的视角［J］. 经济评论，2018（01）：106-119.

［218］屈凯．环境规制的企业绿色技术创新效应研究［J］. 湖南科技大学学报（社会科学版），2021，24（06）：90-99.

［219］冉启英，徐丽娜．环境规制、省际产业转移与污染溢出效应——基于空间杜宾模型和动态门限面板模型［J］. 华东经济管理，2019，33（07）：5-13.

［220］任保平，何苗．我国新经济高质量发展的困境及其路径选择［J］. 西北大学学报（哲学社会科学版）：2020（01）：1-9.

［221］任保平，李禹墨．新时代我国高质量发展评判体系的构建及其转型路径［J］. 陕西师范大学学报（哲学社会科学版），2018，47（03）：105-113.

［222］任保平，李禹墨．新时代我国经济从高速增长转向高质量发展的动力转换［J］. 经济与管理评论，2019，35（01）：5-12.

［223］任保平．经济增长质量：经济增长理论框架的扩展［J］. 经济学动态，2013（11）：45-51.

［224］任保平．新时代高质量发展的政治经济学理论逻辑及其现实性［J］. 人文杂志，2018（02）：26-34.

［225］任梅，王小敏，刘雷，孙方，张文新．中国沿海城市群环境

规制效率时空变化及影响因素分析［J］. 地理科学，2019，39（07）：1119-1128.

［226］任小静，屈小娥，张蕾蕾. 环境规制对环境污染空间演变的影响［J］. 北京理工大学学报（社会科学版），2018，20（01）：1-8.

［227］上官绪明，葛斌华. 科技创新、环境规制与经济高质量发展——来自中国278个地级及以上城市的经验证据［J］. 中国人口·资源与环境，2020，30（06）：95-104.

［228］邵帅，张可，豆建民. 经济集聚的节能减排效应：理论与中国经验［J］. 管理世界，2019，35（01）：36-60+226.

［229］邵帅. 环境规制的区域产能调节效应——基于空间计量和门槛回归的双检验［J］. 现代经济探讨，2019（01）：86-95.

［230］邵帅. 煤炭资源开发对中国煤炭城市经济增长的影响——基于资源诅咒学说的经验研究［J］. 财经研究，2010，36（03）：90-101.

［231］沈静，向澄，柳意云. 广东省污染密集型产业转移机制——基于2000～2009年面板数据模型的实证［J］. 地理研究，2012，31（02）：357-368.

［232］沈坤荣，周力. 地方政府竞争、垂直型环境规制与污染回流效应［J］. 经济研究，2020，55（03）：35-49.

［233］盛斌，吕越. 外商直接投资对中国环境的影响——来自工业行业面板数据的实证研究［J］. 中国社会科学，2012（05）：54-75.

［234］师博，任保平. 中国省际经济高质量发展的测度与分析［J］. 经济问题，2018（04）：1-6.

［235］师博，张冰瑶. 全国地级以上城市经济高质量发展测度与分析［J］. 社会科学研究，2019（03）：19-27.

［236］师博，张冰瑶. 新时代、新动能、新经济——当前中国经济高质量发展解析［J］. 上海经济研究，2018（05）：25-33.

［237］师博. 人工智能促进新时代中国经济结构转型升级的路径选择［J］. 西北大学学报（哲学社会科学版），2019，49（05）：14-20.

[238] 师博. 中国特色社会主义新时代高质量发展宏观调控的转型 [J]. 西北大学学报（哲学社会科学版），2018，48（03）：14-22.

[239] 宋弘，孙雅洁，陈登科. 政府空气污染治理效应评估——来自中国“低碳城市”建设的经验研究 [J]. 管理世界，2019，35（06）：95-108+195.

[240] 苏梽芳，胡日东，林三强. 环境质量与经济增长库兹尼茨关系空间计量分析 [J]. 地理研究，2009，28（02）：303-310.

[241] 孙慧，邓又一. 工业产业集聚对经济高质量发展的影响——以环境规制为调节变量的研究 [J]. 生态经济，2022，38（03）：62-69.

[242] 孙慧，刘媛媛. 中国区际碳排放差异与损益偏离现象分析 [J]. 管理评论，2016，28（10）：89-96.

[243] 孙慧，原伟鹏. 西部地区经济韧性与经济高质量发展的关系研究 [J]. 区域经济评论，2020（05）：23-35.

[244] 孙慧，扎恩哈尔·杜曼. 异质性环境规制对城市环境污染的影响——基于静态和动态空间杜宾模型的研究 [J]. 华东经济管理，2021，35（07）：75-82.

[245] 孙久文. 品质立市：从高质量经济增长到高质量城市发展 [N]. 大连日报，2011-08-26（A09）.

[246] 孙英杰，林春. 试论环境规制与中国经济增长质量提升——基于环境库兹涅茨倒U型曲线 [J]. 上海经济研究，2018（03）：84-94.

[247] 孙玉阳，唐嘉懿. 碳排放规制对就业影响研究——基于省级面板数据的分析 [J]. 工业技术经济，2022，41（03）：80-86.

[248] 唐琳，王玉峰，李松. 金融发展、科技创新与经济高质量发展——基于我国西部地区77个地级市的面板数据 [J]. 金融发展研究，2020（09）：30-36.

[249] 唐明，明海蓉. 最优税率视域下环境保护税以税治污功效分析——基于环境保护税开征实践的测算 [J]. 财贸研究，2018，29（08）：83-93.

［250］陶锋，赵锦瑜，周浩．环境规制实现了绿色技术创新的“增量提质”吗——来自环保目标责任制的证据［J］．中国工业经济，2021（02）：136-154.

［251］田洪刚，吴学花．环境规制经济效应的区域异质性研究［J］．现代经济探讨，2019（04）：71-79.

［252］童健，刘伟，薛景．环境规制、要素投入结构与工业行业转型升级［J］．经济研究，2016，51（07）：43-57.

［253］托马斯·思德纳．环境与自然资源管理的政策工具［M］．张蔚文，黄祖辉，译．上海：上海人民出版社，2005.

［254］万丽娟，刘敏，尹希果．财政分权、经济集聚与环境污染——基于省级面板数据的实证研究［J］．重庆大学学报（社会科学版），2020，26（05）：43-53.

［255］汪明月，李颖明，王子彤．异质性视角的环境规制对企业绿色技术创新的影响——基于工业企业的证据［J］．经济问题探索，2022（02）：67-81.

［256］汪洋．所有制差异下中国制造业地理集中度与企业动态资源误置——基于生产率分布的微观考察［J］．产业经济研究，2020（03）：100-113.

［257］王成岐，车建华．国内外经济学界关于经济、社会发展量度指标的评介［J］．财经问题研究，1991（02）：38-41.

［258］王锋正，陈方圆．董事会治理、环境规制与绿色技术创新——基于我国重污染行业上市公司的实证检验［J］．科学学研究，2018，36（02）：361-369.

［259］王锋正，郭晓川．环境规制强度对资源型产业绿色技术创新的影响——基于2003—2011年面板数据的实证检验［J］．中国人口·资源与环境，2015，25（S1）：143-146.

［260］王红梅，谢永乐，张驰，孙静．动态空间视域下京津冀及周边地区大气污染的集聚演化特征与协同因素［J］．中国人口·资源与环

境，2021，31（03）：52-65.

［261］王华星，石大千．新型城镇化有助于缓解雾霾污染吗——来自低碳城市建设的经验证据［J］．山西财经大学学报，2019，41（10）：15-27.

［262］王群勇，陆凤芝．环境规制能否助推中国经济高质量发展？——基于省际面板数据的实证检验［J］．郑州大学学报（哲学社会科学版），2018，51（06）：64-70.

［263］王书斌，徐盈之．环境规制与雾霾脱钩效应——基于企业投资偏好的视角［J］．中国工业经济，2015（04）：18-30.

［264］王素凤，杨善林．碳减排的不确定性与政策效率：一个研究综述［J］．干旱区资源与环境，2015，29（04）：47-52.

［265］王文博，陈秀芝．多指标综合评价中主成分分析和因子分析方法的比较［J］．统计与信息论坛，2006（05）：19-22.

［266］王晓岭，陈语，王玲．高质量发展目标下的环境规制与技术效率优化——以钢铁产业为例［J］．财经问题研究，2021（12）：39-48.

［267］王亚飞，廖甍，陶文清．自由贸易试验区设立能矫正资本错配吗？——兼论产业集聚的调节效应［J］．中国管理科学，2022，30（09）：71-81.

［268］王亚飞，张毅．自贸区设立对城市全要素生产率的影响研究——兼论资本错配的中介效应和产业集聚的调节作用［J］．软科学，2021，35（11）：52-57.

［269］王一鸣．百年大变局、高质量发展与构建新发展格局［J］．管理世界，2020，36（12）：1-13.

［270］王伊攀，何圆．环境规制、重污染企业迁移与协同治理效果——基于异地设立子公司的经验证据［J］．经济科学，2021（05）：130-145.

［271］王占山，李云婷，陈添，张大伟，孙峰，潘丽波．2013 年北京市 PM2.5 的时空分布［J］．地理学报，2015，70（01）：110-120.

[272] 王柱焱，潘超．环境规制能否带来就业的增长？——基于省际面板数据的检验 [J]. 江苏农业科学，2021，49（09）：237-242.

[273] 魏敏，李书昊．新时代中国经济高质量发展水平的测度研究 [J]. 数量经济技术经济研究，2018，35（11）：3-20.

[274] 温忠麟，叶宝娟．中介效应分析：方法和模型发展 [J]. 心理科学进展，2014，22（05）：731-745.

[275] 温宗国．当代中国的环境政策 [M]. 北京：中国环境科学出版社，2010.

[276] 吴磊，贾晓燕，吴超，等．异质型环境规制对中国绿色全要素生产率的影响 [J]. 中国人口·资源与环境，2020，30（10）：82-92.

[277] 吴伟平，何乔．“倒逼”抑或“倒退”？——环境规制减排效应的门槛特征与空间溢出 [J]. 经济管理，2017，39（02）：20-34.

[278] 吴玉鸣，田斌．省域环境库兹涅茨曲线的扩展及其决定因素——空间计量经济学模型实证 [J]. 地理研究，2012，31（04）：627-640.

[279] 习近平．把改善供给侧结构作为主攻方向　推动经济朝着更高质量方向发展 [J]. 紫光阁，2017（02）：7-8.

[280] 夏友富．外商转移污染密集产业的对策研究 [J]. 管理世界，1995（02）：112-120.

[281] 向仙虹，孙慧．资源禀赋、产业分工与碳排放损益偏离 [J]. 管理评论，2020，32（12）：86-100.

[282] 肖兴志，李少林．环境规制对产业升级路径的动态影响研究 [J]. 经济理论与经济管理，2013（06）：102-112.

[283] 肖雁飞，廖双红．绿色创新还是污染转移：环境规制效应文献综述与协同减排理论展望 [J]. 世界地理研究，2017，26（04）：126-133.

[284] 肖周燕，沈左次．人口集聚、产业集聚与环境污染的时空演化及关联性分析 [J]. 干旱区资源与环境，2019，33（02）：1-8.

[285] 谢晗进，刘满凤，江雯．我国工业化和城镇化协调的空间偏效应与污染集聚治理研究——基于 SLXM 模型［J］．南京财经大学学报，2019（03）：90-98.

[286] 谢宜章，邹丹．市场调节性环境规制对企业绿色投资的影响——基于沪深 A 股高污染上市公司的实证研究［J］．云南师范大学学报（哲学社会科学版），2021，53（06）：75-83.

[287] 徐蔼婷．德尔菲法的应用及其难点［J］．中国统计，2006（09）：57-59.

[288] 徐建中，佟秉钧，王曼曼．空间视角下绿色技术创新对 CO_2 排放的影响研究［J］．科学学研究，2022（03）：1-20.

[289] 徐瑞．产业集聚对城市环境污染的影响［J］．城市问题，2019（11）：52-58.

[290] 徐维祥，徐志雄，刘程军．基于随机前沿分析的环境规制效率异质性研究［J］．地理科学，2021，41（11）：1959-1968.

[291] 徐圆．源于社会压力的非正式性环境规制是否约束了中国的工业污染？［J］．财贸研究，2014，25（02）：7-15.

[292] 许和连，邓玉萍．外商直接投资导致了中国的环境污染吗？——基于广东省的经验数据［J］．广东社会科学，2012（05）：30-43.

[293] 闫文娟，郭树龙，史亚东．环境规制、产业结构升级与就业效应：线性还是非线性？［J］．经济科学，2012（06）：23-32.

[294] 闫文娟，郭树龙．环境规制政策的就业及工资效应——一项基于准自然实验的经验研究［J］．软科学，2018，32（03）：84-88.

[295] 杨海生，贾佳，周永章．不确定条件下环境政策的时机选择［J］．数量经济技术经济研究，2006（01）：69-76.

[296] 杨冕，袁亦宁，万攀兵．环境规制、银行业竞争与企业债务融资成本——来自“十一五”减排政策的证据［J］．经济评论，2022（02）：122-136.

[297] 杨仁发．产业集聚、外商直接投资与环境污染 [J]．经济管理，2015，37（02）：11-19.

[298] 杨仁发．产业集聚能否改善中国环境污染 [J]．中国人口·资源与环境，2015，25（02）：23-29.

[299] 杨洋，金懋．从《新帕尔格雷夫经济学大辞典（中文第二版）》看当代西方经济学的变迁 [J]．经济研究参考，2016（42）：74-77.

[300] 杨耀武，张平．中国经济高质量发展的逻辑、测度与治理 [J]．经济研究，2021，56（01）：26-42.

[301] 姚从容．产业转移、环境规制与污染集聚：基于污染密集型产业空间变动的分析 [J]．广东社会科学，2016（05）：43-54.

[302] 叶娟惠．环境规制与中国经济高质量发展的非线性关系检验 [J]．统计与决策，2021，37（07）：102-108.

[303] 尹礼汇，孟晓倩，吴传清．环境规制对长江经济带制造业绿色全要素生产率的影响 [J]．改革，2022（03）：101-113.

[304] 于慧，仲佳，刘邵权，杨德伟．张家口地区排污工业企业集聚与水污染空间耦合特征 [J]．自然资源学报，2020，35（06）：1416-1424.

[305] 于连超，张卫国，毕茜，董晋亭．环境政策不确定性与企业环境信息披露——来自地方环保官员变更的证据 [J]．上海财经大学学报，2020，22（02）：35-50.

[306] 余泳泽，胡山．中国经济高质量发展的现实困境与基本路径：文献综述 [J]．宏观质量研究，2018，6（04）：1-17.

[307] 余泳泽，杨晓章，张少辉．中国经济由高速增长向高质量发展的时空转换特征研究 [J]．数量经济技术经济研究，2019，36（06）：3-21.

[308] 余泳泽，尹立平．中国式环境规制政策演进及其经济效应：综述与展望 [J]．改革，2022（03）：114-130.

［309］余泳泽．中国省际全要素生产率动态空间收敛性研究［J］．世界经济，2015，38（10）：30-55.

［310］余昀霞，王英．中国制造业产业集聚的环境效应研究［J］．统计与决策，2019，35（03）：129-132.

［311］虞晓芬，傅玳．多指标综合评价方法综述［J］．统计与决策，2004（11）：119-121.

［312］袁媛，宗科，周洋．企业嵌入全球价值链会降低劳动收入份额吗——基于空间集聚调节效应的研究［J］．国际商务（对外经济贸易大学学报），2021（02）：29-44.

［313］原伟鹏，孙慧，闫敏．垂直型环境规制对我国经济高质量发展的影响研究［J］．华东经济管理，2021，35（05）：71-81.

［314］原伟鹏，孙慧，闫敏．双重环境规制能否助力经济高质量与碳减排双赢发展？——基于中国式分权制度治理视角［J］．云南财经大学学报，2021，37（03）：67-86.

［315］原伟鹏，孙慧．改革开放40年我国西北地区经济高质量发展评价［J］．新疆大学学报（哲学·人文社会科学版），2021，49（01）：23-33.

［316］原毅军，谢荣辉．环境规制的产业结构调整效应研究——基于中国省际面板数据的实证检验［J］．中国工业经济，2014（08）：57-69.

［317］原毅军，谢荣辉．环境规制与工业绿色生产率增长——对“强波特假说”的再检验［J］．中国软科学，2016（07）：144-154.

［318］原毅军．环境政策创新与产业结构调整［M］．北京：科学出版社，2017.

［319］昝欣，欧国立．交通基础设施会缓和我国城市市场潜力水平的空间失衡吗？——产业集聚和创新水平的调节作用［J］．经济问题探索，2021（11）：91-106.

［320］张兵兵，周君婷，闫志俊．低碳城市试点政策与全要素能源

效率提升——来自三批次试点政策实施的准自然实验［J］. 经济评论，2021，231（05）：32-49.

［321］张成，陆旸，郭路，于同申．环境规制强度和生产技术进步［J］. 经济研究，2011，46（02）：113-124.

［322］张弛，任剑婷．基于环境规制的我国对外贸易发展策略选择［J］. 生态经济，2005（10）：169-171.

［323］张国兴，冯祎琛，王爱玲．不同类型环境规制对工业企业技术创新的异质性作用研究［J］. 管理评论，2021，33（01）：92-102.

［324］张红凤，张细松，等．环境规制理论研究［M］. 北京：北京大学出版社，2012.

［325］张俊山．对经济高质量发展的马克思主义政治经济学解析［J］. 经济纵横，2019（01）：36-44.

［326］张可，汪东芳．经济集聚与环境污染的交互影响及空间溢出［J］. 中国工业经济，2014（06）：70-82.

［327］张乐才．污染红利与污染集聚的机理与实证［J］. 中国人口·资源与环境，2011，21（02）：6-10.

［328］张明，张鹭，宋妍．异质性环境规制、空间溢出与雾霾污染［J］. 中国人口·资源与环境，2021，31（12）：53-61.

［329］张明斗，吴庆帮．产业区块链创新发展的结构框架与高质量政策研究［J］. 青海社会科学，2020（01）：73-79.

［330］张培刚．新型发展经济学的由来和展望——关于我的《发展经济学通论》［J］. 经济研究，1991（07）：8.

［331］张平，张鹏鹏，蔡国庆．不同类型环境规制对企业技术创新影响比较研究［J］. 中国人口·资源与环境，2016，26（04）：8-13.

［332］张涛．环境规制、产业集聚与工业行业转型升级［D］. 北京：中国矿业大学，2017.

［333］张挺，李闽榕，徐艳梅．乡村振兴评价指标体系构建与实证研究［J］. 管理世界，2018，34（08）：99-105.

［334］张卫东，汪海．我国环境政策对经济增长与环境污染关系的影响研究［J］．中国软科学，2007（12）：32-38.

［335］张伟，张杰，汪峰，蒋洪强，王金南，姜玲．京津冀工业源大气污染排放空间集聚特征分析［J］．城市发展研究，2017，24（09）：81-87.

［336］张玉玲，迟国泰，祝志川．基于变异系数-AHP的经济评价模型及中国十五期间实证研究［J］．管理评论，2011，23（01）：3-13.

［337］张悦，罗鄂湘．环境规制、技术创新与经济增长——基于不同类型环境规制的比较分析［J］．西部经济管理论坛，2019，30（02）：32-39.

［338］张跃胜，李思蕊，李朝鹏．为城市发展定标：城市高质量发展评价研究综述［J］．管理学刊，2021，34（01）：27-42.

［339］张云云，张新华，李雪辉．经济发展质量指标体系构建和综合评价［J］．调研世界，2019（04）：11-18.

［340］张震，刘雪梦．新时代我国15个副省级城市经济高质量发展评价体系构建与测度［J］．经济问题探索，2019（06）：20-31+70.

［341］张子龙，王博，龙志，陈艳碧．财政分权、产业升级、技术进步与“资源诅咒”——基于黄河流域资源型城市的实证分析［J］．经济经纬，2021，38（03）：133-141.

［342］赵立祥，冯凯丽，赵蓉．异质性环境规制、制度质量与绿色全要素生产率的关系［J］．科技管理研究，2020，40（22）：214-222.

［343］赵璐，赵作权．中国经济空间转型与新时代全国经济东西向布局［J］．城市发展研究，2018，25（07）：18-24+33+2.

［344］赵敏．环境规制的经济学理论根源探究［J］．经济问题探索，2013（04）：152-155.

［345］赵涛，张智，梁上坤．数字经济、创业活跃度与高质量发展——来自中国城市的经验证据［J］．管理世界，2020，36（10）：65-76.

［346］赵霄伟．分权体制背景下地方政府环境规制与地区经济增长

[M]. 北京：经济管理出版社，2014.

[347] 赵玉民，朱方明，贺立龙．环境规制的界定、分类与演进研究 [J]. 中国人口·资源与环境，2009，19 (06)：85-90.

[348] 郑飞鸿，李静．科技型环境规制对资源型城市产业绿色创新的影响——来自长江经济带的例证 [J]. 城市问题，2022 (02)：35-45+75.

[349] 郑石明，何裕捷，邹克．气候政策协同：机制与效应 [J]. 中国人口·资源与环境，2021，31 (08)：1-12.

[350] 郑石明，何裕捷．制度、激励与行为：解释区域环境治理的多重逻辑——以珠三角大气污染治理为例 [J]. 社会科学研究，2021 (04)：55-66.

[351] 郑万腾，赵红岩，赵梦婵．数字金融发展有利于环境污染治理吗？——兼议地方资源竞争的调节作用 [J]. 产业经济研究，2022 (01)：1-13.

[352] 郑晓舟，郭晗，卢山冰．双重环境规制与产业结构调整——来自中国十大城市群的经验证据 [J]. 云南财经大学学报，2021，227 (03)：1-15.

[353] 植草益．微观规则经济学 [M]. 北京：中国发展出版社，1992.

[354] 钟娟，魏彦杰．产业集聚与开放经济影响污染减排的空间效应分析 [J]. 中国人口·资源与环境，2019，29 (05)：98-107.

[355] 钟玉英，王凯然，梁婷．政策促进还是政策摩擦？——医疗保险异地结算与分级诊疗的政策交互作用研究 [J]. 公共行政评论，2020，13 (05)：120-143+207-208.

[356] 周侃．中国环境污染的时空差异与集聚特征 [J]. 地理科学，2016，36 (07)：989-997.

[357] 周力．产业集聚、环境规制与畜禽养殖半点源污染 [J]. 中国农村经济，2011 (02)：60-73.

[358] 周清香，何爱平．环境规制对长江经济带高质量发展的影响研究 [J]. 经济问题探索，2021 (01)：13-24.

[359] 周五七，陶靓．空间溢出效应视角下环境规制的就业效应研究 [J]. 人口与经济，2021 (02)：103-116.

[360] 周小亮，吴武林．中国包容性绿色增长的测度及分析 [J]. 数量经济技术经济研究，2018，35 (08)：3-20.

[361] 朱欢，李欣泽，赵秋运．偏离最优环境政策对经济增长的影响——基于新结构经济学视角 [J]. 上海经济研究，2020 (11)：56-68.

[362] 朱子云．中国经济增长质量的变动趋势与提升动能分析 [J]. 数量经济技术经济研究，2019，36 (05)：23-43.